双金属环坯离心铸造技术

Centrifugal Casting of Bimetallic Ring Blank

秦芳诚　齐会萍　张正林　著

北　京

冶　金　工　业　出　版　社

2025

内 容 提 要

本书共分 7 章，内容包括：双金属构件制造技术及双金属环坯离心铸造技术的研究概况，40Cr/Q345B 双金属环坯离心铸造建模基础，40Cr/Q345B 双金属环坯立式离心铸造界面结合行为与质量控制，40Cr/Q345B 双金属环坯卧式离心铸造界面结合行为与质量控制，基于 Flow-3D 的 40Cr/Q345B 双金属环坯卧式离心铸造工艺，2219 铝合金/AZ31B 镁合金双金属环坯离心铸造工艺，双金属环坯离心铸造结合界面性能的实验。

本书可供从事材料先进成形技术研究的工程技术人员阅读，也可供高等院校材料类、机械类专业本科生、研究生使用。

图书在版编目（CIP）数据

双金属环坯离心铸造技术 / 秦芳诚，齐会萍，张正林著. -- 北京：冶金工业出版社，2025.5. -- ISBN 978-7-5240-0162-1

Ⅰ. TG249.9

中国国家版本馆 CIP 数据核字第 2025CC6733 号

双金属环坯离心铸造技术

出版发行	冶金工业出版社	电　话	(010)64027926
地　址	北京市东城区嵩祝院北巷 39 号	邮　编	100009
网　址	www.mip1953.com	电子信箱	service@mip1953.com

责任编辑　杨盈园　美术编辑　彭子赫　版式设计　郑小利
责任校对　郑　娟　责任印制　窦　唯
三河市双峰印刷装订有限公司印刷
2025 年 5 月第 1 版，2025 年 5 月第 1 次印刷
710mm×1000mm　1/16；11 印张；215 千字；166 页
定价 78.00 元

投稿电话　(010)64027932　投稿信箱　tougao@cnmip.com.cn
营销中心电话　(010)64044283
冶金工业出版社天猫旗舰店　yjgycbs.tmall.com
(本书如有印装质量问题，本社营销中心负责退换)

前　　言

航空航天、石油化工和风力发电等领域重大装备构件面临着极端严酷的服役工况，对关键连接、支撑和传动构件的轴承套圈、滚道、风电塔筒法兰等环形零件的不同工作面提出了更高要求，如耐磨性、耐蚀性和易焊接性等，迫切需要国产环件/构件的高性能、绿色智能化制造，因而与我国"碳中和"战略目标同向同行。

本书介绍了具有高效短流程、节能节材、低碳排放等显著优势的双金属环件短流程铸辗复合成形制造技术，该技术发展潜力巨大，应用前景广阔，解决集双金属环坯冶炼、离心铸造凝固与界面质量控制的宏微观跨尺度与热力耦合等特点于一体的高度非线性问题，双金属环坯在离心铸造过程中"控形"和"控性"并重，经历多场、多因素作用下复杂、时变的元素扩散和组织演变历程。迄今为止还没有一本关于双金属环坯制造技术方面的参考书，为此，作者编写了《双金属环坯离心铸造技术》，以期为高性能双金属环件短流程制造技术开发和推广应用奠定坚实基础。

本书以轴承套圈、支撑滚道、风电塔筒法兰等高端装备常用的外层 40Cr/内层 Q345B 钢双金属环坯、外层 2219 铝合金/内层 AZ31B 镁合金双金属环坯为研究对象，详细介绍了双金属环坯离心铸造工艺理论、建模技术、数值模拟结果与实验研究进展。本书中的大部分素材来源于作者及团队主要成员开展的原创性研究工作。

本书共分7章。第1章为概论，着重讲述了双金属构件制造技术在工业发展中的重要地位，概述了双金属环坯离心铸造技术的原理与特点，综述了双金属环坯立式和卧式离心铸造工艺及界面结合行为与结合性能的国内外研究进展和发展概况；第2章为40Cr/Q345B双金属环坯离心铸造建模基础；第3章为40Cr/Q345B双金属环坯立式离心铸造界面结合行为与质量控制；第4章为40Cr/Q345B双金属环坯卧式离心铸造界面结合行为与质量控制；第5章为基于Flow-3D的40Cr/Q345B双金属环坯卧式离心铸造工艺；第6章为2219铝合金/AZ31B镁合金双金属环坯离心铸造工艺；第7章为双金属环坯离心铸造结合界面性能的实验。

本书为作者及团队多年来在双金属环坯离心铸造技术方面研究工作的成果总结。桂林理工大学秦芳诚负责本书的策划、内容编排、图表整理与统稿工作，参与了第2至4章、第6章、第7章的撰写，太原科技大学齐会萍参与了第5章的撰写，中国铝业股份有限公司广西分公司张正林参与了第1章的撰写。

由于针对双金属环件短流程铸辗复合成形技术的双金属环坯冶炼、离心铸造凝固过程与质量控制，以及界面结合行为的数值模拟研究均为前景广阔且进展迅速的领域，不可能在一本书中囊括已经报道过的最新研究进展。作者已尽力在适当的地方涵盖了其他研究者的核心贡献，并给出了一个较丰富的参考文献目录，以便参考。

本书在双金属环坯离心铸造技术方面的研究得到了国家自然科学基金地区科学基金项目"基于短流程铸辗复合成形的双金属环坯离心铸造界面结合机理与结合性能调控研究（No.52265045）"、国家自然科学基金面上项目"基于离心铸坯的双金属环件热辗扩成形基础理论与关键技术（No. 51875383）"和广西自然科学基金面上项目"双金属离心铸坯复合环件热辗扩过程中界面结合机理研究（No. 2019GXNSFAA245051）"的资助，在此深表谢意。

　　衷心感谢桂林理工大学广西有色金属新材料创新发展现代产业学院、太原科技大学金属材料成形理论与技术山西省重点实验室的科研团队，他们在双金属环件短流程铸辗复合成形技术方面作出了原创性的贡献，为本书的策划和编写提供了思路源泉。感谢团队的何亚琛、邓先镜、王于金、连笑媛等硕士生在双金属环坯离心铸造工艺数值模拟与实验方面的研究工作积累，使得本书的问世成为可能。感谢李永堂教授对本书提出的宝贵意见和大力支持。在本书编写过程中，作者广泛汲取了国内外相关领域的研究成果和网络文献的精华，主要参考文献列于书后，在此谨向所有参考文献的作者表示衷心感谢。限于作者水平，时间仓促，书中不妥之处，敬请广大读者提出宝贵意见。

作　者

2024 年 7 月

目　　录

1　概论 ……………………………………………………………………………… 1

　1.1　双金属构件在工业发展中的重要地位 ……………………… 1

　1.2　双金属构件制造技术的研究现状 …………………………… 3

　　1.2.1　双金属构件制造技术的基本原理及特点 ………………… 3

　　1.2.2　双金属构件离心铸造技术研究现状 ……………………… 9

　　1.2.3　双金属构件界面结合行为研究现状 ……………………… 11

　　1.2.4　双金属构件界面结合机理研究现状 ……………………… 23

　1.3　双金属环件短流程铸辗复合工艺及其优点与应用 ………… 27

　1.4　双金属环坯离心铸造面临的技术挑战 ……………………… 29

　　1.4.1　双金属环坯离心铸造凝固过程质量控制难点 …………… 29

　　1.4.2　双金属环坯离心铸造数值模拟技术 ……………………… 30

　　1.4.3　离心铸坯"形""性"一体化控制难点 …………………… 31

2　40Cr/Q345B 双金属环坯离心铸造建模基础 …………………… 34

　2.1　双金属环坯的选材依据及材料属性 ………………………… 34

　2.2　双金属环坯离心铸造的建模及网格划分 …………………… 35

　　2.2.1　双金属环坯立式离心铸造的建模 ………………………… 35

　　2.2.2　双金属环坯卧式离心铸造的模型 ………………………… 36

　　2.2.3　双金属环坯的网格划分 …………………………………… 37

　2.3　双金属环坯离心铸造工艺条件的确定 ……………………… 38

　　2.3.1　离心铸造的工艺参数 ……………………………………… 38

　　2.3.2　边界条件 …………………………………………………… 40

　　2.3.3　双金属环坯立式离心铸造的模拟方案 …………………… 41

　　2.3.4　双金属环坯卧式离心铸造的模拟方案 …………………… 42

　2.4　双金属环坯离心铸造过程的数学模型 ……………………… 44

　　2.4.1　离心铸造充型凝固过程的基本控制方程 ………………… 44

　　2.4.2　微观组织模拟模型 ………………………………………… 45

3　40Cr/Q345B 双金属环坯立式离心铸造界面结合行为与质量控制 ………… 46

　3.1　双金属环坯立式离心铸造外层模拟参数的优化 ……………………… 46

　3.2　双金属环坯立式离心铸造温度场模拟 ………………………………… 49

　3.3　双金属环坯立式离心铸造应力场模拟 ………………………………… 52

　3.4　双金属环坯立式离心铸造成形质量控制 ……………………………… 53

　　3.4.1　缩松、缩孔缺陷的分析预测与控制 ……………………………… 53

　　3.4.2　结合界面的轴向冶金结合高度 …………………………………… 54

　　3.4.3　结合界面的冶金结合层厚度 ……………………………………… 55

　　3.4.4　充型、凝固过程的结合界面质量控制 …………………………… 55

　3.5　双金属环坯立式离心铸造结合界面微观组织模拟 …………………… 58

　　3.5.1　形核区域 …………………………………………………………… 58

　　3.5.2　形核参数 …………………………………………………………… 59

　　3.5.3　微观组织模拟 ……………………………………………………… 59

4　40Cr/Q345B 双金属环坯卧式离心铸造界面结合行为与质量控制 ………… 62

　4.1　双金属环坯卧式离心铸造外层模拟结果 ……………………………… 62

　4.2　双金属环坯卧式离心铸造温度场模拟 ………………………………… 64

　4.3　双金属环坯卧式离心铸造应力场模拟 ………………………………… 66

　4.4　双金属环坯卧式离心铸造成形质量控制 ……………………………… 67

　　4.4.1　缩松、缩孔缺陷的分析预测与控制 ……………………………… 67

　　4.4.2　结合界面的轴向冶金结合高度 …………………………………… 68

　　4.4.3　充型、凝固过程的结合界面质量控制 …………………………… 69

　4.5　双金属环坯卧式离心铸造结合界面微观组织模拟 …………………… 71

5　基于 Flow-3D 的 40Cr/Q345B 双金属环坯卧式离心铸造工艺 ………… 74

　5.1　基于 Flow-3D 的离心铸造数值模拟方法 …………………………… 74

　　5.1.1　浇注材料的选取依据 ……………………………………………… 74

　　5.1.2　物理模型的建立 …………………………………………………… 74

　　5.1.3　模型的网格划分及边界条件 ……………………………………… 76

　　5.1.4　初始条件 …………………………………………………………… 76

　　5.1.5　数学模型的建立 …………………………………………………… 78

　　5.1.6　模拟方法的确定 …………………………………………………… 79

　5.2　双金属环坯外层的模拟结果及工艺优化 ……………………………… 80

　　5.2.1　确定模拟方案 ……………………………………………………… 80

　　　5.2.2　流动场分析 ···························· 81

　　　5.2.3　铸型转速的影响 ·························· 83

　　　5.2.4　金属液浇注速度的影响 ···················· 84

　　　5.2.5　浇口位置的影响 ·························· 85

　　　5.2.6　金属液浇注温度的影响 ···················· 88

　　5.3　双金属环坯内层的浇注及其工艺参数对结合层的影响 ···· 90

　　　5.3.1　双金属环坯复合界面结合机理 ················ 90

　　　5.3.2　浇注内层时外层冷却温度的计算 ·············· 91

　　　5.3.3　外层金属冷却温度对结合层的影响 ············ 93

　　　5.3.4　内层金属浇注温度对结合层的影响 ··········· 100

6　2219 铝合金/AZ31B 镁合金双金属环坯离心铸造工艺 ··· 104

　　6.1　铝镁双金属离心铸造建模及工艺参数 ············· 104

　　　6.1.1　材料的选取依据与计算 ··················· 104

　　　6.1.2　物理模型与网格划分 ···················· 105

　　　6.1.3　双金属环坯离心铸造工艺参数 ··············· 106

　　　6.1.4　浇注内层的求解设置 ···················· 109

　　　6.1.5　填充过程的数学模型 ···················· 109

　　　6.1.6　微观结构演化的数学模型 ················· 110

　　6.2　铝镁双金属环坯离心铸造界面结合行为 ··········· 111

　　　6.2.1　双金属环坯界面结合判据的确定方法 ·········· 112

　　　6.2.2　双金属环坯离心铸造模拟方案的制定 ·········· 113

　　　6.2.3　离心铸造参数对界面结合的影响 ············· 114

　　　6.2.4　缩松、缩孔缺陷分布预测及控制 ············· 120

　　　6.2.5　双金属环坯结合界面热传递过程及冶金结合高度 ··· 122

　　　6.2.6　双金属环坯外层凝固过程的温度场变化 ········· 124

　　　6.2.7　双金属环坯结合界面微观组织演变模拟 ········· 125

7　双金属环坯离心铸造结合界面性能的实验 ············ 129

　　7.1　结合界面组织观察与结合性能检测 ·············· 129

　　　7.1.1　金相组织观察 ······················· 129

　　　7.1.2　扫描电镜分析 ······················· 130

　　　7.1.3　拉伸实验 ·························· 130

　　　7.1.4　剪切实验 ·························· 130

　　　7.1.5　硬度实验 ·························· 131

7.2 结合界面组织演变 ……………………………………………… 131

7.3 结合界面元素扩散特征 ………………………………………… 136

7.4 双金属环坯结合界面 EBSD 分析 ……………………………… 142

7.4.1 *CD/RD* 面 EBSD 分析 ………………………………… 142

7.4.2 AD/RD 面 EBSD 分析 …………………………………… 145

7.5 结合界面性能与断口形貌 ……………………………………… 148

7.5.1 拉伸性能 …………………………………………………… 148

7.5.2 剪切性能 …………………………………………………… 150

7.5.3 结合界面硬度 ……………………………………………… 152

参考文献 ………………………………………………………………… 154

1 概　　论

1.1　双金属构件在工业发展中的重要地位

随着"中国制造 2025"战略实施的深入，我国制造业进入了新发展阶段。深空探测、远洋船舶和国防装备等领域的快速发展，其对关键核心基础零部件/构件在极端环境下性能多样性的需求不断增加，要求构件的不同工作面具有不同的服役性能，如工作面应具有耐磨和耐蚀性，而非工作面要易焊接和塑韧性好，由此便催生了双金属构件。双金属构件是指两种性能不同的金属通过某种复合工艺在结合界面处实现牢固、稳定结合的一种新型结构件，如图 1-1 所示。

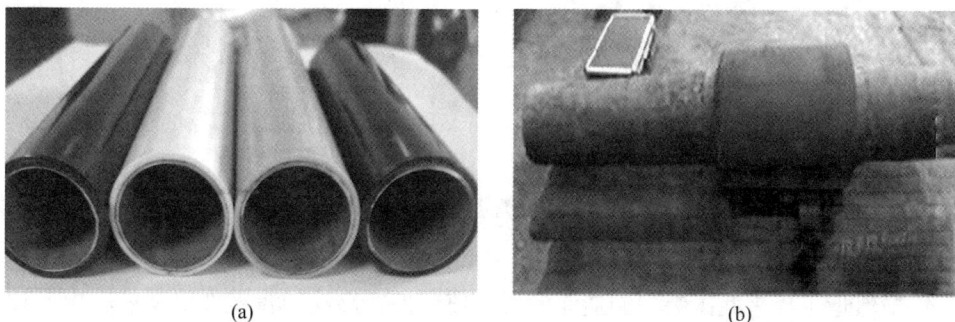

(a)　　　　　　　　　　　　　　(b)

图 1-1　双金属构件分类

（a）双金属管；（b）双金属轧辊

航空航天、远洋海运、风力发电等领域的金属零件的服役环境越来越严峻，相应地也对零件的性能提出了更高的要求。例如，石油管道的内层要求耐腐蚀、耐磨损，而外层则要求高强度、高韧性，单一金属要同时满足这些要求是一项挑战。虽然可以通过化学沉积法在强度和韧性高的金属表面沉积耐磨颗粒以增强其耐磨性，或在其表面镀膜以增强其耐腐蚀性，但这些措施都只能暂时改善金属的性能。为了使零件长久地满足使用需求，人们研究了多种复合环件的制备工艺，以结合具有不同力学、物理和化学性能的金属材料。复合工艺可促进两种金属界面上的原子发生相互扩散，直至实现良好的冶金结合。这使得复合环件在保持单一金属特性的同时，还能显著提高其综合性能。因此，近年来随着人们对轻量化和性能改进的需求不断增加，尤其是在航空航天和军械工业中，双金属复合轻质环件变得越来越有吸引力，其应用领域如图 1-2 所示。

图 1-2 双金属环类构件的应用领域
(a) 航空舱体；(b) 风电法兰；(c) 运输管道；(d) 机械轴承

　　虽然近十年来我国装备制造业发展迅速，但在高端装备零件以及核心生产技术等方面，对国外产品仍然还有依赖性，这严重阻碍了我国装备制造业的发展。因此，在新一轮的发展规划中，推动工业领域的技术升级和绿色发展是核心理念。此外，大型环件如法兰、回转支撑圈等在油气运输、航空航天、轨道交通等高科技领域的广泛应用，环件的需求量日益增多，对其性能、生产工艺要求也越来越严格。单一金属环件在性能上越来越难以满足极端复杂工况下零件的多方面要求，如使用强度高、耐磨性好的材料，其外部韧性较低，易产生裂纹；而使用韧性好、硬度低的材料，则工作面不耐磨和不耐腐蚀，需经常更换，成本较高。为此，将具有不同物理、化学特性的两种材料通过某种方法复合成形的双金属复合环件由于优异的综合性能、良好的经济效益及广泛的可设计性等一系列优点正日益受到重视。自 20 世纪 60 年代起，日、美、欧等国家就已经开始对复合环件进行研发，并在工艺、性能等方面做了大量研究，在石油运输、泥沙输送、机械能源等方面得到了广泛的运用。

1.2 双金属构件制造技术的研究现状

为满足双金属层状构件在极端条件下的性能需求，国内外学者对双金属层状构件复合工艺开展了卓有成效的研究，取得了有益成果。该类构件主要通过轧制复合工艺和铸轧复合工艺进行制造，轧制复合工艺是目前层状复合板最常见的生产方法，依靠较大的压下量来对两层或多层金属进行轧制，并借助异种金属原子间形成的金属键的引力使异种金属实现复合的工艺，工艺流程和步骤主要是：轧制前对待复合的双金属表面进行预处理，然后对叠放在一起的双金属复合板进行大压下量轧制，最后再对轧制复合成功的双金属复合板进行扩散退火处理。铸轧复合工艺则是把液态金属倒入连铸机中铸造出坯料，然后不经冷却直接在均热炉中保温一定时间，进入热连轧机组中轧制成形的复合方法，具有工序少、流程短的显著优势，但由于连铸机结晶器形状复杂、铸坯拉速高等特点，存在浇注状态不稳定、冷齿和黏结发生率高等问题，导致随浇注过程的进行，出现金属热流不断下降，浇注状态逐渐变差，结晶器铜板黏结结晶保护渣等现象。美国学者于19世纪60年代提出了"轧制三步法"，即"表面处理—轧制复合—扩散退火"，使得双金属轧制复合工艺取得突破性进展。而我国的双金属构件复合工艺研究起步较晚，1968年大连造船厂通过爆炸复合工艺试制成功了国内第一块双金属层状复合板。经过长时间研究与探索，双金属层状构件的制造技术得到了大幅提高，目前已经可以生产出种类繁多的异质双金属层状构件。

双金属层状构件的界面结合工艺主要有固-固复合法、固-液复合法和液-液复合法。固-固复合法主要包括轧制复合工艺、爆炸复合工艺、挤压复合工艺等，固-液复合法主要有铸轧复合工艺、浇铸复合工艺等，液-液复合法主要是离心铸造工艺和电磁连铸工艺，如图1-3所示。

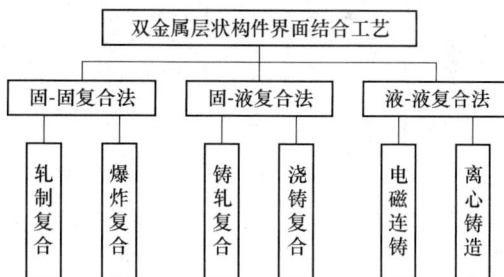

图 1-3 双金属层状构件界面结合工艺

1.2.1 双金属构件制造技术的基本原理及特点

1.2.1.1 固-固复合法

A 轧制复合法

轧制复合工艺是应用最为广泛的固-固复合法，其原理是双金属层状构件在轧机外力作用下发生塑性变形，使基层与覆层表面的氧化皮破损，从而在基层与覆层的结合面上产生原子键合，其工艺流程，如图1-4所示。轧制复合工艺又分为热轧复合工艺和冷轧复合工艺，热轧复合工艺是将金属加热到再结晶温度以上进行热塑性变形，轧制后余热能够加剧两种金属间原子的充分扩散，达到较好的复合效果。冷轧复合工艺则是将待复合金属组元加热至一定温度或不加热进行塑性变形，在温度与压力的作用下发生较大变形，使金属表面获得较大的表面张力而相互间发生粘着摩擦，进而产生牢固结合。冷轧复合理论上属于压力焊接，主要是在再结晶温度以下进行复合的过程，美国于 1950 年率先开展了冷轧复合工艺研究并获得成功。黄海涛等人采用冷轧复合工艺制备了 20 钢和纯铝板基材的双金属复合板，在表面经化学处理后，压下率为 65% 时复合板的剥离结合强度达到了 13.3 N/mm，结合界面以机械结合为主。

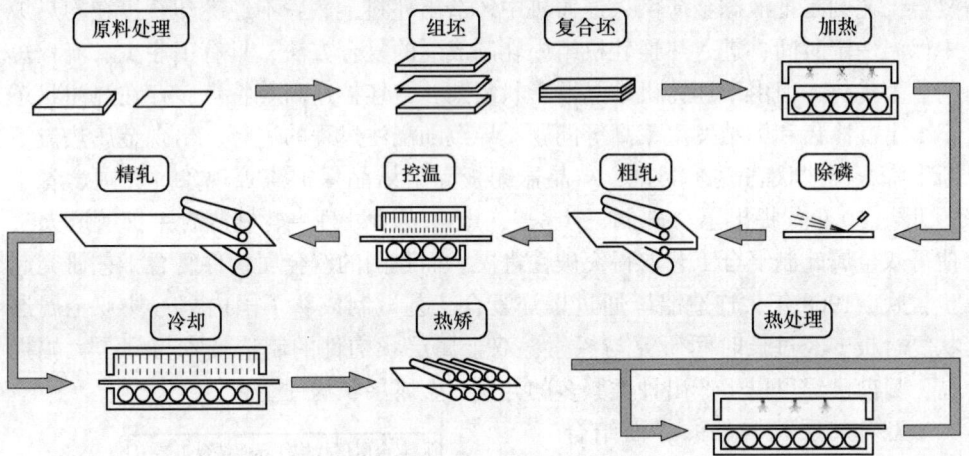

图 1-4　双金属层状构件固-固轧制复合工艺流程

B　热挤压复合法

热挤压复合法是将两个单一金属管坯在高温状态下挤过环形模具空间，从而形成界面的冶金结合。适用于热加工性差、塑性低的合金加工，通常用于无缝复合管的生产，其原理图如图 1-5 所示。

C　机械拉拔复合法

机械拉拔复合法是将两个单一金属环坯直接装配在一起，再利用特定的拉挤模具进行挤压或者扩张，从而实现双金属环坯的拉拔成形。按照成形特点分为机械缩径和机械扩径两种类型，具体原理如图 1-6 所示。机械拉拔复合法具有节约材料，制品尺寸精确，加工余量少等优点，但在拉拔成形过程中双金属环坯表面需要与模具表面充分接触，因此两者内表面之间存在较大的摩擦阻力，需要的成形力较大，能耗更高。

D　机械滚压法

机械滚压法生产过程主要依赖芯轴的回转带动滚动元件对双金属环坯内壁进

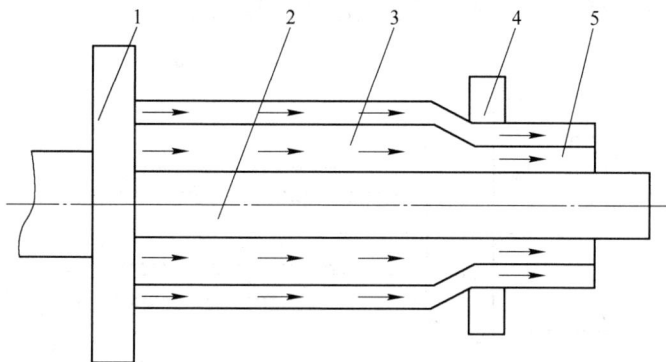

图 1-5 热挤压复合法示意图

1—压头；2—芯轴；3—坯料；4—模具；5—复合挤压管

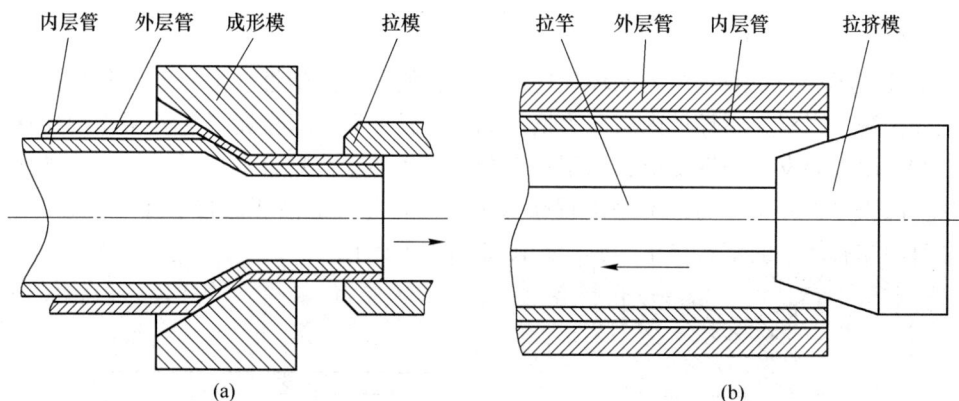

(a)

(b)

图 1-6 机械拉拔复合法示意图

(a) 机械缩径；(b) 机械扩径

行滚压。由于滚压的局部性和持续性，机械滚压法具有摩擦阻力小，所需驱动力小，能耗低等优点，但也易造成双金属环坯内壁较薄甚至产生裂纹，其原理如图1-7所示。

E 机械旋压法

机械旋压法是利用旋压模对双金属环坯进行旋转成形，工艺简单，生产效率高，具有节能、省材等特点，但适用范围有限，

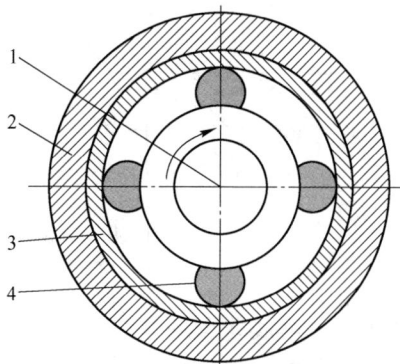

图 1-7 机械滚压法示意图

1—芯轴；2—外层金属环坯；3—内层金属环坯；4—滚珠

不适合加工直径较大的双金属环坯，其原理如图 1-8 所示。

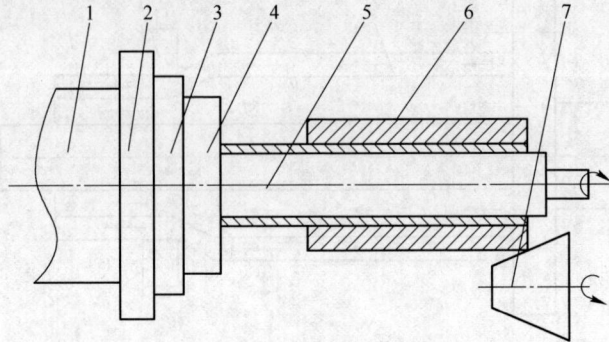

图 1-8　机械旋压法示意图

1—主轴；2—主轴法兰；3—芯棒法兰；4—卸料面；5—芯棒；6—坯管组合件；7—旋轮

F　液压胀接法

液压胀接法是通过对内层环坯施加压力，使其发生塑性变形，并与外层内壁充分接触。当双金属环坯内层压力增加到一定程度后，双金属环坯外层受内层压力的作用也会发生塑性变形，内层环坯与外层环坯紧密贴合形成机械结合。液压胀接法胀接力分布均匀，不易出现摩擦和破裂现象，但液压胀接装置较为复杂，且对两端有严格的密封要求，其原理图如图 1-9 所示。

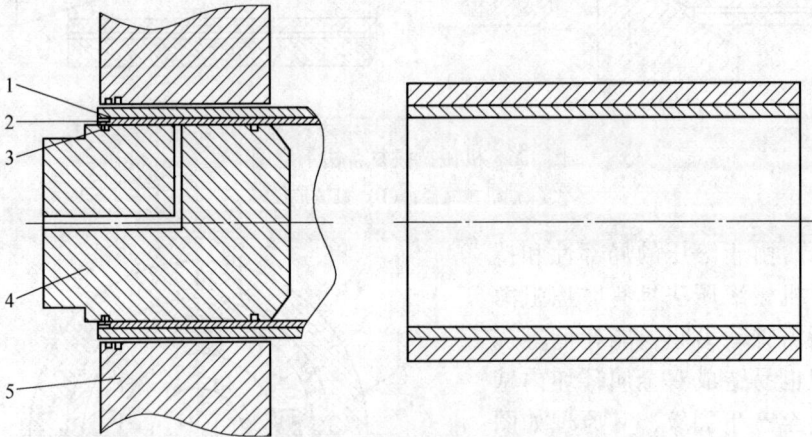

图 1-9　双金属液压胀接示意图

1—外层金属环坯；2—内层金属环坯；3—密封件；4—液压胀头；5—外模

1.2.1.2　固-液复合法

A　铸轧复合法

铸轧复合工艺是最具代表性的固-液复合法，它将铸造工艺和轧制工艺联合起来制备双金属层状构件，具体过程是将覆层液态金属浇铸到要复合的基层上，待金属液冷却到半固态时进行轧制，从而实现基层与覆层的结合。铸轧复合工艺具有高效、节能的优点，但该工艺存在基层表面因覆层温度高而容易被氧化，甚至导致结合部位产生熔损等问题。研究人员采用铸轧复合工艺制备了钛/铝层状构件，随后对其进行冷轧处理，随着冷轧压下率增大，结合界面处会逐渐产生裂纹。黄华贵等人对 Cu/Al 层状构件固-液铸轧复合过程的流场和温度场变化规律进行了数值模拟分析，根据铸轧区内基层和覆层状态的不同，将其分为固-液接触换热区、固-半固态铸造粘连区和固-固异温轧制复合区，为双金属层状构件的固-液复合法研究提供了理论支撑。王文焱等人采用铸轧复合工艺制备了 Ti/Al 层状构件，实现了异种金属界面的冶金结合，结合层组织细小均匀，实测抗拉强度大于理论计算值，表明 Ti/Al 层状构件铸轧结合性能与质量较好，为采用固-液复合法制备双金属层状构件提供了实验依据。

B 离心铝热剂法

离心铝热剂法是将金属铝粉和其他金属氧化物粉末均匀混合后制备成铝热剂，将其加入旋转的基体环坯内，在离心力的作用下在基体环坯内表面形成均匀的涂层，再将其点燃，放热反应使得金属粉末能够形成环坯的内层，并与基体环坯内表面紧密结合。该种方法生产成本低、效率高。

1.2.1.3 液-液复合法

A 消失模铸造法

消失模铸造法（Lost Foam Casting，LFC）是按照铸件的形状和尺寸制备的泡沫塑料（Expandable Polystyrene，EPS）模型，将其埋入砂型并振动压实后，将熔融金属倒入 EPS 模型中，熔融金属在分解并取代 EPS 泡沫模型后得到双金属铸件，其示意图如图 1-10 所示。Li 等人通过 LFC 制备了 A356/AZ91D 双金属复合材料，成功实现了铝镁双金属之间良好的冶金结合。结合界面层厚度为 1500 μm，不同真空度下的结合界面层的显微硬度均远高于基体金属。Guan 等人研究了机械振动对新型 LFC 工艺制备的 Al/Mg 双金属结合界面微观结构和力学性能的影响。研究发现，当施加振动时，熔融金属受到剧烈的冲击，并引起熔融金属的强制对流，温度梯度的减小提高了双金属的凝固速率，导致过冷度增加，Al/Mg 双金属的结合界面微观结构得到改善。

B 离心铸造法

离心铸造法是将外层、内层金属液依次浇注到铸型中，依靠离心机高速旋转所产生的离心力来实现两种金属液良好结合的方法。根据铸型旋转轴线与水平方向夹角可大致分为立式离心铸造和卧式离心铸造，如图 1-11 所示。前者主要用于成形齿轮、轴承等双金属环坯，后者主要用于成形双金属管。其工艺原理主要分为以下 3 个阶段：（1）预热阶段：将铸型预热并以一定速度旋转；（2）浇注阶

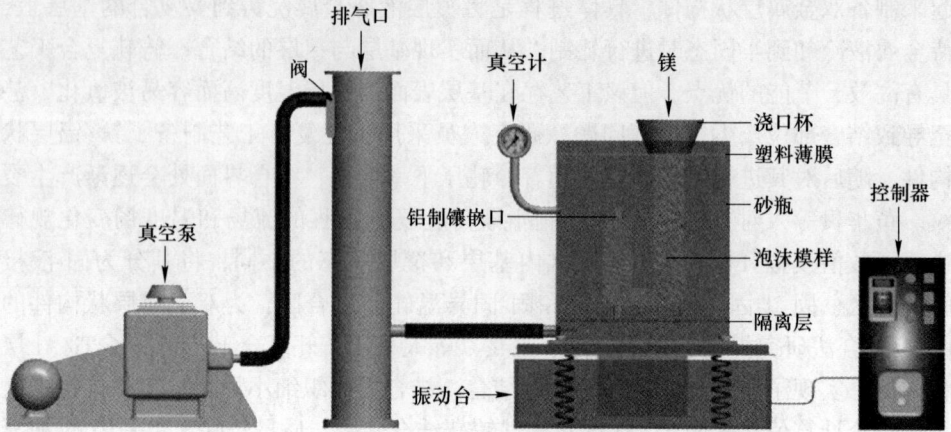

图 1-10　消失模铸造工艺

段：先浇入外层金属液，待双金属环坯外层成形并间隔一定时间后再浇注内层金属液；（3）取件阶段：当双金属构件成形冷却后，停止旋转并取出构件。

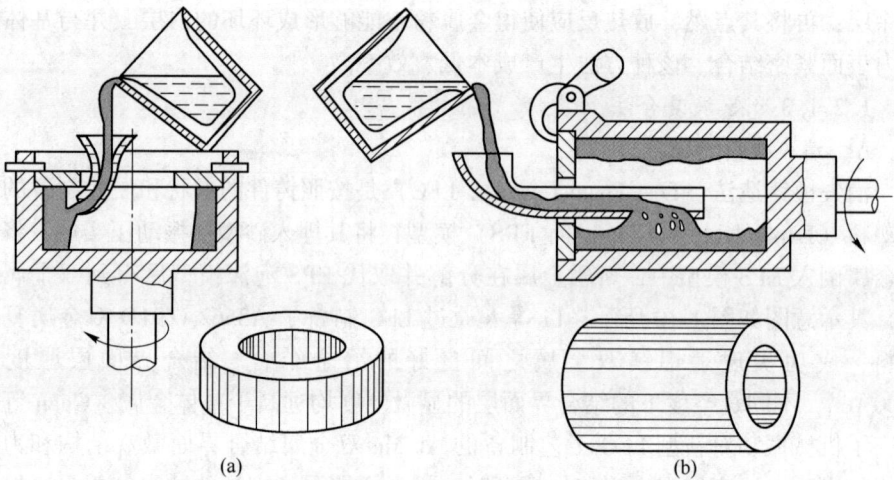

图 1-11　离心铸造工艺
（a）立式离心铸造；（b）卧式离心铸造

该方法的优点如下。

（1）与传统重力铸造相比，金属液所受到的离心力比重力大几十倍，使其具有良好的充型能力，特别适合流动性差的合金或者结构复杂的薄壁铸件。

（2）离心力能显著提升金属液的补缩能力，因此铸件致密度较高，缩松缩孔等缺陷较少。同时，金属液中夹杂物易在离心作用下浮向表面，因此铸件夹杂率较低。

（3）整个工艺无须砂芯，设备易于自动化，其生产成本低，生产效率高，出品率一般能达到95%以上。

采用立式离心铸造法生产铸件，由于浇注系统简单，金属液流入铸型过程中的损耗较少，铸件出品率高，能获得高致密度，少缺陷，力学性能高的铸件，常用于生产轴承、回转支承圈等高度与直径比值较小的圆环类铸件。卧式离心铸造浇注系统的设计更为复杂，金属液需要流经斜槽后才能注入型腔，增大金属液的损耗，但相比于立式离心铸造，卧式离心铸造不需要型芯，节省了材料和设备投入，常用于生产长度大于直径的套管类铸件。

1.2.2 双金属构件离心铸造技术研究现状

采用离心铸造法制备双金属构件具有高效率、低成本、加工工艺简单等优点，生产得到的双金属构件界面能够形成良好的冶金结合，界面结合强度高，质量好。2014年Li等人采用立式连铸机成功制备了界面结合质量良好的高速钢复合轧辊，得到的铸坯结合界面显微组织主要分为扩散层、激冷凝固层和柱状结晶区。在此基础上，2015年Xu等人对热压缩后高碳钢/低碳钢双金属复合环坯的显微组织进行了观察，发现存在4个力学性能不同的微观结构区，如图1-12所示。2022年Sarvari等人利用离心铸造法成功实现了Al/Mg合金的连接，并对比了两种不同浇注方式，发现将Al液浇注到进行预热处理后的Mg固体中得到的结合界面厚度更宽，结合界面由金属间化合物、共晶结构和固溶体组成。在此基础上，该学者进一步研究了固体预热温度和V_m/V_s值（V_m为金属熔体体积，V_s为固体部分体积）对Al/Mg双金属结合界面厚度的影响，发现提高固体预热温度和V_m/V_s值均能提高界面结合层的厚度，但V_m/V_s值的提高会增大结合界面收缩力导致结合界面的连续性下降。Gholami等人利用立式离心铸造工艺制备了铝-黄铜双金属空心圆柱体，研究发现结合界面主要由黄铜附近的冷却层、中间区域的片状沉淀区和靠近铝侧的共晶区组成。

立式离心铸造过程由于铸型旋转轴方向与重力方向一致，金属液在离心力和自受重力下进行充型，使得内表面呈抛物面形状，金属液容易在底部沉积，造成铸件在轴向上出现上薄下厚的现象，生产的铸件高度越高这种现象越明显，通常用于生产高度小于直径的圆环类铸件，不适用大尺寸直径铸件的生产，因此立式离心铸造研究相比较少。本书所介绍的双金属环件短流程铸辗复合成形新工艺，能够在立式离心铸造的基础上扩大环坯直径，得到大型双金属环件，有效解决了立式离心铸造无法生产壁厚均匀的大型环件的问题。

相对于立式离心铸造，利用卧式离心铸造制备双金属复合管套的研究报道更多。吕学财等人利用卧式离心铸造法成功制得了具有高硬度、高耐磨性的双金属铸铁复合辊筒，并得出内、外层金属液的浇注间隙时间是生产双金属复合构件的

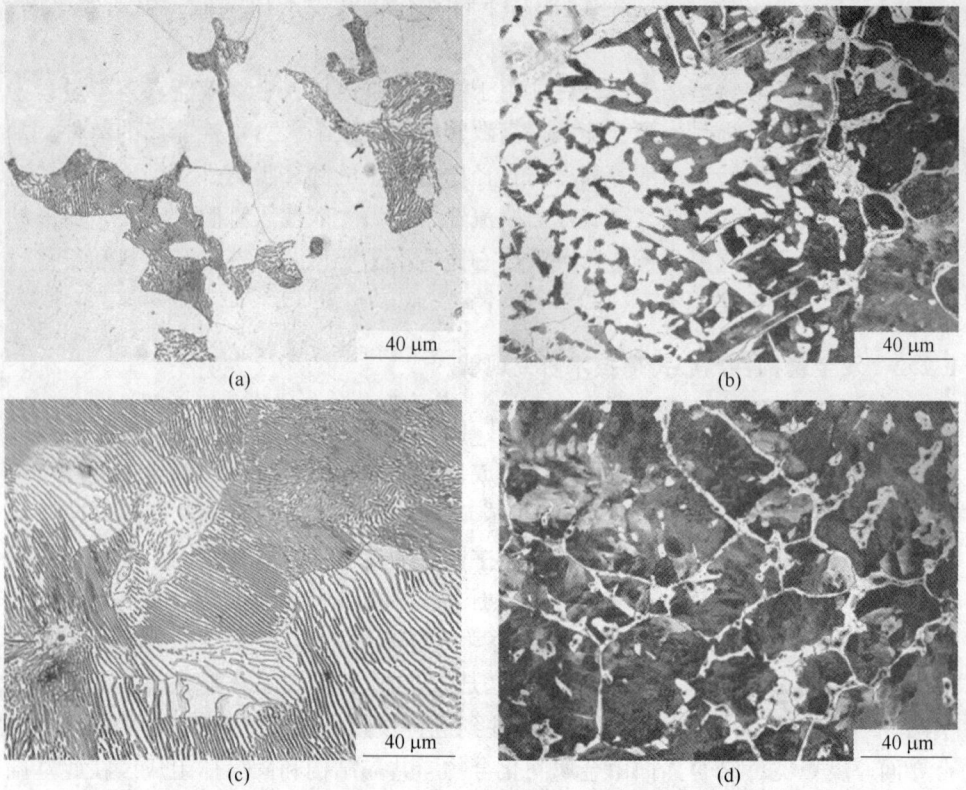

图 1-12　高碳钢/低碳钢双金属环坯不同区域的显微组织

（a）低碳钢区域；（b）结合界面区域；（c）珠光体区域；（d）先共析铁素体/珠光体区域

关键。同年，张国赏等人研究了碳钢/高铬铸铁双金属复合材料的制备工艺，发现合理控制工艺参数，可以得到界面结合良好的双金属复合构件。在此基础上，该学者通过设置多组实验进行对比确定了双金属环坯离心铸造的最佳工艺参数，制得的双金属缸套结合层过渡均匀，结合界面形成了良好的冶金结合。胡冰等人对不同温度下高速钢/球墨铸铁的结合层进行了研究发现随着热处理温度的升高，结合层宽度会逐渐增加，但硬度会逐渐下降。顾剑峰等人对 304 不锈钢/高铬铸铁双金属复合耐磨管进行了研究，发现结合界面形成冶金结合时结合界面两侧元素存在明显的互扩散。

　　国外学者对此也有诸多研究，Watanabe 等人利用反应离心铸造法建立了镍铝化物/钢复合管的冷态模型，通过对比不同离心铸造机下 Ni 粉的运动形式发现采用卧式离心铸造法时 Ni 粉的分布更加均匀。Qrozco 等人以 X65QL/Inconel625 双金属管为研究对象，利用实验测量和热力学计算的方法对结合界面的元素扩散现象进行了量化分析。Shen 等人采用机械研磨、化学表面处理和电镀铜的方法对

A356/A356-10SiCp双金属缸套外层A356内表面进行处理，发现机械研磨处理的界面存在明显较大的连续间隙，而化学法和电镀铜处理界面结合效果较好，无明显间隙，结合界面附近形成了过渡区，如图1-13所示。

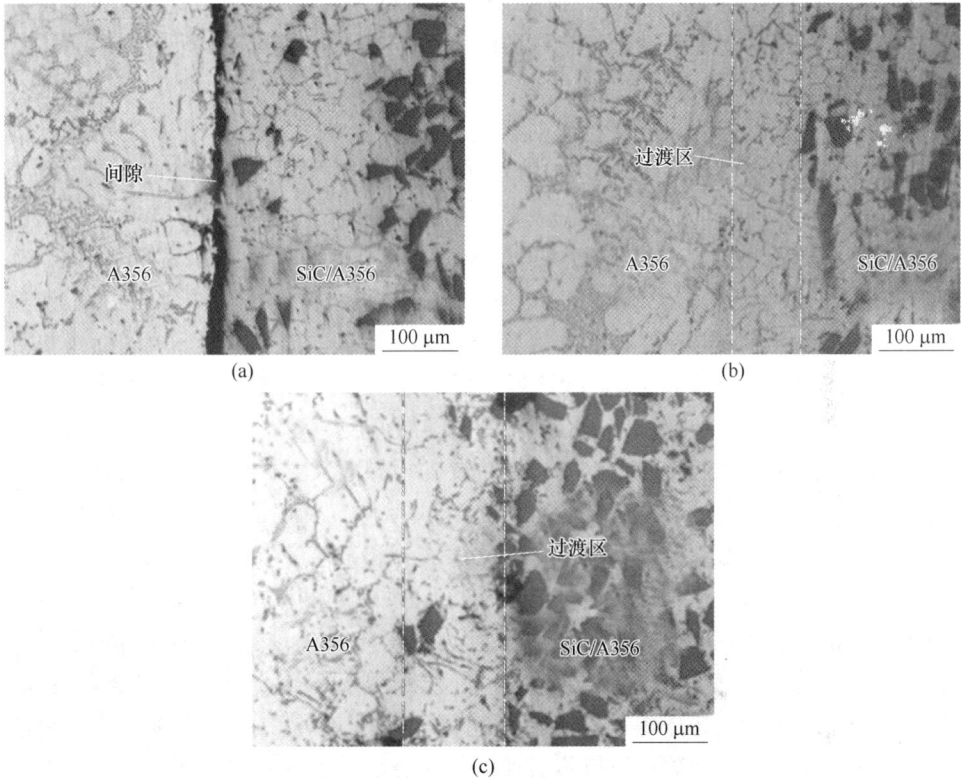

图 1-13 不同方法处理后的结合界面微观结构

（a）机械研磨；（b）化学处理；（c）电镀铜

卧式离心铸造铸型旋转轴处于水平位置，各部位受重力及离心力的作用大致相同，铸件各部位的冷却条件也大体相同，因此能够铸造出壁厚相对均匀的铸件，适用于圆通类及管套类等大型环件的生产，应用范围更为广泛。

1.2.3 双金属构件界面结合行为研究现状

1.2.3.1 双金属复合轧辊离心铸造界面结合行为

我国钢铁行业发展迅猛，产量多年位居全球第一，钢铁产量增加的同时，轧钢装备及其轧辊的总需求量也大幅度提升。复合轧辊的工作面为外表面，需要满足高硬度、高耐磨性的要求，其常用制造工艺主要为液-固复合法和液-液复合法，如离心铸造复合法、电渣熔铸法、连续铸造法、镶铸法、热等静压法和喷射铸造法等。离心铸造复合法因其装备简单、铸件组织致密和生产效率高等优点，成为制造复合轧辊的最重要方法。双金属复合轧辊外层通常采用卧式离心铸造，内层则采用重力填充铸造，离心铸造时外层决定轧辊的强度和硬度，强度低导致轧辊抵抗破坏的能力弱，使用寿命降低；硬度低会导致轧辊变形，影响正常使用。近年来，研究人员对复合辊工作层的浇注工艺、材料组成、元素扩散等进行了大量研究，以 Cr15、Cr20、Cr28 高铬铸铁为外层、灰铸铁为内层的复合辊套为研究对象，分析了不同外层材料对辊套性能的影响，发现以 Cr20 高铬铸铁为外层的辊套硬度最高，可达 55.75HRC。在此基础上，以不同含量的高铬铸铁为复合轧辊的外层进行研究，提出了最有利于提高轧辊力学性能的外层高铬铸铁的化学成分（质量分数）：3.11%C、20.19%Cr、2.05%Mo、0.62%Si、0.69%Mn、1.05%Ni、0.024%S、0.035%P。王建宾等人通过模拟复合轧辊离心铸造工艺过程，得出影响复合轧辊外层厚度的因素依次为：中间层浇铸温度>内表面换热系数>中间层厚度>涂层厚度>端盖砂材料，影响外层离心铸造时间的因素为：内表面换热系数>中间层浇铸温度>涂层厚度>中间层厚度，该结果对采用离心铸造技术制备复合轧辊时的工艺参数控制具有重要的指导意义。此外，化学成分和离心铸造工艺参数控制是保证复合轧辊性能的先决条件，夏鹏举等人以高镍铬铸铁/灰铸铁复合辊套为例，通过对内、外层化学成分和工艺参数进行研究，确定了当外层浇注温度为 1320 ~ 1300 ℃，浇注时间为 30 s，内层浇注温度为 1300 ~ 1280 ℃，浇注时间为 4 min，铸型转速为 640 r/min，内、外层间隔时间为 6.5 min 时，轧辊外表面质量显著提高，硬度达到 58 HRC 以上，完全满足 YB 4052—1991 要求。王志成等人提出在高速钢-球铁复合辊中间部分添加一个过渡层的方法，过渡层的化学成分与芯层类似，先浇注外层再浇注中间层，当温度下降至中间层固相线以下 3~4 min 后，再将辊芯和辊颈组装，最后进行浇注，这种独特的"三层复合工艺"有效地解决了冲混问题，保证了轧辊工作层厚度的均匀性。同时，由于工作层在与中间层结合过程中外表面已经凝固，因此也保证了外层硬度，热处理后辊身硬度达到 78 HS（约 58 HRC）。采用"三层复合工艺"不仅可以解决外层 Cr 元素的扩散问题，而且还克服了浇铸时在结合面易出现剥落的异状碳化物难题，使轧辊毫米轧钢量达到 5200 t 以上，工作效率明显增加。

　　由此可见，通过分析工艺参数对离心铸造过程稳定性和变形均匀性的影响，可以实现对轧辊宏观塑性变形及工作层硬度的控制，能满足大部分工况下的使用要求。但上述研究仅涉及工艺参数控制，尚未阐明相应的组织演变规律及机理，无法为离心铸造双金属复合轧辊工艺控制提供系统性的理论支撑。因此，应加强对浇注过程中金属流动行为、晶粒尺寸形貌及结合界面微观结构演变规律的研究，为进一步研究离心铸造复合轧辊力学性能提供理论依据。

　　结合界面的微观结构和特性对复合轧辊的宏观力学性能起关键作用，因此有必要澄清复合轧辊结合界面的相组成和微结构、界面元素扩散等与外层金属的关系。通过研究离心铸造外层高铬铸铁、内层45钢双金属轧辊（外层耐磨、内层韧性良好）的结合界面形态，发现结合界面组织结构由高铬凝固组织、过渡区（脱碳区）、渗碳区和45钢组织组成，其中高铬凝固组织中碳化物以硬度较高的条状 M_7C_3 型为主，过渡区的 M_7C_3 型碳化物数量明显减少，渗碳区为在热扩散作用下碳元素向芯部45钢扩散形成珠光体组织所致；管模铸型的预热温度和内、外层金属在高温阶段的保温时间对界面结合性能具有显著影响，如保温时间加长、液固作用时间增加和 C、Cr 跨越界面的扩散能力增强，均可以使扩散层厚度明显增大，有效避免因轧辊界面气孔、裂纹缺陷和剥落而引起的失效问题。此外，通过控制金属液温度，对外层高铬白口铸铁、内层低合金钢复合轧辊的结合层组织和厚度进行了研究，得出结合界面成分与组织均匀分布与内、外层金属温度密切相关，低合金钢凝固后温度越高，界面结合效果越好，外层高铬铸铁金属液浇注温度越高则结合层越厚。Lu 等人基于 ProCAST 平台建立了外层为 Cr4 钢、内层为球墨铸铁的复合轧辊离心铸造有限元模型，得出复合轧辊离心铸造复合过程分为3个阶段，即外层离心铸造、中间层离心铸造和芯层重力填充铸造，并进行了实验研究；不同冷速下所得到的结合界面组织与晶粒尺寸不同，主要以珠光体和马氏体为主，界面碳元素大量扩散导致珠光体数量增多；中间层温度较高时，外表面和内表面的温度较低；中间层温度较低时，内、外表面温度的不均匀性会导致内层与中间层的结合不紧密，易使轧辊剥落。因此，要实现复合轧辊界面的紧密结合，必须依靠内、外层浇注间隔时间 Δt 和内层浇注温度 $T_{内浇}$ 的良好匹配，使得外层合金内表面能够在内层金属液浇注热量作用下熔化一定的厚度，以保证冶金结合质量，但往往在内、外两层合金接触面附近形成一个两种合金的混合薄层和一个外层合金熔化而未混合的薄层共同构成的冶金结合区域，由此确定内、外层结合效果较好的判据为：

$$\Delta t = (0.7 \sim 0.8)t_{s1} \sim (t_{s2} + 6) \tag{1-1}$$

$$T_{内浇} = T_{L2} + 50 \sim \max\{T_{L1}, T_{L2}\} + (120 \sim 150) \tag{1-2}$$

式中，Δt 为内、外层浇注间隔时间，min；t_{s1}、t_{s2} 分别为外层、内层凝固时间，min；$T_{内浇}$ 为内层浇注温度，℃；T_{L1}、T_{L2} 分别为外层、内层液相温度，℃。

此外，离心铸造复合轧辊工作层与芯部结合界面处从微观上看实际存在"四区三界面"：未熔区、半熔融区、熔融区、芯层，未熔区与半熔融区界面、半熔融区与熔融区界面、熔融区与芯层界面，利用超声波探伤技术可以对离心铸造复合轧辊中间层的结合效果进行检测，并给出判定依据，典型回波波形如图1-14所示。图1-14（a）所示 A 形回波通常处于半熔融区与熔融区界面，由畸变石墨的偏析、铁液硫化物和铁渣等造成，其中非金属夹渣物的影响最大，通过延长外层金属液冷凝时间和降低轧辊芯部金属液温度，可减轻畸变石墨及硫化物偏析。

图 1-14 （b）所示 B 形回波是界面冶金结合的另一种派生形式，在回波前沿会出现"干扰"现象，这是由于界面成分偏析或异样组织共生所形成的"草状"回波导致的，可以通过控制合适的填芯浇注温度进行消除。图 1-14 （c）所示 C 形回波是超声波探伤技术中常见的"双波"现象，一旦出现"双波"，则判定产品质量上要以第一个回波作为依据。图 1-14 （d）所示 D 形回波为双联回波，是轧辊的致命缺陷，易使轧辊出现剥落等。

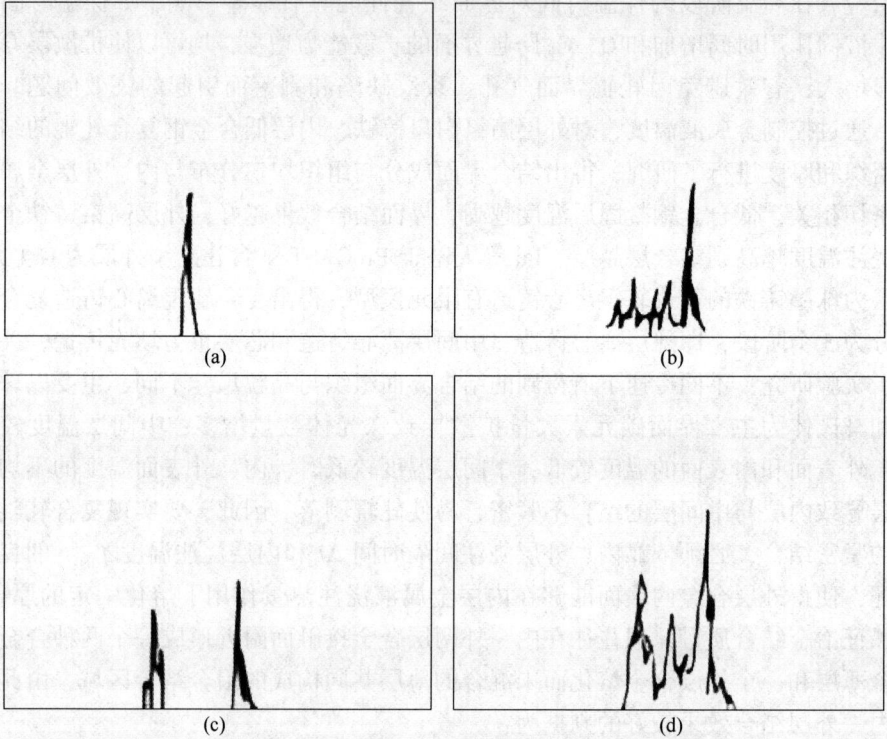

图 1-14　复合轧辊结合层超声波探伤的典型回波
（a）A 形回波；（b）B 形回波；（c）C 形回波；（d）D 形回波

　　在离心铸造双金属复合轧辊的研究中，国内外学者以物理方法和力学冶金学为基础，通过实验和数值模拟手段研究了结合界面的复合规律以及获得较好结合质量的判据，但仅给出了具有良好结合界面的大致范围，尚未涉及如何精确控制结合界面的结合强度。同时，通过模拟得到的结果大多是建立在热-力耦合及模拟预应力基础上，忽略了金属的液固相交互作用状态，降低了预测温度分布的准确性。

　　复合轧辊的工作面为外表面，即外层需要满足高硬度和高耐磨性的要求，内层则要具有良好的韧性，离心铸造时的结合效果决定了复合轧辊的力学性能，往往也会伴随缺陷的产生。裂纹是复合轧辊工作过程中最常见的一种失效形式，在实际生产中很难避免。裂纹的产生主要是由于金属液中夹杂物过多，致使内部形成滑移带，易在夹杂物和基体界面处形成位错塞积，使晶界结合力降低，在结合界面处形成微裂纹，以及复合浇注时预制件预热温度太低导致铸件出现冷隔等现象，最终产生裂纹。Howard 等人提出液态金属在凝固时，固-液两相区可分为准固相区和准液相区，对裂纹等缺陷的研究提供了一定的理论依据。同时，结合铸型的变速冷却技术，利用变速离心铸造改善复合轧辊温度场与应力场的分布，可以有效改善裂纹分布状态，提高复合轧辊使用寿命。高强度、高硬度和高耐磨性及长寿命是复合轧辊实际使用的首要考虑标准，为了消除复合轧辊中高速钢粗大的铸态组织和晶界处共晶碳化物，对离心铸造复合辊环进行研究发现：高速钢经 RE-Mg-Ti 变质处理后，内部组织致密，共晶碳化物明显细化，使用寿命得到显著提升。为消除成分偏析，防止复合轧辊断裂，可通过加入适量合金元素等方法进行处理，对于外层为高 Ni-Cr 铸铁、内层为球铁的复合轧辊，在外层浇注时加入元素 V 和 Nb，再进行回火处理后，外层石墨变得细小均匀，碳化物含量为 $30\% \sim 35\%$，轧辊硬度、抗热冲击能力和抗剥落能力均提到提高。此外，在离心浇铸和凝固过程中引入磁场也可以改善高速钢轧辊的组织和性能，如图 1-15 所示，黑色 MC 型碳化物均匀分布于各个试样的基体中，随着磁场强度的增加，凝固组织中共晶碳化物逐渐呈不连续网状且数量增多，分布更加弥散，其硬度值不断增大，表明磁场能够降低高速钢中残留奥氏体的含量，从而使宏观硬度增加。

　　研究发现，双金属复合轧辊离心铸造后的热处理过程可以消除凝固过程中发生的溶质偏析和铸造应力，控制残余奥氏体量，对构件微观组织、界面元素扩散和力学性能都会产生直接影响。通过对比分析亚临界热处理和高温热处理对高铬复合轧辊组织与性能的影响，发现奥氏体热处理后，残余奥氏体基本转变为马氏体或索氏体，硬度明显增加，平均约为 79.25HRC。在此基础之上，李具仓等人研究了不同热处理工艺对离心铸造高铬铸铁复合轧辊力学性能的影响，经过高温 950 ℃×1 h、中温 450 ℃×10 h 空冷淬火+525 ℃×6 h 空冷回火后，复合轧辊组织主要为马氏体+弥散碳化物，硬度达到 55.6HRC 以上，冲击韧度达到 5.66 J/cm² 以上，复合轧辊力学性能最佳。吴卫强等人采用感应热处理对外层变质高碳无钴高速钢、内层球铁辊环的性能进行了研究，内层性能变化不大，但外层硬度明显增加，退火后辊环硬度为 $220 \sim 250$HB。同时利用超声波探伤技术对辊环的结合效果进行了检测，发现过渡层结合良好，结合界面无分层、夹渣和气孔等缺陷。由于复合轧辊内、外层过渡区的微观缺陷和拉应力的共同作用，复合轧辊在热处理过程中往往会出现开裂倾向，进一步研究得出：通过降低复合轧辊的升温与降温速率和提高空冷后的装炉温度，或者采用多段回火工艺及合理设计辊身肩部形状，均可以防止复合轧辊开裂。此外，对于带有咬入花纹的辊压辊套，在高温加

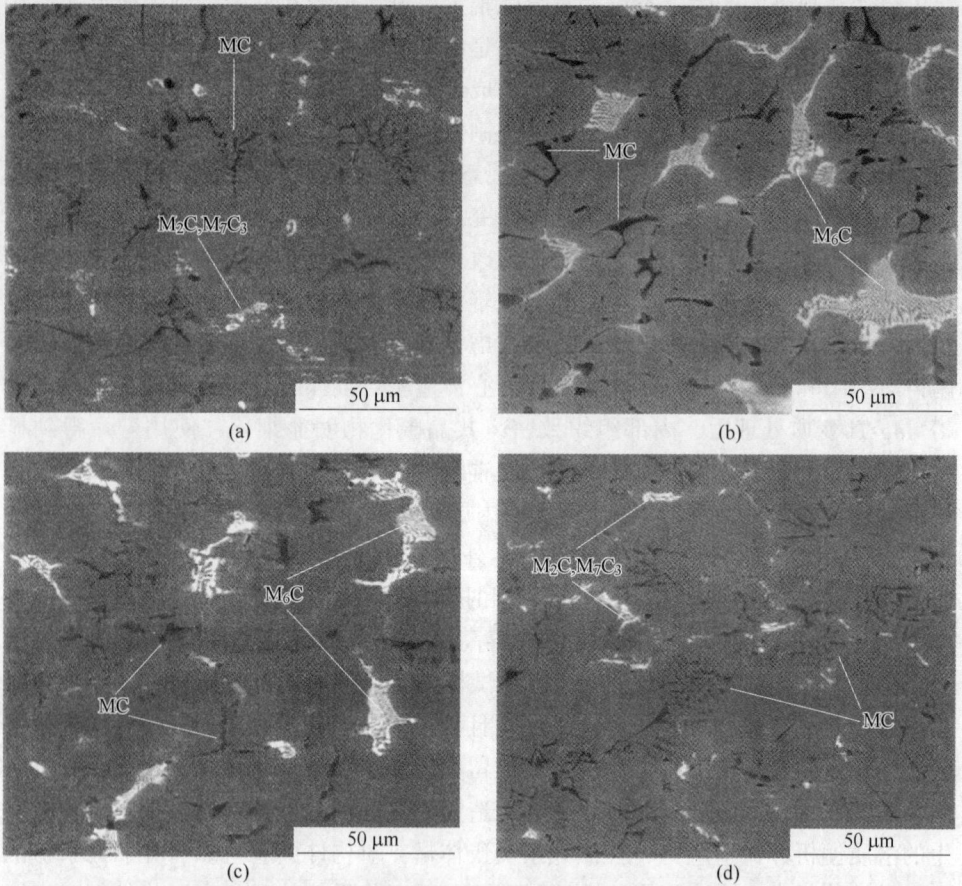

图 1-15　不同磁场强度下高速钢轧辊凝固试样的 SEM 图

(a) 0 T；(b) 0.05 T；(c) 0.12 T；(d) 0.15 T

热阶段易使辊套外层氧化，降低耐磨性，而"差温无氧化"加热的"淬火+多次高温回火"工艺通过快速加热，使外层和芯部达到不同的温度，不仅能避免该问题，还能降低残余奥氏体量，提高其咬入性，钝化共晶碳化物，减小割裂作用，增加外层基体的硬度，是现阶段高铬铸铁复合轧辊最佳的热处理工艺。但需注意的是，该工艺能耗高、热处理周期长，对具有严重偏析的复合轧辊效果不太明显。

通过分析合金变质处理、差温热处理及电磁离心铸造等工艺对双金属复合轧辊力学性能的影响，提出了改进离心铸造复合轧辊力学性能的理论与方法，但仍存在一些不足，如高合金钢复合轧辊在离心铸造中易产生合金元素偏析，降低组织和成分分布的均匀；复合轧辊辊身内部和辊颈部位易出现缩孔、缩松和夹杂等缺陷，降低轧辊稳定性；较高的出模温度易造成粗大晶粒生成，加剧复合轧辊温度分布的不均匀性，同时复合轧辊出模后与周围环境温差较大会产生较大的热应力，增大裂纹萌生概率；内、外层结合界面易出现石墨畸形及碳化物偏析，使韧性和结合强度降低，出现剥落等现象。无论是结合界面偏析与缩孔，还是粗晶和裂纹，均会直接恶化双金属复合轧辊的力学性能，下一步工作中需要重点对此类问题进行深入剖析和研究。

1.2.3.2 双金属复合管离心铸造界面结合行为

复合无缝管作为矿冶、煤炭、电力等行业的关键结构件，与复合轧辊的工作面正好相反，其工作面为内表面，制造原则大致包括两个方面：基层（外层）应满足管道的许用应力，复层（内层）抗蚀性和耐磨性足够高。不同于双金属复合轧辊所要求的外层高硬度，双金属复合管的外层只需要满足一定的硬度、较高的耐磨性等方面的要求即可，而内层作为工作面，对其性能要求更为苛刻，还必须同时具有较高的韧性和抗腐蚀性，由此必然极大地影响其离心铸造过程。双金属复合管通常采用典型的卧式离心铸造工艺，如图 1-16 所示，离心铸造机在高速旋转时产生离心力，使依次浇入铸型中的外层、内层金属液沿铸型长度方向均匀分布，实现两种金属组元流动充型和凝固，从而形成界面紧密结合的双金属复合管，但液态金属在强离心力场下凝固，静态铸造中易于发生比重偏析的合金组织会形成更加严重的比重偏析。在双金属复合管的离心浇铸过程中，采用铸型转速逐步上升的浇注工艺，不仅能减小管坯柱状晶的发育程度，获得较好的等轴晶组织，还能将聚集有夹杂和气孔的内表面疏松层尽量控制在机加工范围内，得到内表面质量优良的套筒。同时，为消除外层裂纹、表面粗糙度和元素偏析对双金属复合管性能的影响，可以通过控制铸型转速和内层金属液浇注完毕后铸型继续旋转的时间来实现，即转速过高和继续旋转时间过长，则易产生外层裂纹和元素偏析，以及结合层厚度不均匀等缺陷；转速偏低和继续旋转时间过短，则会出现金属液雨淋现象，会造成管坯内层疏松、夹杂及内表面凹凸不平等缺陷。通过引入电磁搅拌可以影响气缸套离心铸造过程中结晶前沿的传热、传质过程，使凝固后的晶粒细化、连续铸造中轴向偏析减小，以及使定向凝固后的枝晶组织发生偏转，即提高磁场强度会减轻合金元素偏析程度，使得内外层组织差别明显减小，从而提高抗拉强度。符寒光等人采用电磁搅拌技术对离心铸造高速钢轧辊中 W、Mo、V 元素的偏析程度进行了详细研究，由于电磁场在金属熔液中产生电磁力，其切向分量与熔液运动方向相反，迫使固-液界面前的熔液产生流动，引起元素分配系数的变化，减轻元素偏析，此外电磁力还会促使金属熔体对固-液界面和枝晶端部产生强烈冲刷作用，造成晶体从铸型壁脱落和枝晶折断，促进等轴晶的形成，有利于减轻元素偏析。张伟等人在离心铸造过程中采用双头浇注技术获得了内层为抗磨高铬铸铁、外层为 Q235 钢的双金属复合管，经过 RE-Si-Ca-Mg 复合变质处理后，冲击韧度 α_K 值由 13.4 J/cm^2 增加至 67.8 J/cm^2，大幅提高了复合管的韧性；同时还给出了扇形包平均角速度及外层金属液初始浇注温度的确定方法。

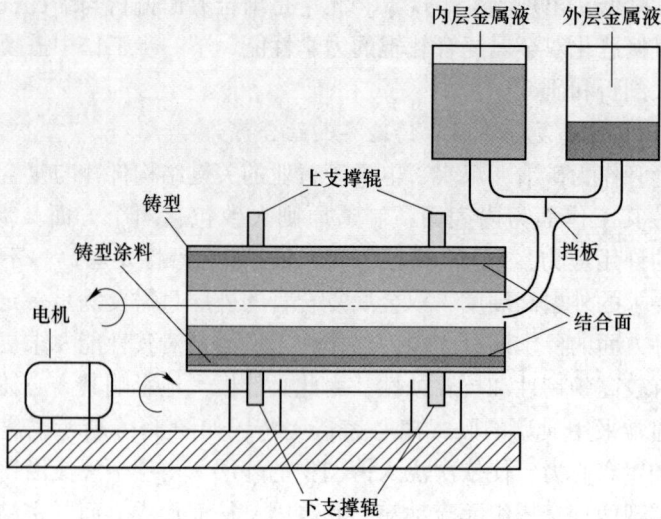

图 1-16　双金属复合管卧式离心铸造工艺原理

$$w = \frac{2\pi(r_1^2 - r_2^2)v}{R^2 h} \tag{1-3}$$

$$T_o = T_i - \frac{\rho_i(r_1^2 - r_2^2)[L_i/3 + c_i(T_i - T_L)]}{\rho_o c_o(r_0^2 - r_1^2)} + \frac{L_o}{5c_o} \tag{1-4}$$

式中，R 为扇形包半径；h 为扇形包宽度；w 为扇形包平均角速度；r_1 为铸管外半径；r_2 为铸管内半径；v 为管模移动速度；ρ_i、ρ_o 为内外层金属的密度，kg/m^3；c_i、c_o 为内外层金属的比热，J/（kg·℃）；T_o 为外层金属的初始浇注温度，℃；T_i 为内层金属的浇注温度，℃；L_i、L_o 为内外层金属的凝固潜热，J/kg。

　　此外，将有限元模拟技术与双金属复合管离心铸造工艺相结合也是近二十年来研究的热点，通过模拟双金属复合管离心铸造过程可以为试验提供较为可靠的工艺参数依据。鲍岩等人采用 ANSYS 软件对双金属复合管和普通单金属管的轧制过程进行模拟，对比发现离心铸造制备的外层 Q235 钢/内层 316L 不锈钢复合管冷轧变形行为更加复杂，但直径尺寸精度稍低于单金属管，轧制后外层壁厚变化较大，而内层壁厚变化较小。方大成等人通过对外层 45 钢/内层 Cr20 白口铸铁套筒离心铸造工艺参数进行研究，指出夹杂是双金属离心构件的一种主要缺陷，缺陷主要集中在结合界面和内层，并提出了防止夹杂缺陷方法，即净化金属液和不在界面上添加熔剂。高建忠等人得出浇铸转速低是外层为普碳钢、内层为镍基合金的双金属复合管坯出现壁厚不均匀、基层裂纹等质量问题的主要原因。在此基础之上，对外层为普碳钢/内层为镍基合金的双金属复合管的离心铸造、

热挤压和热处理过程进行分析，当铸型转速为 950～1050 r/min，加热温度为
1180 ℃，模具预热温度为 460 ℃、挤压力为 35 MN、挤压速度为 65 mm/s 时，可
以大幅降低管坯壁厚不均匀性和避免管坯内表面凹坑与裂纹等缺陷的产生。采用
离心铸造工艺制备双金属复合管的关键在于内、外层浇注间隔时间的控制，间隔
时间过短，内外层合金液易混流，不能形成规则稳定的过渡层；间隔时间太长，
则内、外层金属结合不牢固，形成夹杂、气孔等缺陷。邓传杰等人借助 ProCAST
模拟软件研究了不同离心铸造工艺下外层金属液充型与凝固行为，给出了双金属
复合管内、外层浇注间隔时间的确定方法，即当 $T \leq T_s$ 时（T 为金属在该点的温
度，T_s 为外层金属固相线温度），便可浇注内层金属液，但这一结果仅建立在
内、外层良好冶金结合的基础上，未考虑铸件裂纹等缺陷的存在。刘靖等人在此
基础之上对外层为 20 钢、内层为高铬铸铁的双金属复合管离心铸造过程进行模
拟研究，发现只有当内外层金属浇注间隔时间不低于 9 s 时，才能形成规则、稳
定的过渡层，Cr 在结合界面处发生扩散，界面达到了冶金结合，这一结论也得
到了其他研究者的验证。同时对该双金属复合管进行了力学性能检测，其抗拉强
度为 223 MPa 和屈服强度为 199 MPa，与 GB/T 699—1999 规定的抗拉强度为
410 MPa 相比，该铸态复合管拉伸性能较差，拉伸过程中很快发生断裂，断口形
貌表明该双金属复合管的拉伸性能主要由外层 20 钢决定。

双金属复合管质量问题一直是研究的重点，其结合界面的好坏直接影响使用
性能。通过改善过渡层的分布状态和增加过渡层厚度均可以提高耐磨层与基层的
结合强度。随着浇注温度升高，高速钢/球墨铸铁复合管过渡层晶界越模糊，结
合界面宽度随着扩散进行而加大，而硬度逐渐降低。提高外层金属的浇注温度和
铸型预热温度对双金属复合管的离心铸造过程起到保温作用，促进元素扩散，有
利于界面结合。方大成等人通过研究外层 45 钢/内层 Cr20 白口铸铁套筒的离心
铸造复合规律，给出了内外层冶金结合良好的判据。

$$T_s = (T_外 + T_内)/2 \qquad (1-5)$$

式中，$T_外$ 为外层表面温度，℃；$T_内$ 为内层表面温度，℃；T_s 为金属的固相点，℃。

徐畅等人对外层为 35 钢、内层为高铬铸铁复合管离心铸造过程中的温度场
进行了研究，提高外层浇注温度和铸型预热温度均有利于界面结合，而提高内层
浇注温度对结合界面影响不大。对该复合界面进一步分析发现，只有当内层浇注
温度低于外层初始温度时，提高内层浇注温度对界面结合影响较小；若内层浇注
温度高于外层初始温度，提高内层浇注温度则能显著提高界面结合效果。此外，
结合界面的成分梯度过渡区可以降低内、外层金属液间因温度变化差异而产生的
热应力，使内外层金属的力学性能能够有效互补。郭明海等人探讨了界面保护剂
对外层为碳钢、内层为高铬铸铁的双金属复合管过渡层性能的影响，如图 1-17
所示，其组织为条状珠光体与二次渗碳体（白色颗粒）；加入硼砂保护剂后过渡

层宽度加大及其形貌更清晰，且与两边金属呈犬牙状互相交错，因此可以认为添加适当的界面保护剂有助于形成更加稳定的过渡层。结合界面实现紧密冶金结合是决定双金属复合管质量好坏的关键，为保证双金属复合管具有优异的力学性能，还需要深入研究界面元素扩散行为、组织演变规律及界面结合机理，同时利用 ProCAST 模拟软件分析结合界面的凝固过程与温度场、应力/应变场分布规律，实验表征结合界面厚度与宏观工艺参数的定量关系。

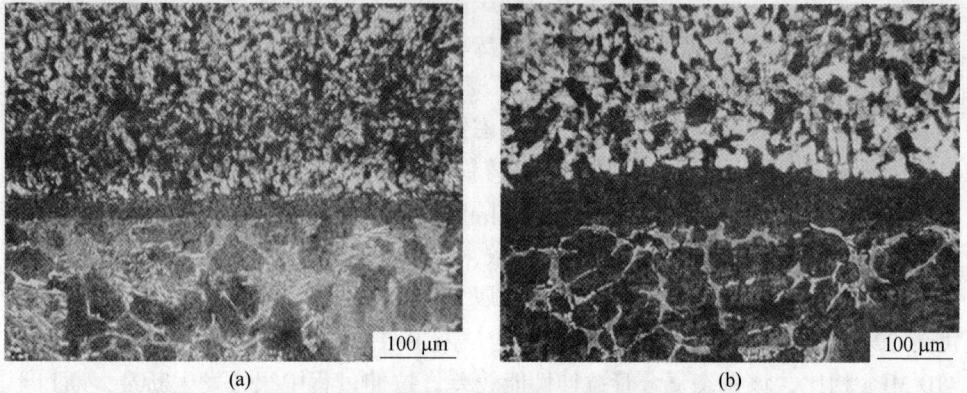

图 1-17   界面保护剂对过渡层性能影响
（a）未加保护剂；（b）加入硼砂保护剂

高耐磨性、高硬度及良好的韧性是双金属复合管的重要指标，直接关系到管件的服役性能。外层为 304 不锈钢、内层为高铬铸铁离心铸造复合管的内层耐磨性是 45 钢的 4 倍以上，这是由于高铬铸铁中 M_7C_3 和马氏体的硬度远高于 45 钢中渗碳体和珠光体硬度，冲击韧性最高可达 200 J/cm^2，抗拉强度略低于外层，约为 414 MPa，结合界面剪切强度为 500 MPa，结合性能良好。此外，在离心浇铸过程中加入合金元素可以使复合管改性，如向灰铸铁/低铬冷硬铸铁双金属滚筒中加入 0.005%~0.030%的 Bi，能够显著降低由含硅量偏高和激冷作用下降所引起的不利影响，最终使外层硬度达 50 HRC 以上。向外层为碳素钢、内层为高铬铸铁的复合管中分别加入 Si、V、Ti，均有助于提高双金属复合管的力学性能，其中 Ti 的效果最显著。在离心铸造过程中，由于双金属复合管呈单方向传热的特点，即耐磨内层的热量主要从结合界面通过外层向外界散热，致使耐磨内层的组织呈现出一定的方向性。刘继雄等人观察了高铬铸铁/碳钢复合管结合界面组织形貌，如图 1-18 所示，碳钢组织为大量珠光体和少量铁素体组成的亚共析组织，高铬铸铁组织为共晶碳化物、马氏体和少量残余奥氏体；内外层过渡区域小，结合界面由一层白色的组织构成。对该高铬铸铁/碳钢复合管进行组织和热变形行为研究，得出在各成分钢之间的界面进行微量的质量转移可以实现良好的冶金结合。同时双金属复合管存在四个区域：低碳钢区（珠光体和铁素体）、结合界面区、全珠光体区和先共析铁素体/珠光体区，如图 1-12 所示，具有不同组织的区域决定其性能不同，由于存在热加工响应差异，从而成为双金属复合管塑性变形不均匀的根本原因。

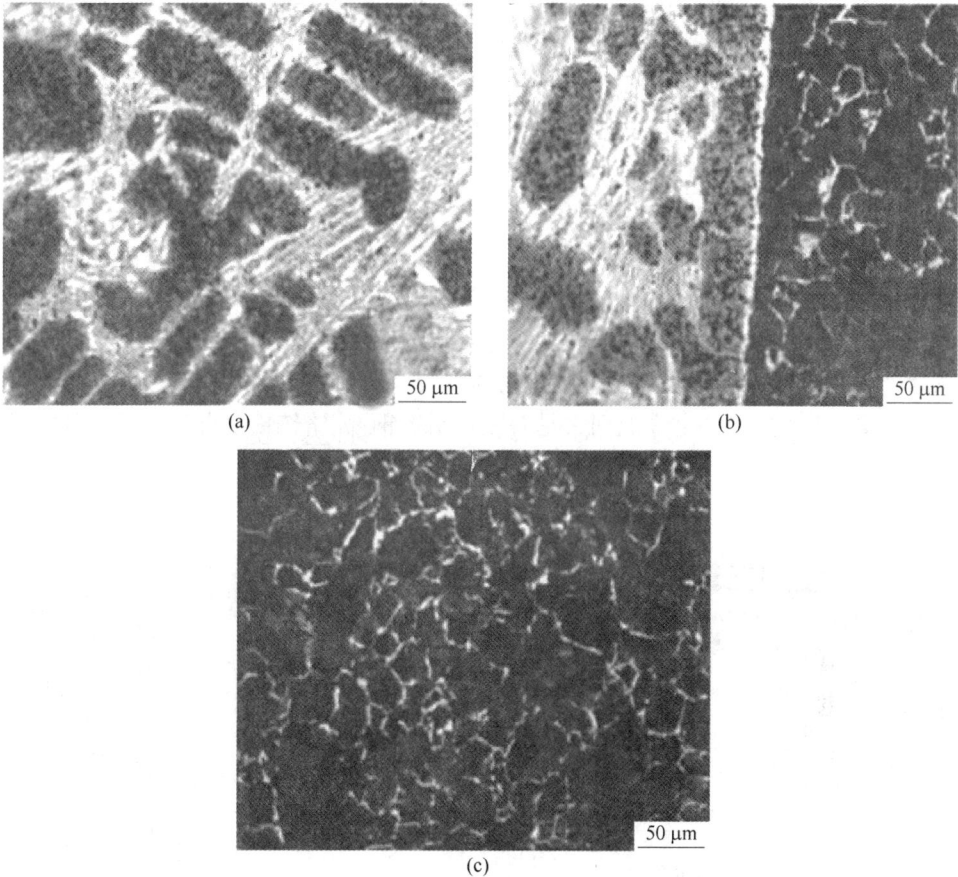

图 1-18　高铬铸铁/碳钢复合管结合界面组织特征
（a）高铬铸铁；（b）结合界面；（c）碳钢

热处理是改善和提高双金属复合管结合界面形态与力学性能的重要环节，萧骅昭等人研究了外层为低碳钢、内层为高铬铸铁的双金属套筒热处理过程中的物相变化趋势，得出热处理过程中只需考虑高铬铸铁的特性即可。风冷、淬火虽能改善构件的力学性能，但由于铸钢和高铬铸铁的线膨胀系数不同，易导致套筒件开裂；而对外层为 ZG270-500 碳素钢、内层为 17CrMnCu 的双金属缸套进行阶梯式热处理，如 260 ℃保温 1h 后随炉冷却退火，粗加工后再阶梯升温至 980 ℃保温 3h 后风冷，此时内层被淬火而外层被正火，然后再回火，退火后外层组织以铁素体为主，内层组织为奥氏体基体上分布着初生碳化物，淬火后外层组织为铁素体+珠光体，内层转变为马氏体并弥散分布着二次碳化物，沿晶界处还有二次碳化物析出，过渡层组织均匀，内外层达到了牢固的冶金结合，不仅能避免外层裂纹的产生，还能明显提高内层硬度（淬火后可达64.7 HRC），是当前较优的热处理方案。采用不同热处理工艺得到了外层304不锈钢/内层高铬铸铁复合管的硬度和剪切强度，硬度过渡区较小，结合界面附近发生了明显的元素扩散，如图1-19和图1-20所示，热处理后高铬铸铁具有良好的耐磨效果，结合界面处的硬度值介于高铬铸铁和不锈钢之间（图1-19）。图1-21表明热处理后的双金属复合管的剪切强度与铸态相比有所下降，其中亚临界态处理后的结合界面剪切强度最低，因为两种材料的物性参数存在一定差异，加热和冷却过程中热膨胀和收缩率不同，结合界面产生裂纹和结合界面处应力集中比较严重。但淬火+高温回火处理后的结合界面剪切强度要比其他热处理工艺下的要高，主要原因是高温回火过程中过渡区C、Cr、Ni元素扩散程度提高，在过渡区形成大量的合金碳化物，且碳化物多呈球状和层片状，并且碳化物的量较低温回火更多一些，界面结合强度也就越高。因此，淬火+高温回火是对304不锈钢/高铬铸铁复合管较适合的热处理工艺制度。

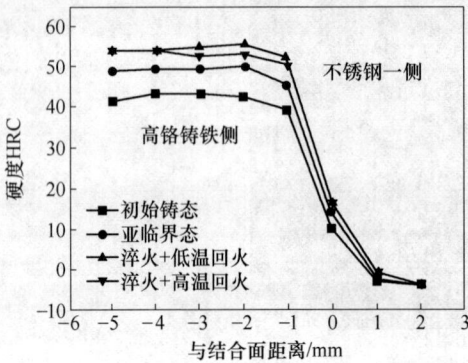

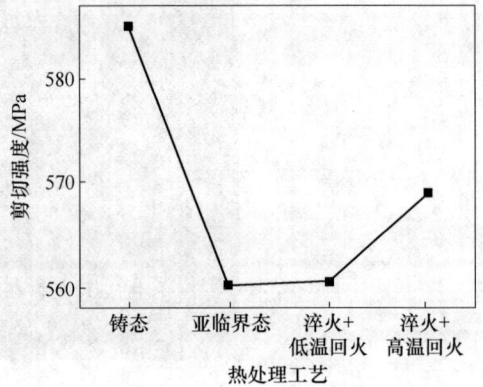

图1-19 热处理对结合界面附近硬度的影响　　图1-20 热处理对结合界面剪切强度的影响

综上所述，目前双金属复合管的研究主要集中在其力学性能和工艺参数控制上，对内层组织、界面元素扩散与分布特性尚未深入探讨，主要存在以下几个问题：对双金属复合管耐磨层的组织分布和凝固偏析的原因分析不彻底，对高铬铸铁-碳钢之外的双金属复合管结合界面的研究仍不足；由于内外层材料不同，导致两者的线膨胀系数不同，则屈服强度不同，易造成特殊的残余应力存在；离心铸造工艺复杂，参数难以控制，易引起铸造内应力过大、内部缩孔等问题，致使其应用还存在一定问题。因此在实际浇注过程中，为避免裂纹、缩松、缩孔等缺陷的产生应尽量遵循以下原则：内外层浇注间隔时间应严格依据浇铸温度进行设

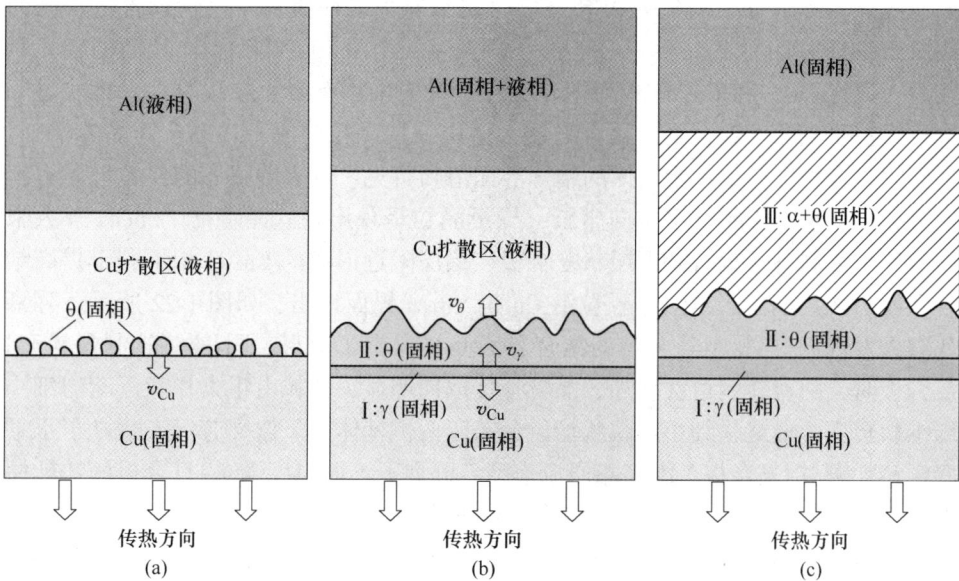

图 1-21 界面结合层形成过程示意图
(a) 固液转变阶段; (b) 固相转变阶段; (c) 共晶转变阶段

定, 且在确保铸件充型质量的要求下, 应尽量保证较低的铸型转速。

1.2.4 双金属构件界面结合机理研究现状

双金属层状构件的界面结合理论主要包括再结晶理论、三阶段理论、金属键理论和能量理论。双金属层状构件的界面结合是两种金属元素逐渐进行过渡, 而不是双金属之间存在分界面, 结合方式主要为机械结合和冶金结合, 前者是在外力作用下形成表面之间结合, 后者则是相互接触的异种金属进行溶解, 相互发生元素扩散进而结合在一起, 使得结合界面具有优异的力学性能。国内外针对双金属层状构件的结合界面组织演变和结合机理的研究, 取得了诸多有益成果。姜龙等人制备了轧制、中间退火和扩散退火组合工艺下的 6061/7075 铝合金层状复合板, 冷轧和热轧均能获得沿复合板轧向分布的纤维度良好的晶粒, 中间退火和扩散退火加速两侧基体金属的元素扩散, 实现冶金紧密结合。陈志青等人采用平面应变热压缩试验对 AZ31B/6061 爆炸焊复合板进行了热轧物理模拟, 400 ℃/5 min 热处理后 AZ31B 侧发生了再结晶, 晶粒细小、分布均匀, 随后的热压缩包覆程度随变形量增加而增加, "鼓肚" 程度随温度升高而减小。王珺等人提出了铜/铝双金属复合板带的水平连铸复合成形工艺, 阐明了铜/铝复合板的界面结合层分为 3 个亚层, 分别为固液转变形成的 I 层: γ 相, 固相转变形成的II层: θ 相, 以及共晶转变形成的III层: α+θ 共晶组织, I 层和 II 层均为铜/铝金属间化合物, 如图 1-21 所示。

　　此外，常东旭等人发现铜/铝复合带的铝剥离表面覆盖了大量铜含量较高的块状组织，主要包含 $CuAl_2$、Cu_9Al_4、$CuAl$ 和 Cu_4Al 相，而铜剥离表面的铝元素较少，以 Cu_9Al_4 和 Cu_4Al 相为主。毛志平等人采用有限元方法对水平铸轧过程进行模拟研究，发现金属间化合物层大体由三层晶粒构成，各晶粒间晶界清晰，金属间化合物层与铜、铝基体的结合界面清晰可见，退火增强态的晶粒尺寸有所增大，主要垂直于结合层方向生长，少量晶粒呈现出柱状晶特征。Sheng 等人采用冷轧工艺制备了铜/铝/铜层状复合板，铝层附近形成的 $CuAl_2$ 相不利于提高结合强度，并且细小的 Al_2O_3 颗粒沿 $CuAl_2$ 和 Al 界面析出，如图 1-22 所示。陈嘉伟等人发现铜/铝轧制复合板的结合界面晶格发生了变形。固-液铸轧制备镁/铝复合板时，随着轧制道次增加，晶粒择优取向明显，晶粒由粗大片状逐渐向细小纤维状转变，最终呈细小颗粒状均匀分布于两侧基体中。谢文芳等人建立了水平双辊铸轧铜/铝复合板二维稳态层流模型，开展了不同厚度铜/铝复合板的铸轧模拟研究，界面结合层的形成过程包括 4 个阶段（图 1-23）：第 1 阶段为铜、铝原子在热激活作用下相互扩散，第 2 阶段为结合界面有 α 铜固溶体相和 γ 铝固溶体相出现，第 3 阶段为结合界面处 $CuAl_2$ 相形核析出，第 4 阶段为在 $CuAl_2$ 相和铜基体之间析出 Cu_9Al_4 相。

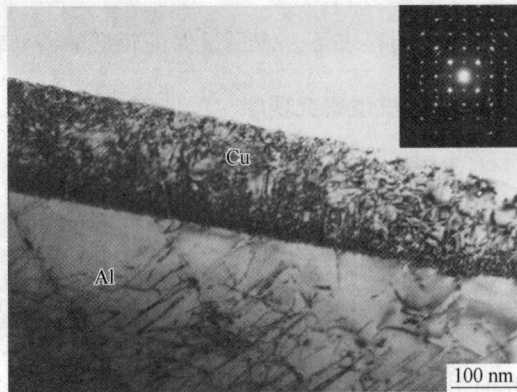

图 1-22　Cu/Al 界面的亮场 TEM 图像（插图为 Cu 层 SAED 图）

　　余超等人采用真空热轧法制备了 TA2/Q235B 复合板，轧制温度为 950 ℃、压下率为 70%时，结合界面均匀分布厚度约为 0.5 μm 的化合物层，轧制温度为 1050 ℃时结合界面上有不连续的块状化合物，如图 1-24 所示。刘亚洲等人采用铸轧法制备了 Cu/Al 复合板，轧后退火温度从 250 ℃、300 ℃升至 450 ℃，界面物相生成顺序依次为 $CuAl_2$、Cu_9Al_4、$CuAl$，界面物相种类和厚度变化对界面剥离强度具有重要影响，如图 1-25 所示。Huang 等人采用固-液铸轧法研究得出，Cu/Al 层状复合板中间反应产物 $CuAl_2$、$CuAl$ 和 Cu_9Al_4 沿轧制方向分布，剥离和

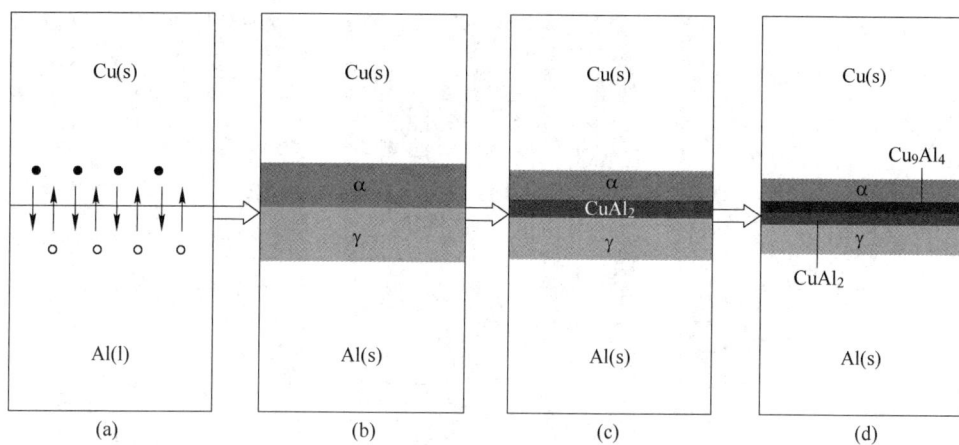

图 1-23 铜/铝界面结合层的形成过程示意图

（a）第 1 阶段；（b）第 2 阶段；（c）第 3 阶段；（d）第 4 阶段

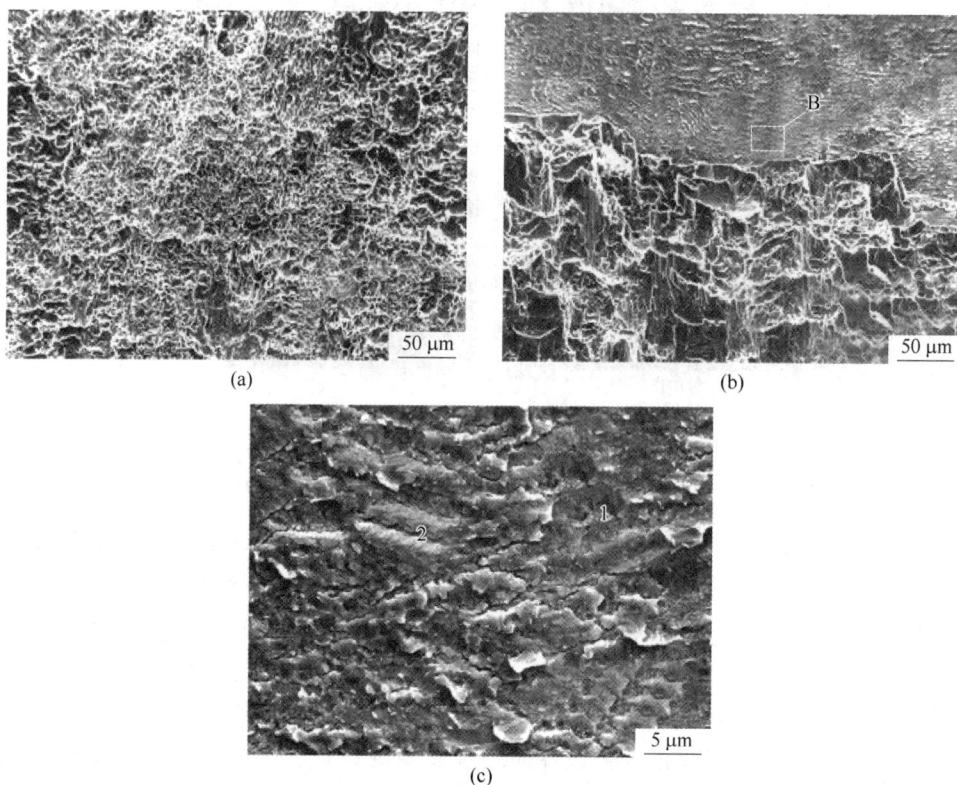

图 1-24 压下率为 70%时 TA2/Q235B 热轧复合板剪切断口形貌

（a）950 ℃；（b）1050 ℃；（c）图（b）中 B 区放大图

1，2—块状化合物

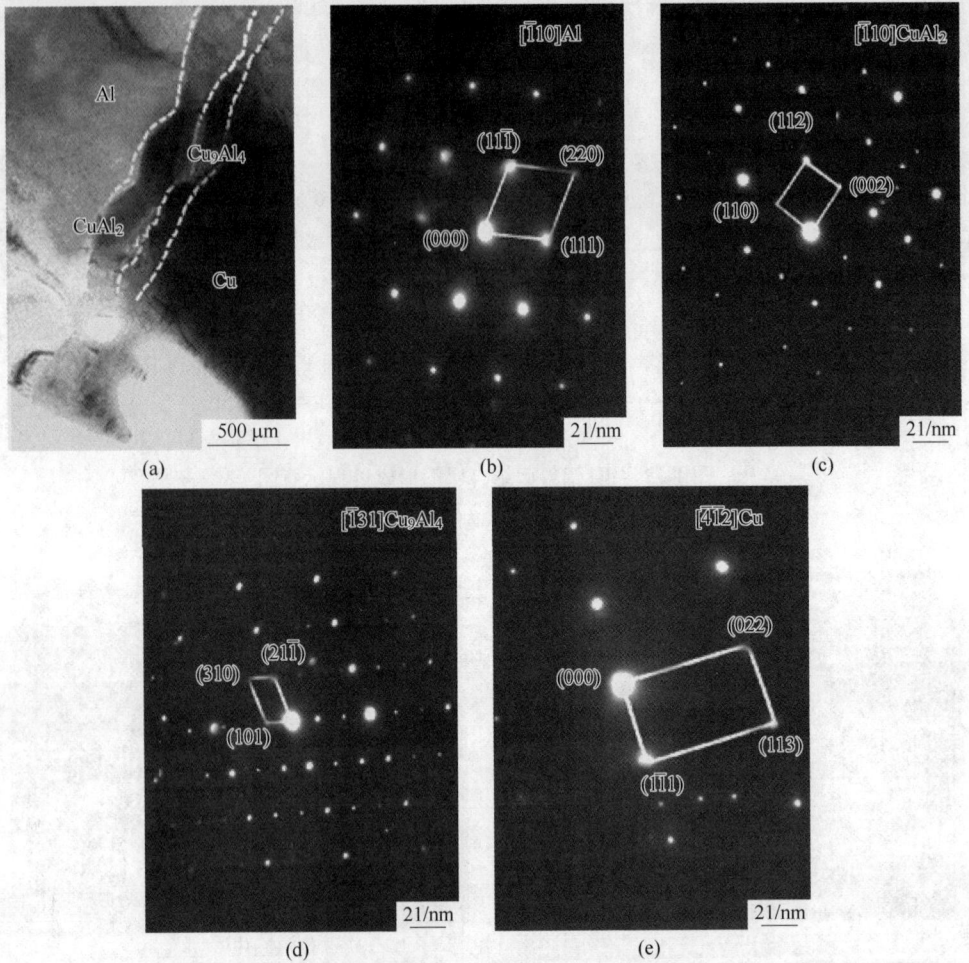

图 1-25　Cu/Al 复合板基体和金属间化合物 TEM 像及电子衍射图

（a）结合界面 TEM 像；（b）Al 衍射图；（c）CuAl$_2$ 衍射图；（d）Cu$_9$Al$_4$；（e）Cu 衍射图

弯曲试验结果表明，断裂发生在铝基体中，形貌为韧窝型。路王珂等人发现退火促进铜/铝铸轧复合板结合界面处金属间化合物的生成，在铝侧富集 CuAl$_2$ 相，铜侧富集 Cu$_9$Al$_4$，90°剥离和拉伸过程中的开裂均沿着金属间化合物进行。程明阳等人采用铸轧法制备的铜/铝层状复合板，界面结合层中有两种物相，从铝侧开始依次为 Cu-Al 和 CuAl$_2$ 的共晶组织、金属间化合物 CuAl$_2$，如图 1-26 所示。此外，热处理温度对铝/钢复合板界面结合强度也具有显著影响，当热处理温度低于 450 ℃时，界面结合强度下降缓慢，当热处理温度高于 450 ℃时，界面结合强度急剧下降。同时，热轧温度升高，一方面促进钛/钢复合板界面元素发生相互扩散，形成冶金结合，另一方面又会在结合界面生成金属间化合物以降低结合强度，但二者对结合强度的协同影响机制还有待进一步研究。田世伟等人在800~900 ℃下对钛/钢复合板进行大压下量轧制，950 ℃时 Ti 向钢侧扩散导致 TiC 沿铁素体晶内、晶界析出，且 TiC 在晶内呈排状分布；通过提高冷却速度的方式控制 TiC 尺寸，从而降低其对复合板力学性能的影响，对研究钛/钢复合板结合性能具有指导意义。需要指出的是，对于双金属层状构件界面结合机理的理论研究，还需要进一步将元素扩散、异种金属间的流动、结合界面组织演变等结合起来，提出更为合理的双金属层状构件界面结合理论，以期澄清结合界面及基体的强化机制。

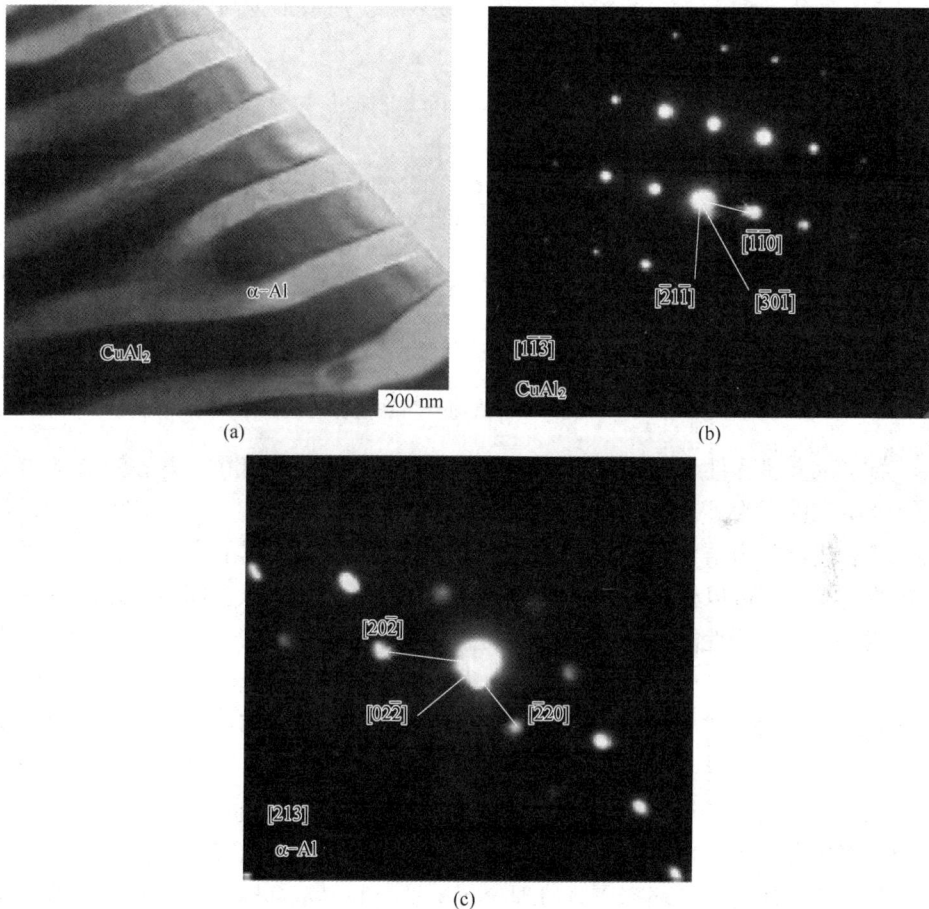

图 1-26　Cu/Al 界面结合层透射电镜照片和衍射花样
(a) 界面结合层 TEM 像；(b) CuAl$_2$ 衍射花样及标定；(c) α-Al 衍射花样及标定

1.3　双金属环件短流程铸辗复合工艺及其优点与应用

除了复合轧辊和复合管外，轴承套圈、法兰等环形零件作为高速铁路、远洋船舶和深空探测等重大装备制造领域关键连接、回转和支撑基础件，其品种多、用量大、用途广。不同于复合轧辊和复合无缝管等长轴/管类构件，作为盘状类双金属环形零件，其传统制造工艺为将单一环件分别离心铸造后再嵌合装配，或者将单一环件经镦粗、冲孔等工序后组装在一起进行辗扩成形，工艺流程冗长，存在结合界面翘曲、开裂倾向大、内外层接触质量差和结合强度低等问题。随着近年来双金属环件短流程铸辗复合技术的发展，离心铸造工艺不仅能直接生产高硬度、高耐磨性的复合轧辊和复合管等关键基础构件，还可以制造出具有一定性能质量的双金属离心铸造环形铸坯，再直接热辗扩后成形为高性能双金属复合环件，如图 1-27 所示。

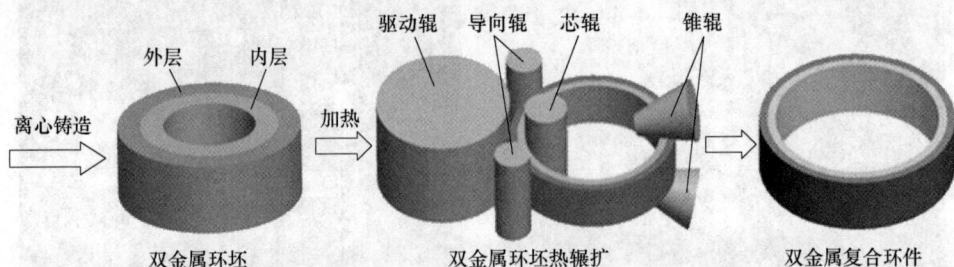

图 1-27   双金属环件短流程铸辗复合制造技术

由于双金属环件为高径比较小的盘状类复合构件，采用立式离心铸造工艺可以将外层和内层为不同材料的两种金属冶金结合在一起，形成一定宽度的结合层，然后热辗扩为结合层宽度加大、性能得到提高的双金属复合环件。在立式离心铸造过程中，可以根据实际需要调节内、外层厚比，充分发挥内、外层材料各自性能优势。单侧性能要求较高时，双金属环件可以取代稀有、贵重金属，解决传统双金属环件生产中存在的界面接触质量差和结合强度低等问题。然而，双金属环坯通常采用立式离心铸造工艺，离心铸造过程中金属流动充型规律、内外层金属变形行为和结合界面控制与长轴/管类复合轧辊和复合管的卧式离心铸造存在明显不同，离心铸造环坯结合界面组织形态、内外层和结合层厚度控制以及结合层元素扩散行为，是双金属复合环件能否实现结合界面冶金紧密结合的关键，通过研究双金属复合环坯离心铸造理论与质量控制、双金属复合环坯离心铸坯组织演变机理与性能控制等关键技术，构建离心铸造双金属环件短流程制造工艺方法和质量控制方案，不仅可以为低碳钢/不锈钢、铝/钢和铝/镁等异质双金属环件提供一种高效、低成本的生产方法，还可以为类似铝基双金属复合构件的短流程制造技术研发提供理论依据，实现高性能双金属复合构件短流程控形/控性一体化制造。

因此，未来双金属离心铸造复合技术还应该就以下方面开展重点研究：离心铸造双金属复合构件的界面结合质量受助熔剂的影响较大，合理的助熔剂可减少结合界面气孔、夹渣等缺陷，可以开发具有密度小、易熔融、适用性强的新型助熔剂，不仅能防止金属液氧化，还能使金属液具有还原性等特点；双金属复合构件多以高铬铸铁为原料，对其他材质研究较少，因此可以开发不同材质的复合构件，为双金属复合构件卧式和立式离心铸造过程提供更多选择；充分利用外加磁场、多元合金变质处理等方法对离心铸造复合过程中的双金属铸坯进行改性，减少成分分布不均匀缺陷，提高过渡层稳定性，从而获得质量更好的双金属环坯；加强对界面元素扩散行为和界面结合机理的研究，运用有限元模拟技术对双金属离心铸造结合过程进行模拟分析，研究结合层厚度与成分分布变化规律，解决环件内、外层组织均匀性问题；采用不同热处理工艺研究双金属复合构件结合层裂纹、孔洞等缺陷产生的原因及其消除措施，保证双金属复合构件的结合性能。

1.4　双金属环坯离心铸造面临的技术挑战

1.4.1　双金属环坯离心铸造凝固过程质量控制难点

　　双金属环件短流程铸辗复合成形技术是一种全新的理论与工艺，涉及冶炼、铸造、辗扩等主要工艺过程，其中双金属的冶炼和环坯铸造凝固过程是确保环件综合性能的关键环节，只有在该阶段消除缩孔、缩松、偏析等组织缺陷，并细化晶粒，才能保证辗扩成形工艺和双金属环件的质量及性能要求。铸造工艺过程涉及结晶、溶质的传输、晶体长大、气体溶解和析出、非金属夹杂的形成等多方面因素，对铸造工艺进行研究，控制铸件的凝固过程，获得无缺陷、晶粒细化、可满足辗扩成形性能需求的高质量铸坯，对于双金属环件短流程铸辗复合成形技术的开发研究和推广应用具有重要意义。

　　双金属环坯离心铸造工艺和凝固过程直接关系到铸坯质量，而高质量的双金属环形铸坯又是双金属环件辗扩成形质量和性能的前提和保障，因此确定合理的铸造工艺、控制铸造凝固过程是双金属环件生产的关键。影响双金属环形铸坯质量的因素很多，包括冶炼过程、浇注工艺、凝固过程、添加剂和涂料的选用等。适当提高浇注温度、加快冷却速度都有利于改善铸件的组织，细化晶粒。

　　为掌握双金属环坯离心铸造成形特点，对双金属环坯结合界面组织演变和结合性能进行研究，通过控制工艺参数分析界面结合程度，成为双金属环件短流程铸辗复合工艺研究的关键问题。根据熔体质点在立式离心场下的受力分析建立立式离心场下金属液的数学模型，并在此基础之上，研究各工艺参数对双金属环坯成形质量的影响规律。

　　单独改变铸型转速、内、外层浇注间隙时间来设计不同的实验方案，通过提取双金属环坯外层内表面中间部位各特征点的温度变化曲线，探讨了内、外层浇注间隙时间、铸型转速对铸件结合质量的影响，并分析了最佳工艺条件下铸件外层的温度场、流场变化和结合界面缩松缩孔、微观组织演变情况。对双金属环坯各区域的显微组织及力学性能情况进行观察检测，并对界面结合效果和成形质量做出判断，旨在为双金属环件短流程"形""性"一体化制造提供理论依据和技术支撑。

1.4.2　双金属环坯离心铸造数值模拟技术

随着计算机软件的逐渐成熟，越来越多的学者将数值模拟技术运用到离心铸造领域。1992 年国外学者 Inoue 等人基于热力学知识建立了离心铸造数值模拟过程中控制温度和应力场的耦合方程。Drenchev 等人对离心铸造过程中金属液的运动进行了讨论，建立了颗粒运动和热传导耦合的数学模型，科氏力是影响离心铸造过程粒子运动的重要因素。2010 年 Keerthiprasad 等人对离心铸造过程中流体流动行为进行了模拟研究，结果表明流体黏度是影响液体流型的主要因素，而流体黏度又受铸型转速的影响。2014 年 Lu 等人模拟了离心铸造湿型缸套的温度场，并分析了工艺参数对其凝固过程和铸件缺陷的影响，结果表明影响温度场、凝固过程和铸件缺陷的因素包括冷却方法、模具结构、涂层材料和涂层厚度等。在此基础上，Dong 等人通过模拟双金属轴承的充型和凝固过程发现铸型转速和浇注速度主要影响充型过程中金属液的流动状态，而凝固速度取决于冷却方式，水冷方式可以加快铸件的凝固速度，缩短结晶时间，有效减少偏析缺陷。

国内学者对数值模拟技术在离心铸造领域的应用也展开了大量研究。1991年程军等人建立了离心铸造复合铸铁轧辊复合层凝固过程的数学模型，并对复合层凝固过程的传热特点进行了研究。贺幼良等人采用数值模拟技术对电磁离心铸造过程进行了模拟，得出了固液界面的 G/R 值和 GR 值（其中 G 为温度梯度，R 为固液界面生长速度）与铸件凝固组织之间的关系，实现了电磁离心铸件凝固组织的定性分析。吴士平等人依据描述流体流动行为的连续性方程及 N-S 方程，建立了 Ti-Al 基合金排气阀离心铸造充型过程数值模拟模型。郭海冰等人对离心铸造数值模拟过程的边界条件进行了研究，提出了对流换热系数和热流密度的确定方法以及模拟过程中潜热的处理方法，为数值模拟提供了先决条件。在此基础上，2012 年徐耀增等人对高速钢复合轧辊卧式离心铸造的温度场和流动场进行了模拟，并建立了凝固过程中金属液传热和流动的三维耦合模型。徐畅等人以35 钢/高铬铸铁双金属复合管为研究对象，模拟了不同内、外层浇注温度和浇注间隙时间方案下双金属复合管的界面结合状况，结果表明，提高外层浇注温度有利于界面结合，内外层金属浇注间隔时间对双金属界面结合起到决定性的影响。邓传杰等人通过对不同工艺参数下卧式离心铸造外层金属液充型和凝固过程进行模拟，提出了内、外层浇注间隙时间的确定方法。在此基础上，刘靖等人模拟了碳钢-高铬铸铁双金属复合管的离心铸造过程，发现控制浇注间隔时间不低于 9 s 可以获得规则稳定的过渡层。徐琴等人研究了铸型转速和液态金属浇注速度对卧式离心铸造磨煤机双金属辊套外层充型和凝固过程的影响，发现提高铸型转速有利于金属熔体的连续浇注，缩短充型时间，而较高的浇注速度可以加快充型过程的逐层充型。

数值模拟技术作为一项切实可信的研究手段正逐渐应用于离心铸造过程中的各阶段，以模拟和实验相结合的研究方式也早已成为基本的研究思路。目前主流的铸造模拟软件主要包括 ProCAST、Flow 3D 和 AnyCasting。ProCAST 软件作为一款较为成熟的模拟软件不仅能进行温度场、流动场等宏观模拟，还能对铸件充型凝固过程晶粒的形核和生长过程进行模拟，计算能力强大，计算结果真实可信。

1.4.3 离心铸坯"形""性"一体化控制难点

目前，传统的单金属环形零件生产工艺仍存在较多缺点，包括多道次加热、材料和能源浪费，以及需要大型设备进行锯切、镦粗和冲孔等工序，导致制造成本高昂。为了实现绿色制造，满足环形形状和性能一体化综合控制的要求，太原科技大学李永堂教授团队开发了一种环形零件短流程制造工艺。该工艺是将离心铸造或砂型铸造获得的环形铸坯加热，然后使用辗环机直接将铸坯辗扩成相应尺寸的单金属环件。这种方法既节约能源，又能确保环件的高质量使用性能。

随着航空航天、风力发电、新能源汽车等重大领域向着极端严酷环境的快速发展，对环形零件的性能多样性和轻量化需求日益增加，迫切需要制造内、外层工作面具有不同优异性能的双金属环件。因此，基于单金属环件短流程制造工艺的思路，提出了双金属环件的铸辗复合成形工艺。双金属环件短流程铸辗复合成形工艺在缩短工艺流程、提高生产效率、节约材料和减少排放等方面具有突出贡献，是一项开创性研究。

然而双金属环件短流程铸辗复合成形工艺应用的是铸造的凝固理论、数值仿真技术、多道次局部变形技术、宏观尺寸和微观结构演变一体化调控机制等多学科、多领域技术的交叉耦合，科研人员面临着很多技术挑战。双金属环件铸辗复合成形工艺不同于单金属环件成形工艺，其制造过程是一个涉及内外层双金属冶炼、双金属环坯铸造复合和双金属环件热辗扩的复杂系统的工艺过程。其中，离心铸造过程要确保双金属环坯的内、外层达到冶金紧密结合状态，并通过元素扩散强化结合界面与性能。缩松、缩孔和偏析等内部铸造缺陷会导致双金属环坯在随后的热辗扩过程中产生内、外层开裂和不均匀变形，双金属环件的结合质量和性能无法满足使用要求。因此，离心铸造是双金属环件铸辗复合工艺链中最为关键和最具有挑战性的部分。此外，由于双金属环坯内、外层金属的塑性变形能力不同，控制热辗扩过程的稳定性和协调内、外层的变形能力，也具有一定的难度，使得提高双金属环件的结合质量变得十分困难。因此，在双金属环件短流程铸辗复合成形工艺中，研究离心铸造环坯在热辗扩过程中的"形""性"一体化精确控制尤为重要。

结合界面是双金属构件的重要组成部分，结合界面组织结构和结合质量将直接影响其服役性能。由于不同材料间的化学成分、显微组织区别较大，结合时极易在结合界面上发生各种反应，使得结合界面性能与基体材料存在较大差别。因此，了解结合界面的组织结构、结合特征对于获得高性能双金属环件具有重要意义。

双金属构件界面结合机理的研究由于涉及异种金属间的润湿能力、元素扩散能力以及一系列复杂的化学反应等，目前尚无统一说法，但一般有以下两种解释：机械结合和冶金结合。其中，冶金结合又分为熔融结合和扩散结合两类，机械结合通常是高温的金属液与温度较低的固态金属接触，由于两者温差较大且缺乏浸润作用导致金属液凝固速度较快，无法使固态金属熔化，因此两种金属间仅为机械附着，此时，界面结合强度较低，高温下易产生应力松弛而出现分层现象。熔融结合通常是过热的金属液与尚处于凝固过程的外层（温度低于固相线温度）铸件接触，随后金属液携带的热量将凝固层区域局部熔化，并使熔化部分温度达到固相线温度以上（但未超过液相线温度），导致在结合界面上形成了一层过渡区。扩散结合则是当两种金属液接触时一种金属液立即进入对方区域并相互混合，最终形成很宽的均匀过渡层，这种情况一般是在浇注内层金属液时外层金属温度仍高于液相线，或是内层金属液的浇注温度很高使得外层金属表现再次融并且温度超过液相线。熔融结合与扩散结合都是通过铸件的局部熔化和部分金属液原子扩散实现的，区别在于熔化及扩散的程度大小。实际生产中由于工艺条件、操作环境及实验设备的差异，外层基体表面各位置多受热不均，如边缘部位已经凝固，而靠近铸件中心的部位可能仍处于液态。因此，不同区域的异种金属界面结合机理会有部分差别，这就导致双金属环坯的结合通常是以上几种机理综合作用的结果。

图 1-28 所示为双金属环坯界面冶金结合过程示意图，主要分为以下 3 个阶段：（1）内层金属液与已低于固相线的 40Cr 基体内表面相接触；（2）40Cr 基体内表面受热温度升高至糊状区，在内层金属液的持续热作用下发生冶金结合；（3）结合后的双金属环坯向内凝固并最终成形。

双金属构件的过渡区并非越厚或者越薄越好，其原则是在保证结合界面无缺陷、结合良好及力学性能达标的前提下，尽可能使两侧基体材料的化学成分、力学性能变化较小，这样才能充分发挥各材料层的性能优势，因此界面过渡层厚度达到一定数值即可。

双金属环坯离心铸造过程中，先浇入的外层金属液受铸型的激冷作用温度迅

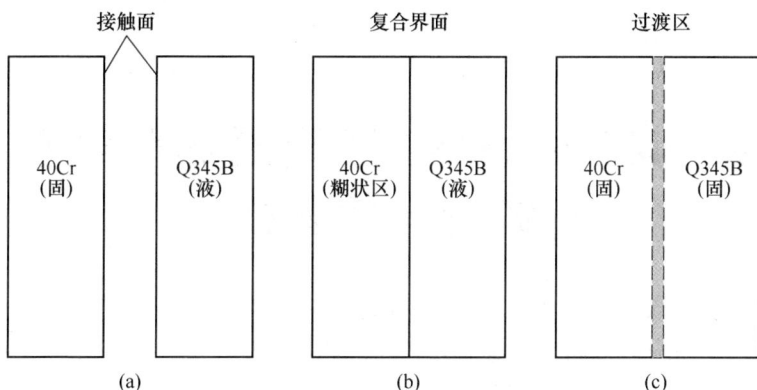

图 1-28 双金属环坯界面冶金结合过程
（a）结合前；（b）结合过程中；（c）结合后

速降低，间隔一段时间再浇入内层金属液，则内层金属液的浇入实质上是对外层内表面的重熔过程，其释放的热量有一部分会被其吸收而使温度升高，因此双金属环坯外层内表面则可能出现三种情况。

（1）温度升高到液相线温度以上。这种情况下结合界面内、外侧均为液体状态，内层金属液在离心力的作用下会对外层形成冲击作用，导致混流现象，结合效果较差。

（2）温度升高但未超过固相线温度。这种情况下双金属环坯外层仍处于固态，尚未发生熔化，内层金属液原子难以越过结合界面进行元素扩散，不会形成过渡层，仅为机械结合。

（3）温度升高至固相线温度以上但未超过液相线温度。此时双金属环坯外层内表面处于熔融状态，在离心力作用下，内层金属液能与之充分接触，发生互扩散形成过渡层，结合效果很好，是双金属环坯的理想结合方式。同时，若双金属环坯外层内表面温度上升越接近液相线温度，则其过渡层越宽，结合效果越好。

若浇注间隙时间不足，冷却后的外层内表面温度尚未低于固相线温度，此时浇入内层金属液，外层内表面温度也会升高且未超过液相线温度，虽然从结合机理来看两者也能达到冶金结合，但是由于此时双金属环坯外层是在由液态向固态转变过程中与内层金属液进行结合的，很大可能存在内、外层金属液的部分混合，导致结合效果不理想。因此，要想双金属环坯内、外层冶金结合较好，则内层金属液的浇入应使双金属环坯外层内表面温度升高到固相线温度以上液相线温度以下，且尽可能接近液相线温度。

2　40Cr/Q345B 双金属环坯离心铸造建模基础

本章主要对双金属环坯离心铸造的选材依据及材料属性、几何建模、网格划分过程进行了研究。分析了双金属环坯离心铸造的相关工艺参数和边界条件，并制定了双金属环坯立式离心铸造和卧式离心铸造的模拟方案。建立了模拟所需的相关数学模型。为双金属环坯立式离心铸造和卧式离心铸造的模拟研究提供了理论基础。

2.1　双金属环坯的选材依据及材料属性

双金属环坯内、外层材料的选择需要考虑所选材料结合的难易程度以及结合效果，在满足实际工作环境对材料使用性能需求的同时应尽可能选择易于牢固结合的材料，高性能、高质量结合界面的形成是获得高质量双金属环坯的关键。

本书研究的双金属环坯外层材料为 40Cr 钢，内层材料为 Q345B 钢，两种材料的化学成分见表 2-1。40Cr 钢具有高硬度，高强度，良好的耐磨和耐腐蚀性等优点，Q345B 钢具有高强度的同时还具有良好的焊接性能。两种材料结合所制备的双金属环件可以满足某些极端的工作环境要求。外层具有良好的耐磨、耐腐蚀能力，而内层易于加工的性能，使其可以广泛应用于航空航天、深海探测以及轨道交通等多种工业制造领域。

表 2-1　40Cr/Q345B 双金属环坯的化学成分　　（质量分数/%）

材料	C	Si	Mn	Cr	P	S
40Cr	0.4	0.25	0.65	1.1	0.015	0.01
Q345B	0.19	0.3	1.4	—	0.025	0.015

在 ProCAST 软件中利用自带的材料数据库输入两种金属材料的化学成分和成分占比，可以精确地计算出两种材料的热物性参数。

（1）导热系数随温度的变化。图 2-1 所示为 40Cr 钢和 Q345B 钢的导热系数随温度的变化曲线，可以看出两种材料的导热系数随温度的变化趋势并不相同。对于 40Cr 钢，在低温区域导热系数较小，基本趋势是随着温度的升高导热系数会逐渐增大。而 Q345B 钢在低温下导热系数会随温度的升高而下降，在高温阶段又会随温度升高而升高。

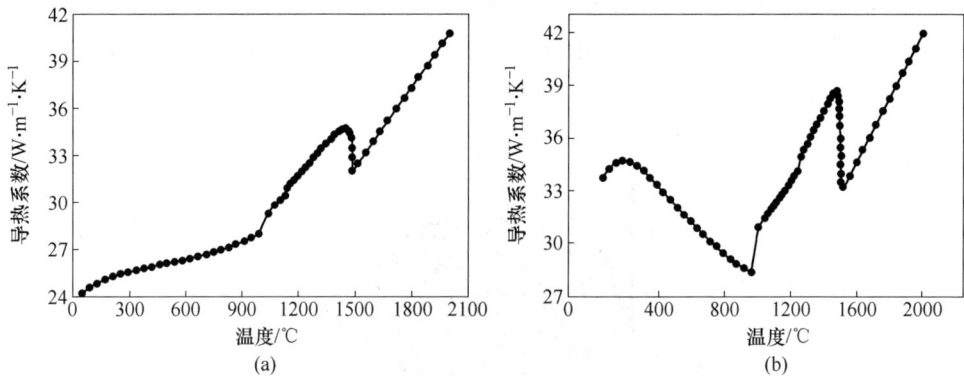

图 2-1 导热系数随温度的变化曲线
（a）40Cr；（b）Q345B

（2）热焓随温度的变化。图 2-2 所示为 40Cr 钢和 Q345B 钢的热焓随温度的变化曲线。可以看出两种材料的热焓均会随温度的升高而增加，在固液分界线附近两种材料的热焓均存在突然增加的现象，这是由于在熔化阶段两相区域会释放出大量的潜热。

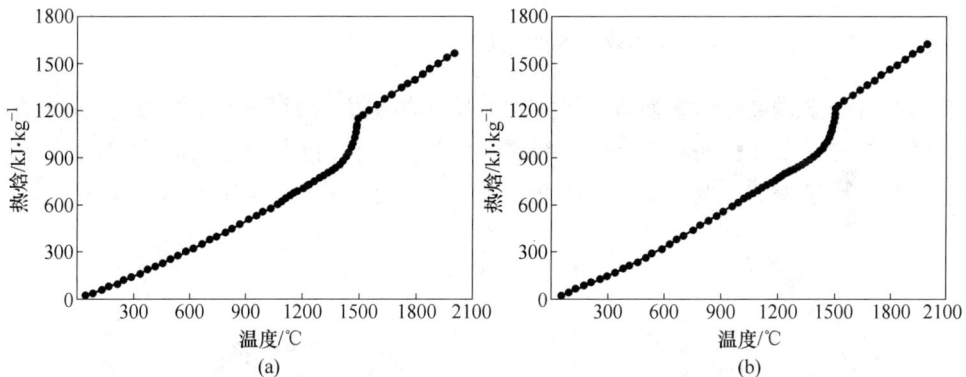

图 2-2 热焓随温度的变化曲线
（a）40Cr；（b）Q345B

2.2 双金属环坯离心铸造的建模及网格划分

2.2.1 双金属环坯立式离心铸造的建模

几何模型的构建有两种方法：一种是可以将在其他三维建模软件中建立的模型导出为 .igs 或者 .xt 文件，然后直接导入到 ProCAST 软件；另一种是利用 ProCAST 软件中自带的建模功能进行建模。本书采用三维建模软件 UG 建立双金属环坯立式离心铸造的几何模型，如图 2-3 所示。双金属环坯具体尺寸为，外层 40Cr 外径为 360 mm，内层 Q345B 内径为 240 mm，内、外层厚度均为 30 mm，整体高度为 150 mm。

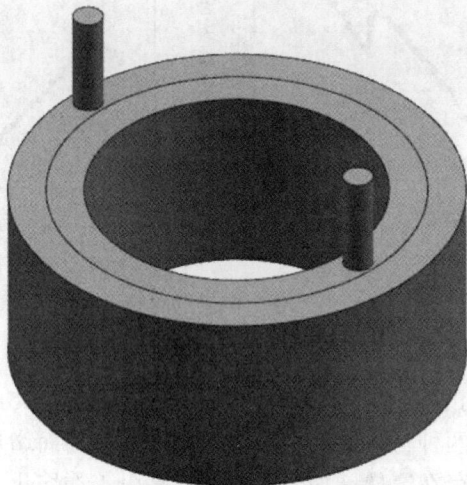

图 2-3　40Cr/Q345B 双金属环坯立式离心铸造几何模型

2.2.2　双金属环坯卧式离心铸造的模型

相对于立式离心铸造而言，卧式离心铸造的建模更为复杂，主要难点集中在对浇注系统的设计，而在对浇注系统进行设计时，内外层浇口如何开设是卧式离心铸造建模过程的重要讨论点，图 2-4 所示为几种卧式离心铸造的建模方式。

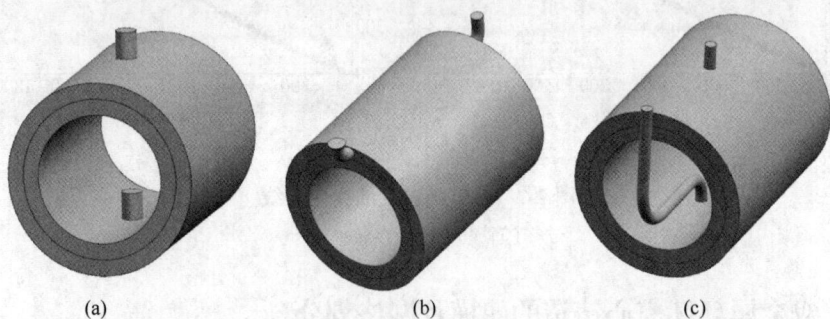

(a)　　　　　　　　　　(b)　　　　　　　　　　(c)

图 2-4　卧式离心铸造建模方案对比

图 2-4（a）所示的建模方式在浇注内层金属液时会出现浇口无法识别的问题，这是因为 ProCAST 软件无法识别内置浇口，在建模时需要保证浇口处不被完全包含在铸型内部。

图 2-4（b）所示的建模方式选择将浇口位置开设在铸坯的两端，以这种方

式浇注时由于浇口端与铸件末端的距离相距较远，金属液从浇口端流到末端所需要的时间较长，流到末端的金属液温度下降较多，容易导致与浇口端温差较大，导致整个双金属环坯轴向上的温度分布不均匀，降低了双金属环坯的成形质量。同时浇口开设在两端时，受铸坯壁厚的影响，浇口的尺寸受到限制，浇口直径较小，高温金属液容易在浇口端凝固，导致浇不足现象产生。由于模拟软件本身的局限性，浇口还需要与铸坯连在一起才能被识别，外层与内层浇注时无法共用同一浇口。

图 2-4（c）所示的建模方式将浇口开设在铸坯的中间部位，金属液流入后由中间部位向两侧流动，能够有效降低轴向温差分布不均的问题，同时内层浇口利用管道向外延伸，保证了浇口不被铸型所覆盖，解决了图 2-4（a）所示方案中浇口无法识别的问题。

综上考虑，采用图 2-4（c）所示方式为双金属环坯卧式离心铸造的建模方案。双金属环坯卧式离心铸造的相关尺寸为：外层 40Cr 外径为 360 mm，内层 Q345B 内径为 240 mm，内、外层厚度均为 30 mm，整体高度为 450 mm。

2.2.3 双金属环坯的网格划分

将在 UG 中建立的双金属环坯几何模型保存为 .xt 文件后导入到 ProCAST 软件中的 Mesh-CAST 模块，利用 ProCAST 自带的建模功能添加铸型后进行网格划分。从 2D 到 3D 依次对每个部位划分面网格和体网格，为了减少计算量，提高模拟效率，对于不是主要研究对象的铸型部分可以采用较为粗大的网格划分，但同时又为了保证模拟的精准性，双金属环坯、浇口等主要研究部分需要采用细小网格划分。利用 Check 功能依次检查网格划分过程中的交叉、破损和重叠问题，并使用 Auto-Correct 功能对问题进行修复，最终得到网格模型。图 2-5（a）所示

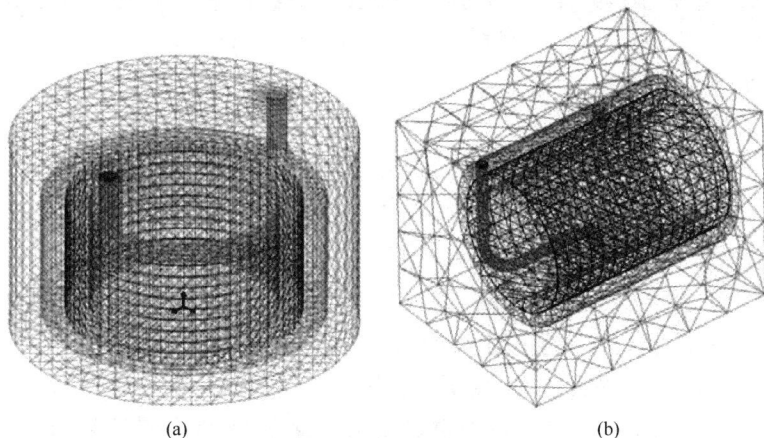

(a)　　　　　　　　　　　　　(b)

图 2-5　双金属环坯的网格模型

（a）立式离心铸造；（b）卧式离心铸造

为双金属环坯立式离心铸造的网格模型。双金属环坯卧式离心铸造的网格划分为了避免添加铸型后浇口与铸型进行网格划分时产生冲突，铸型选择盒型而非圆柱形，网格模型如图 2-5（b）所示。

2.3　双金属环坯离心铸造工艺条件的确定

2.3.1　离心铸造的工艺参数

双金属环坯离心铸造的工艺参数主要包括内、外层金属液的浇注温度、铸型转速和内、外层浇注间隙时间。

2.3.1.1　内外层浇注温度

在离心铸造工艺中，金属液浇注温度对铸件的质量有着很大的影响，主要体现为对液态合金充型能力的影响。浇注温度过低时，金属液可能在浇口处过早地凝固从而无法完全充满整个型腔，出现浇不足现象。提高金属液的浇注温度能够有效降低金属液的黏度，合金的充型能力得到提高，金属液能够更加均匀地铺满整个型腔。同时高温下金属液具有更高的过热度，凝固过程所需要的冷却时间更长，金属液能够在固相线以上维持更长的时间，有利于内外层金属间元素进行扩散，从而更好地实现双金属复合构件的冶金结合。但浇注温度也不宜过高，过高的浇注温度会增大铸件凝固过程中的体积收缩，易形成缩孔、缩松等缺陷，同时浇注温度越高，晶粒长大时间越长，越容易形成粗大晶粒，硬质相偏析的影响越明显。

因此，要合理选择金属液的浇注温度，对于钢铁材料而言通常将金属液浇注温度控制在其液相线温度以上 30~110 ℃ 范围内较为合理。本次研究的材料外层 40Cr 液相线温度为 1494.6 ℃，内层 Q345B 液相线温度为 1509.6 ℃，因此离心铸造外层金属液浇注温度控制在 1530 ~ 1610 ℃，内层金属液浇注温度控制在 1540~1620 ℃。

2.3.1.2　铸型转速

离心铸造是将金属液浇注到旋转的铸型模具中，在铸型的旋转作用下金属液被赋予一定的离心力，从而能够克服自身重力充填型腔。充型过程中金属液能否紧贴型腔内壁形成空心的环形构件一定程度上取决于铸型转速的选择是否合理。如果铸型转速过低，金属液所获得的离心力较小，无法克服自身的重力作用，从而沉积在铸件底部，在充型过程中金属液不能与型腔内壁充分接触，容易造成铸件内表面各处凹凸不平且铸件底部厚顶部薄的现象发生。提高铸型转速，相应的金属液能够获得更大的离心力从而更好地充填型腔，但如果铸型转速过高，刚浇入的金属液转速较低易产生飞溅现象，随着铸型转速的提高，铸件产生裂纹、偏析等缺陷的倾向加大，同时还加大了能源的消耗，增加了生产的成本。因此，在实际生产过程中铸型转速的选择要控制在合适的范围内，不宜过高或过低，一般选择能够保证铸件质量的最低转速。

目前，离心铸造的铸型转速可以用实际生产过程中的经验公式粗略计算，再根据特定情况进行相应更改，常见的计算公式有以下两种。

$$n = 29.9 \sqrt{\frac{G}{R}} \tag{2-1}$$

其中，n 为铸型转速，r/min；G 为重力系数；R 为铸件的内表面半径，m。

$$n = \frac{5520}{\sqrt{\rho R}} \tag{2-2}$$

其中，n 为铸型转速，r/min；ρ 为合金密度，g/cm³；R 为铸件的内表面半径，cm。

本书主要结合式（2-1）和式（2-2）来计算铸型转速，结合生产经验最终将外层金属液浇注时的铸型转速范围选择为 650~850 r/min。

2.3.1.3 内外层浇注间隙时间

对于双金属环坯离心铸造而言，选择合适的内、外层浇注间隙时间是形成高质量结合界面的关键因素。离心铸造过程中内层金属液的浇注过程会释放出大量的热量，这一部分热量大部分会被与之相邻的外层金属内表面所吸收，这就会导致已经凝固的外层内表面被重新熔化，因此内层金属液的浇注过程实质又是外层金属内表面的重熔过程。如果内、外层金属液的浇注间隙时间过短，外层内表面尚未完全凝固，此时浇入内层金属液容易引起两种金属液之间的混流，从而使得混流区域成分趋于一致性，无过渡区域产生，不利于获得高质量的双金属环坯。而如果内外层金属液的浇注间隙时间过长，外层内表面处于完全凝固状态且低于固相线温度过多，内层金属液浇注所传递的热量已无法使其温度重新上升至固相线以上，此时两种金属的结合界面为机械结合，界面结合强度低、质量差，无法满足实际工作环境对双金属环件品质的高要求。通常来说，双金属环坯内、外层金属液温度满足以下关系时结合界面才能形成良好的冶金结合。

$$T_0 = \frac{T_1 + T_2}{2} \tag{2-3}$$

其中，T_0 为外层金属液固相线温度，℃；T_1 为外层金属液温度，℃；T_2 为内层金属液浇注温度，℃。

结合界面想要形成良好的冶金结合，外层金属吸收的热量不能低于其熔化潜热所需热量的 1/5，即

$$T_k = T_s - \frac{\rho_i (r_1^2 - r_2^2) \left[\frac{L_i}{3} + c_i (T_j - T_1) \right]}{\rho_0 c_0 (r_0^2 - r_1^2)} + \frac{L_0}{5c_0} \tag{2-4}$$

其中，T_k 为内层金属液浇注时外层内表面的初始温度，℃；T_j 为内层金属液的浇注温度，℃；T_s 和 T_1 分别为外层金属固相线温度和内层金属液相线温度，℃；ρ_0 为外层金属的密度，kg/m³；c_0 为外层金属的比热容，J/(kg·℃)；ρ_i 为内层金属的密度，kg/m³；c_i 为内层金属的比热容，J/(kg·℃)；L_0 和 L_i 分别为外、内层金属的凝固潜热，J/kg；r_0、r_1 和 r_2 分别为外层金属外、内径和内层金属内径，m。

根据式（2-3）和式（2-4），能够得到外层内表面的最佳结合温度，从外层模拟结果中提取不同条件下各节点温度随时间的变化曲线，再根据外层内表面的最佳结合温度找到相应的时间，减去外层的充型时间就能够确定内层和外层的最佳浇注间隔时间。

2.1.3.4　其他工艺参数

除了上述工艺参数以外，离心铸造的工艺参数还包括铸型预热温度，双金属环坯的冷却方式，内、外层金属液的充型时间等。对铸型进行预热能够消除残余应力并提高界面的结合性能。冷却方式是控制铸件冷却速度、决定微观组织尺寸的主要因素之一。铸件的充型时间主要由金属液的流速决定，因此充型时间又可以看作是对浇注速率的另一种描述，充型时间对铸件成形质量有很大影响。充型时间过长会使双金属环坯表面在高温下回火，从而导致型腔开裂，最终导致夹杂物缺陷，同时在铸件体积一定的情况下，充型时间越长，金属液流动速度越慢，铸件的氧化程度提高，铸件的力学性能降低。而过短的充型时间会使气体没有足够的时间从腔体中逸出，最终导致气孔缺陷的产生。本书在研究时对上述参数不做过多考虑，铸型预热温度默认设置为 200 ℃，冷却方式选择空冷的方式，双金属环坯立式离心铸造内、外层充型时间均为 5 s，而卧式离心铸造则为 7 s。

2.3.2　边界条件

双金属环坯（本段也称环坯）离心铸造充型和凝固过程的边界条件主要包括 4 个部分之间的换热条件，即铸型与外界空气之间，环坯外层与铸型之间，环坯内层与环坯外层之间，环坯内层与外界空气之间。4 种热边界条件中铸型与外界空气之间、环坯内层与外界空气之间的传热过程最为复杂，由辐射换热、对流换热和热传导三种传热方式共同组成。环坯内层与环坯外层之间传热方式最为简单，两者之间直接接触以热传导的形式进行换热，对于两种金属间的换热设置换热系数为 2000 J/(m²·s·K)。而在环坯外层与铸型之间本应该设置一层涂料层，但直径较大的双金属环坯，涂料层十分的薄而且表面积较大，在划分网格时会大大增加网格数量，增大了计算量，降低了计算效率，因此在建模时并未设置涂料层，但涂料层的作用不可忽略，通常在模拟计算时在铸型与空气之间设置换热系数为 2000 J/(m²·s·K) 加以替代。

2.3.3 双金属环坯立式离心铸造的模拟方案

由 2.3.1 节中关于离心铸造工艺参数的确定可知，双金属环坯外层浇注温度范围为 1530~1610 ℃，铸型转速应在 650~850 r/min，内层浇注温度范围为 1540~1620 ℃，立式离心铸造充型时间设置为 5 s，铸型预热温度为 200 ℃，内外层换热系数为 2000 W/(m^2·K)。立式离心铸造的模拟分两步进行，首先以外层金属液浇注温度和铸型转速为研究对象模拟外层金属液的充型凝固过程，分别设置 5 个外层金属液浇注温度和 5 个铸型转速进行研究，具体方案见表 2-2。

表 2-2 双金属环坯立式离心铸造外层模拟方案

方案	充型时间 /s	外层浇注温度 /℃	预热温度 /℃	铸型转速 /r·min^{-1}
1	5	1530	200	800
2	5	1550	200	800
3	5	1570	200	800
4	5	1590	200	800
5	5	1610	200	800
6	5	1570	200	650
7	5	1570	200	700
8	5	1570	200	750
9	5	1570	200	850

根据外层模拟结果能够得出最佳外层金属液浇注温度和铸型转速，并以此作为双金属环坯内层模拟的初始条件。在此基础上，以内层金属液浇注温度和内外层浇注间隙时间为研究对象对内层金属液的充型凝固过程进行模拟，设置 5 个内层金属液浇注温度和 4 个内、外层浇注间隙时间进行研究，具体方案见表 2-3。

表 2-3 双金属环坯立式离心铸造内层模拟方案

方案	充型时间 /s	内层浇注温度 /℃	换热系数 /W·m^{-2}·K^{-1}	内外层浇注间隙 时间/s
1	5	1540	2000	216
2	5	1540	2000	221
3	5	1540	2000	226
4	5	1540	2000	231
5	5	1560	2000	216
6	5	1560	2000	221

方案	充型时间 /s	内层浇注温度 /℃	换热系数 /W·m^{-2}·K^{-1}	内外层浇注间隙 时间/s
7	5	1560	2000	226
8	5	1560	2000	231
9	5	1580	2000	216
10	5	1580	2000	221
11	5	1580	2000	226
12	5	1580	2000	231
13	5	1600	2000	216
14	5	1600	2000	221
15	5	1600	2000	226
16	5	1600	2000	231
17	5	1620	2000	216
18	5	1620	2000	221
19	5	1620	2000	226
20	5	1620	2000	231

　　双金属环坯结合界面不同高度处的温度分布不一致，为了尽可能分析处于冶金结合状态的双金属结合界面，分别选取外层内表面 3/4 高度、1/2 高度和 1/4 高度处的 A、B、C 三点作为特征点进行分析，如图 2-6 所示。

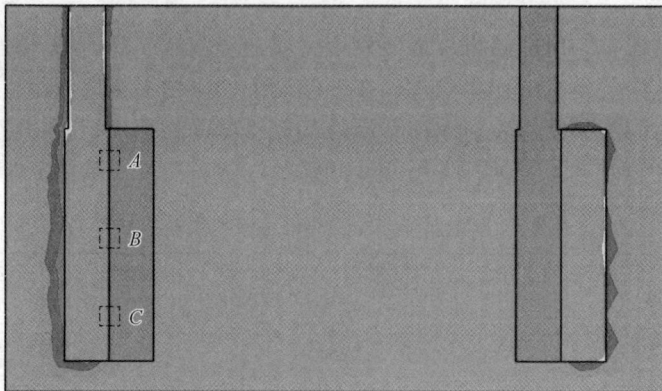

图 2-6　外层内表面特征点 A、B、C 示意图

2.3.4　双金属环坯卧式离心铸造的模拟方案

　　双金属环坯卧式离心铸造模拟结果需要与双金属环坯立式离心铸造模拟结果

进行对比分析，为了更好地研究两种不同离心铸造方式下界面结合行为和成形质量受不同工艺参数的影响规律，双金属环坯卧式离心铸造的特征点同样选择外层内表面 3/4 高度、1/2 高度和 1/4 高度处的 A、B、C 三点进行分析，如图 2-7 所示。

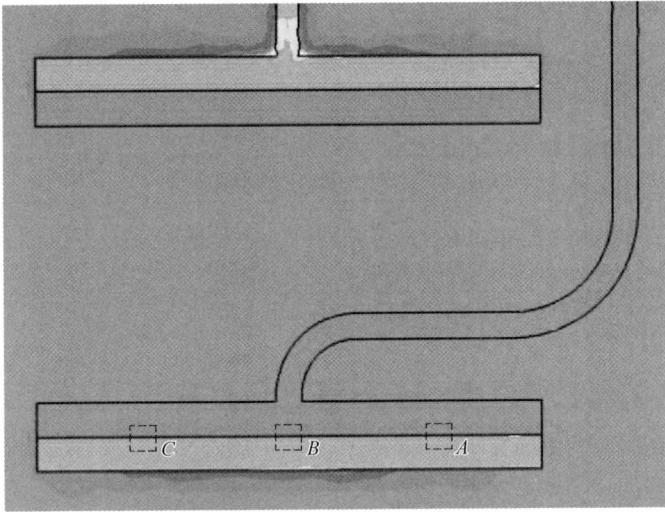

图 2-7　外层内表面特征点示意图

双金属环坯卧式离心铸造的内外层金属液浇注温度选择立式离心铸造模拟得出的最佳浇注温度，即外层金属液浇注温度为 1570 ℃，内层金属液浇注温度为 1600 ℃，浇注时间设置为 7 s，换热系数与铸型预热温度均与立式离心铸造相同，铸型预热温度为 200 ℃，内外层之间的换热系数以及内、外层分别与空气之间的换热系数均设置为 2000 W/(m²·K)。设置 5 个铸型转速和 4 个内外层浇注间隙时间为研究对象进行研究，具体方案见表 2-4。

表 2-4　双金属环坯卧式离心铸造数值模拟方案

方案	内外层浇注间隙时间/s	转速/r·min⁻¹	外层浇注温度/℃	内层浇注温度/℃	预热温度/℃	换热系数/W·m⁻²·K⁻¹
1	205	650	1570	1600	200	2000
2	205	700	1570	1600	200	2000
3	205	750	1570	1600	200	2000
4	205	800	1570	1600	200	2000
5	205	850	1570	1600	200	2000
6	210	650	1570	1600	200	2000
7	210	700	1570	1600	200	2000

方案	内外层浇注间隙时间/s	转速/r·min⁻¹	外层浇注温度/℃	内层浇注温度/℃	预热温度/℃	换热系数/W·m⁻²·K⁻¹
8	210	750	1570	1600	200	2000
9	210	800	1570	1600	200	2000
10	210	850	1570	1600	200	2000
11	215	650	1570	1600	200	2000
12	215	700	1570	1600	200	2000
13	215	750	1570	1600	200	2000
14	215	800	1570	1600	200	2000
15	215	850	1570	1600	200	2000
16	220	650	1570	1600	200	2000
17	220	700	1570	1600	200	2000
18	220	750	1570	1600	200	2000
19	220	800	1570	1600	200	2000
20	220	850	1570	1600	200	2000

2.4　双金属环坯离心铸造过程的数学模型

2.4.1　离心铸造充型凝固过程的基本控制方程

离心铸造过程的金属液体在充型凝固过程中被认为是牛顿流体，牛顿流体在流动过程中必须遵循以下基本控制方程。

（1）连续性方程。

$$\frac{\partial v_x}{\partial x} + \frac{\partial v_y}{\partial y} + \frac{\partial v_z}{\partial z} = \nabla v = 0 \tag{2-5}$$

式中，v_x、v_y、v_z 分别为金属液态流体在 x、y、z 三个方向的速度分量。

（2）Navier-Stokes 方程。

$$\rho \frac{dv}{dt} = -\nabla p + \eta \nabla^2 v + \rho g \tag{2-6}$$

式中，ρ、p、$\eta\nabla^2 v$、g 分别为金属液态流体的密度、压力、黏性力和重力。

（3）能量守恒方程。

$$\rho c_p \frac{\partial T}{\partial t} + \frac{\partial(pc_p u_i T)}{\partial x_i} = \lambda \frac{\partial^2 T}{\partial x_i} v + pL \frac{\partial f_s}{\partial t} \tag{2-7}$$

式中，c_p 为金属比热容；λ 为金属液导热系数；L 为金属液结晶潜热；f_s 为金属液结晶固相率。

2.4.2　微观组织模拟模型

对双金属环坯结合界面的微观组织进行模拟，能够对双金属环坯界面结合性能的好坏起到重要的评判作用。在 ProCAST 软件中有专门的 CAFÉ 模型可以将宏观的温度场模拟与微观的晶粒组织模拟相联系，在温度场模拟的基础上设置形核区域和形核参数进行微观晶粒组织模拟。CAFÉ 法模拟微观晶粒组织包括晶粒的形核和长大两个过程，因此涉及形核模型和生长动力学模型。

（1）非均质形核。除纯金属外，多成分金属或合金的形核过程都属于非均质形核过程，在微观组织模拟中通常用连续形核模型来描述非均质形核过程，具体模型如下。

$$\frac{\mathrm{d}n}{\mathrm{d}(\Delta T)} = \frac{n_{\max}}{\sqrt{2\pi}\Delta T_\sigma}\exp\left[-\frac{1}{2}\left(\frac{\Delta T - \Delta T_{\max}}{\Delta T_\sigma}\right)\right] \tag{2-8}$$

式中，n 为晶粒密度；ΔT 为过冷度；$n_{\max}$ 为最大形核密度；$\Delta T_{\max}$ 为平均形核过冷度；ΔT_σ 为过冷度方差值。

（2）晶粒生长模型。微观晶粒的生长模型也就是枝晶尖端生长动力学模型，其表达式如下。

$$n(\Delta T) = \int_0^{\Delta T} \frac{\mathrm{d}n}{\mathrm{d}(\Delta T)}\mathrm{d}(\Delta T) \tag{2-9}$$

式中，$n(\Delta T)$ 为非均匀形核时晶粒密度随过冷度的变化；$\mathrm{d}(\Delta T)$ 为单位过冷度；n 为晶粒密度。

3 40Cr/Q345B 双金属环坯立式离心铸造界面结合行为与质量控制

本章研究了双金属环坯立式离心铸造外层模拟过程中不同外层浇注温度和铸型转速对双金属环坯外层内表面轴向最大温差的影响，得出了外层模拟最佳工艺参数。在此基础上，从温度场、应力场角度分析了不同内层浇注温度和内外层浇注间隙时间下双金属环坯的界面结合行为。从结合界面缩松、缩孔缺陷、轴向冶金结合高度和结合层厚度的角度对比了不同工艺参数下双金属环坯的成形质量。确定了双金属环坯立式离心铸造的最佳工艺参数，并对这一参数下双金属环坯的充型凝固过程以及不同高度区域结合界面的微观组织演变进行了模拟研究。

3.1 双金属环坯立式离心铸造外层模拟参数的优化

双金属环坯离心铸造过程是先浇注外层金属液，再浇注内层金属液，外层金属内表面成形质量影响到内层金属液浇注后形成的界面结合效果。图 3-1 所示为双金属环坯立式离心铸造外层不同浇注温度方案下（图 2-6 和表 2-2）双金属环坯外层内表面 A、B、C 点温度随时间的变化曲线。

从图 3-1 中可以看出 $0 \sim 5$ s 为外层金属液充型阶段。$5 \sim 100$ s 区间内 A、B、C 点的温降速率都较为平缓且温度差很小，这是因为金属液具有较高过热量，在这一阶段会不断释放出大量的凝固潜热使得外层内表面维持较高温度。从 100 s 之后，A、B、C 三点的温度都会呈现出迅速下降的趋势，整体来说 A 点温度下降速度最快，其次是 C 点，B 点温度下降速度最慢。双金属环坯外层内表面轴向最大温差出现在 A、B 两点，且随着冷却过程的进行两处温差逐渐增大，这是因为受铸型的激冷作用，外层内表面热量会不断向外传递，同时金属液的凝固潜热逐渐释放完毕，外层内表面无法再得到热量补充，因此温度会迅速下降。而 A 点和 C 点与铸型的接触面加大，受铸型激冷作用更为明显，温度下降速度也就越快。

图 3-2 所示为双金属环坯立式离心铸造外层不同铸型转速方案下（图 2-6 和表 2-2）双金属环坯外层内表面 A、B 和 C 点温度随时间的变化曲线。可以看出不同铸型转速下外层内表面 A、B、C 点的冷却速率同样是 A 点 $>C$ 点 $>B$ 点，当温度下降到固相线温度时，A、B 两点的温度差达到最大值。表 3-1 中统计了双金属环坯立式离心铸造外层模拟各方案下 A、B 两点的最大温差值。

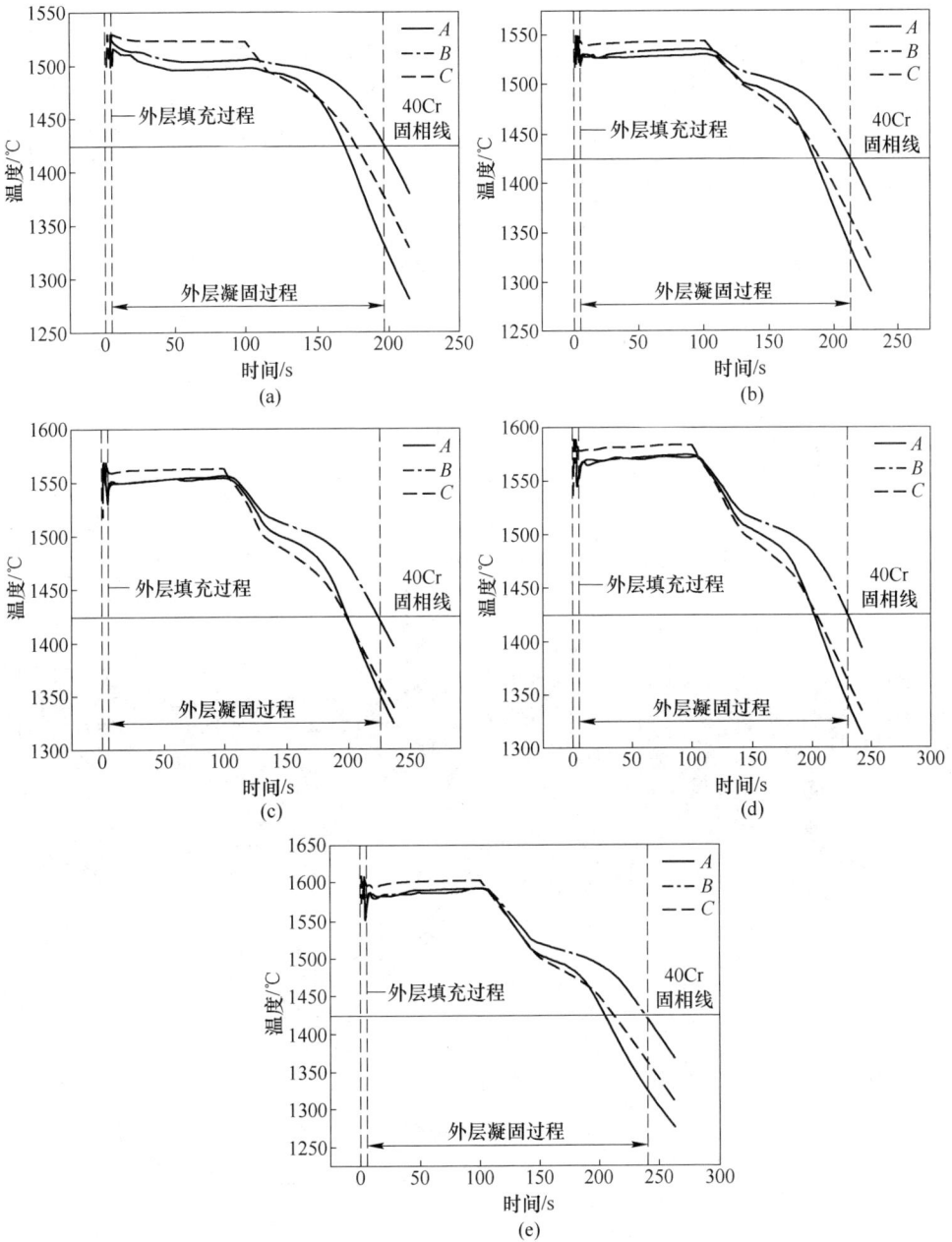

图 3-1 外层不同浇注温度方案 A、B、C 点温度变化

(a) 方案 1；(b) 方案 2；(c) 方案 3；(d) 方案 4；(e) 方案 5

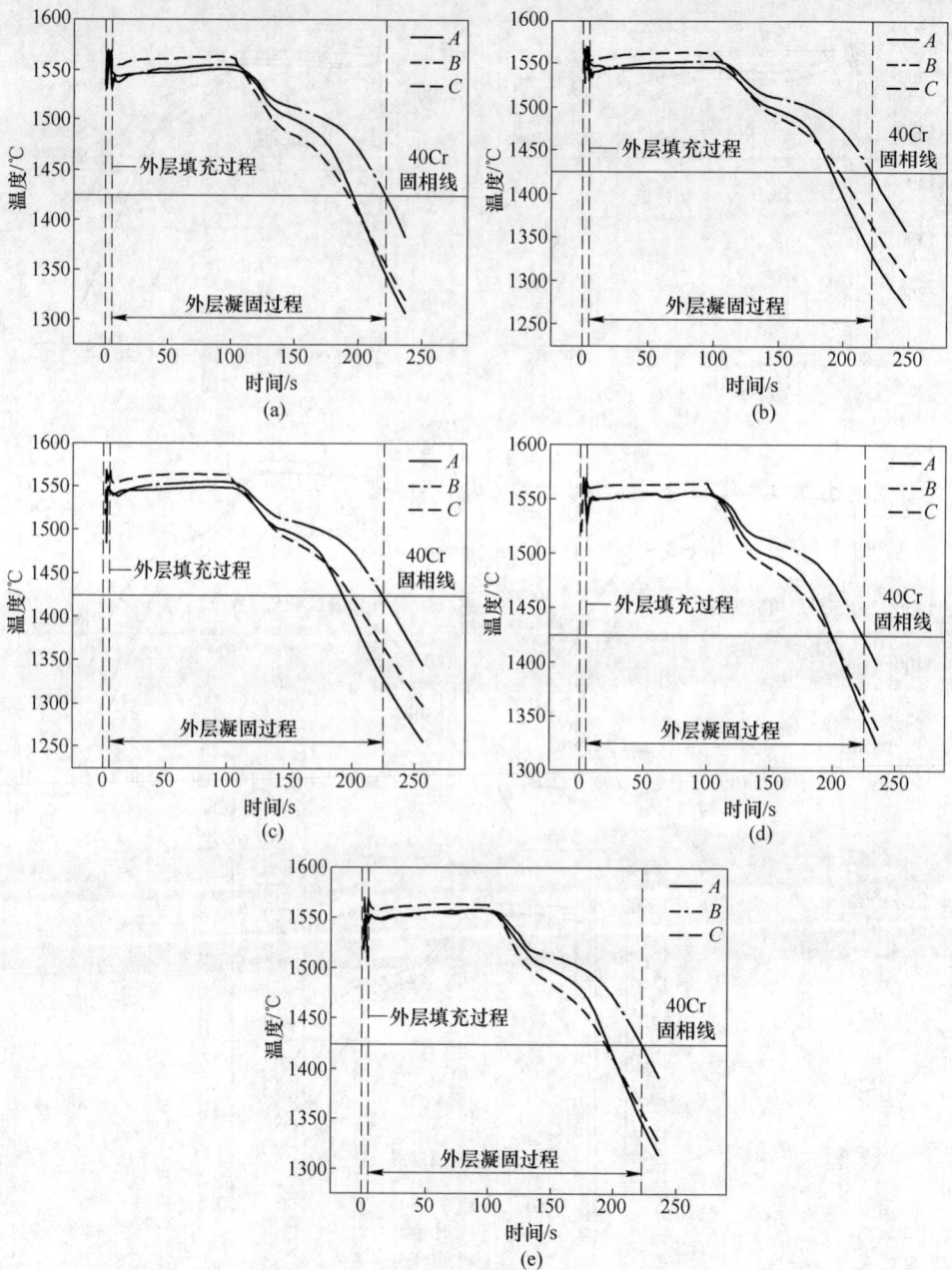

图 3-2 外层不同铸型转速方案 *A*、*B*、*C* 点温度变化

(a) 方案 6；(b) 方案 7；(c) 方案 8；(d) 方案 3；(e) 方案 9

表 3-1　双金属环坯立式离心铸造外层不同方案下 *A* 和 *B* 点的温度及其最大温差（MTD）

（℃）

方案	1	2	3	4	5	6	7	8	9
A 点	1332.3	1333.8	1348.1	1341.0	1325.4	1345.9	1337.5	1330.3	1346.4
B 点	1423.7	1423.7	1423.7	1423.7	1423.7	1423.7	1423.7	1423.7	1423.7
MTD	91.4	89.9	75.6	82.7	98.3	77.8	86.2	93.4	77.3

由图 3-1 和表 3-1 中的方案 1~5 可知，在铸型转速一定的情况下，外层金属液的浇注温度由 1530 ℃逐渐提升到 1610 ℃的过程中，*A* 点和 *B* 点的最大温差会呈现出先下降后上升的变化趋势，在外层金属液浇注温度为 1570 ℃时，*A*、*B* 两点的最大温差达到最低。

由图 3-2 和表 3-1 中的方案 3、方案 6~方案 9 可知，在外层浇注温度一定的情况下，将铸型转速由 650 r/min 逐渐提高到 850 r/min 时，*A*、*B* 点的最大温差呈现出先上升后下降的变化趋势，铸型转速为 800 r/min 时，*A*、*B* 两点的温差达到最低。

综上所述，外层金属液浇注温度和铸型转速均会影响双金属环坯外层内表面的轴向温度分布，而外层内表面轴向最大温差越低，内层金属液浇注时结合界面的冶金结合效果越好。外层模拟参数应选择轴向最大温差值最小的组合。因此，双金属环坯立式离心铸造外层模拟最佳工艺参数为：外层浇注温度 1570 ℃和铸型转速 800 r/min，此时外层内表面的轴向最大温差仅为 75.6 ℃。

3.2　双金属环坯立式离心铸造温度场模拟

中间部位作为双金属环坯的核心工作区域在制备过程中要优先保证其界面结合质量，因此需要选择中间部位特征点 *B* 进行重点研究。图 3-3 所示为双金属环坯外层模拟最佳工艺参数：外层浇注温度 1570 ℃和铸型转速 800 r/min 的条件下不同内层模拟参数方案下双金属环坯外层内表面中间部位 *B* 点处温度随时间的变化曲线。可以看出双金属环坯内层金属液的充型过程也在 5 s 内完成，在浇入内层金属液后外层内表面温度会逐渐上升，并且内层金属液浇入 25 s 后外层内表面温度达到了其所能上升的最高点，在经过 25 s 升温后，*B* 点温度又会以一定速度重新下降，直至最后完全凝固。

由图 3-3（a）可以看出方案 1、方案 5、方案 9、方案 13 和方案 17 将内外层浇注间隙时间设为 216 s 时，*B* 点温度尚未低于固相线温度。双金属环坯外层内表面存在液相区，此时浇入内层金属液容易与尚未凝固的区域发生混流，从而导致部分区域成分趋向于一致化，无过渡区域，不利于双金属环坯界面的结合。

由图 3-3（b）可以看出浇注间隙时间为 221 s 时，外层内表面温度虽然已经降低至固相线温度以下，但仍具有较高温度。外层内表面在吸收内层金属液充型凝固过程所释放的部分凝固潜热后温度能够重新上升至固相线温度以上实现重熔，此时过渡区呈"糊状"，双金属环坯结合界面达到了理想的冶金结合状态。

　　当浇注间隙时间增加到 226 s 时，如图 3-3（c）所示，外层内表面温度降低至更低。在吸收了内层金属液浇注所传递的热量后，只有方案 11、方案 15 和方案 19 温度能够重新上升至固相线温度以上，这是因为内层浇注温度越高，金属液所获得的过热度越高，能够释放更多的凝固潜热被外层内表面所吸收。

　　继续增加浇注间隙时间至 231 s，如图 3-3（d）所示，由于浇注间隙时间过长，外层内表面温度降低过多，在吸收完内层金属液浇注所释放的热量后温度仍无法重新上升至固相线温度以上，此时双金属环坯内外层之间为机械结合状态，界面结合强度低、牢固性较差。

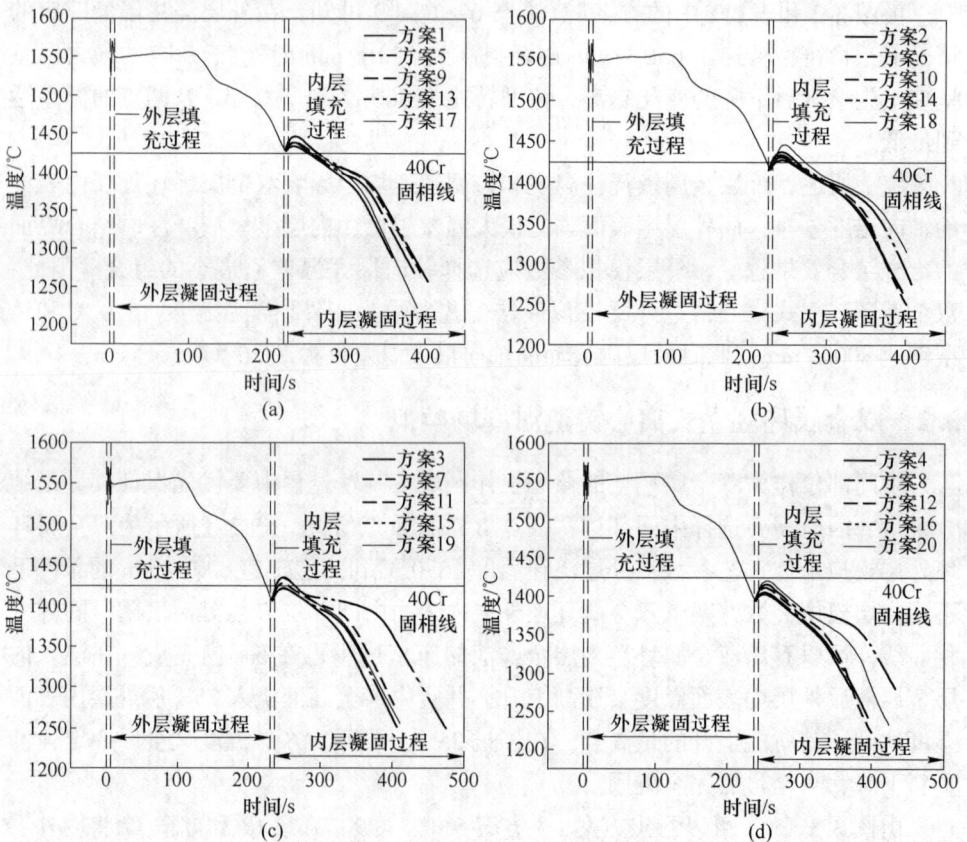

图 3-3　内层不同方案 B 点温度随时间的变化

（a）方案 1、方案 5、方案 9、方案 13、方案 17；（b）方案 2、方案 6、方案 10、方案 14、方案 18；
（c）方案 3、方案 7、方案 11、方案 15、方案 19；（d）方案 4、方案 8、方案 12、方案 16、方案 20

　　图 3-4 所示为不同内层浇注方案下（图 2-6 和表 2-3）双金属环坯中间部位 B

处对应固相分数随时间的变化曲线。可以看出在 0~180 s 的时间段，B 处的固相分数始终为 0，这是因为此时金属液的温降速度较慢，温度远高于其固相线温度，B 处尚处于液态。而随着冷却过程的进行，金属液的温度开始迅速下降，因此固相分数开始迅速上升。内层金属液浇入后，B 处固相分数由 0 开始迅速增长到 0.6，随后增长速度逐渐减慢，可以看出内层金属液浇注温度越高，B 处固相分数到达 1 所需要的时间越长，这是因为浇注温度越高，金属液的过热度越高，冷却速率越慢，所需要的凝固时间越长。

由图 3-4（a）可以看出当内外层浇注间隙时间为 216 s 时，B 处固相分数为 0.94，与温度随时间的变化曲线相对应，外层内表面处于尚未完全凝固状态，不宜在此时浇注内层金属液。而内外层浇注间隙时间到达 221 s 之后固相分数均为 1 且不再变化，如图 3-4（b）、图 3-4（c）、图 3-4（d）所示。

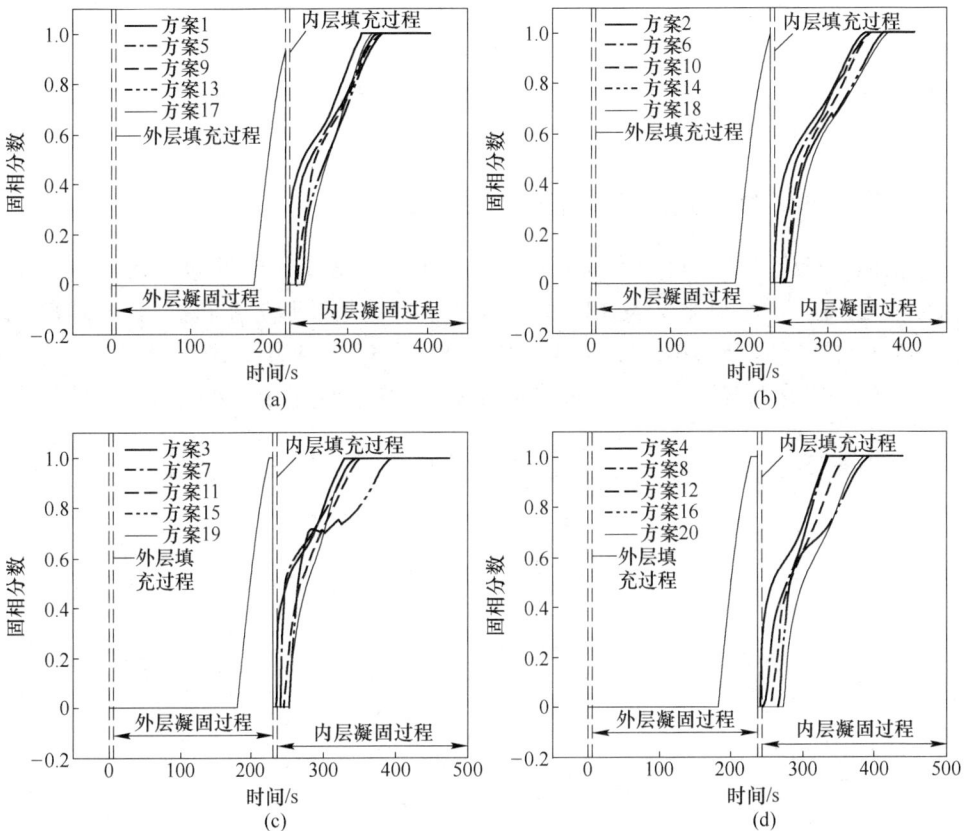

图 3-4　内层不同方案 B 处固相分数随时间的变化

（a）方案 1、方案 5、方案 9、方案 13、方案 17；（b）方案 2、方案 6、方案 10、方案 14、方案 18；
（c）方案 3、方案 7、方案 11、方案 15、方案 19；（d）方案 4、方案 8、方案 12、方案 16、方案 20

表 3-2 所示为部分内层模拟方案下外层内表面 B 处温度重新上升后所能达到的最高温度值。由表 3-2 可以看出方案 2、方案 6、方案 10、方案 14、方案 18 和方案 11、方案 15、方案 19 在浇入内层金属液后双金属环坯外层内表面温度均能重新上升至固相线温度以上使得双金属环坯结合界面形成良好的冶金结合，但是方案 2、方案 6、方案 11 外层内表面温度只略微高出固相线温度，界面结合效果不如其他方案。

表 3-2　内层不同方案下 B 点能达到的最高温度值　　　　　　（℃）

方案	2	6	10	11	14	15	18	19
温度	1426.34	1430.23	1432.83	1426.84	1436.10	1432.14	1445.14	1434.93

综上可知，浇注间隙时间对双金属环坯结合界面质量起决定性作用，设置合理的浇注间隙时间保证双金属环坯结合界面形成有效的冶金结合是提升双金属环坯界面结合质量的关键所在。除此之外，在浇注间隙时间一定时，提高内层金属液的浇注温度能够提高外层内表面温度重新上升至固相线以上的能力，因此适当提高内层金属液的浇注温度也有利于双金属环坯界面的冶金结合。

3.3　双金属环坯立式离心铸造应力场模拟

由温度场模拟结果可知，双金属环坯冶金结合效果较好的为方案 10、方案 14、方案 15、方案 18 和方案 19，现从应力场对上述较优方案进行进一步分析，图 3-5 为内层模拟方案 10、方案 14、方案 15、方案 18 和方案 19 时 B 处有效应力值随时间的变化曲线图。内层不同模拟方案下金属液完全凝固后有效应力值见表3-3。

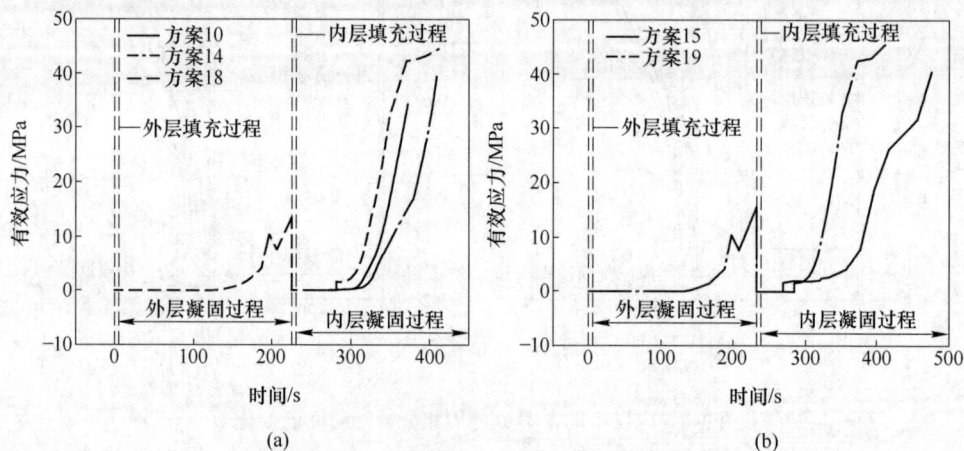

图 3-5　内层不同方案下 B 处有效应力的变化
(a) 方案 10、方案 14、方案 18；(b) 方案 15、方案 19

表 3-3 不同双金属环坯内层模拟方案下的应力值 （MPa）

方案	10	14	15	18	19
应力值	34.28	39.35	40.55	44.51	45.51

可以看出在凝固初始阶段，有效应力值为 0，这是因为凝固初期的固相分数较小。随着凝固过程的进行，金属液的温度下降，固相分数开始缓慢上升，逐渐在双金属环坯内部形成一定的强度，同时合金开始收缩，界面有效应力缓慢增加。当温度降低到相变温度时，合金中发生共晶反应，铸件内部产生相变应力，导致有效应力迅速上升。外层浇注温度为 1570 ℃和铸型转速为 800 r/min 的条件下外层金属液完全凝固后有效应力值为 13.61 MPa。

由方案 10、方案 14、方案 18 和方案 15、方案 19 可知，在浇注间隔时间不变的情况下，有效应力随内层浇注温度的升高而增大，因此内层浇注温度对结合界面的有效应力有重要影响。此外，浇注间隔时间对有效应力的影响不明显。为保证双金属环坯的界面结合质量，结合界面有效应力应尽可能低。

3.4 双金属环坯立式离心铸造成形质量控制

3.4.1 缩松、缩孔缺陷的分析预测与控制

缩松、缩孔是铸造过程中最常见的缺陷，缩松、缩孔缺陷的体积大小以及出现的位置都对铸件成形后的性能具有非常严重的影响。对于双金属环坯而言，界面结合质量的好坏决定了双金属环坯成形质量的好坏，因此对双金属环坯结合界面缩松、缩孔缺陷进行分析预测与控制尤为重要。下面对温度场和应力场模拟结果中得出的较优模拟方案，从结合界面的缩松、缩孔特征进行对比分析。图 3-6 中给出了各方案的缩松、缩孔特征，表 3-4 中列出了各方案的具体缩松、缩孔体积值。

从方案 10、方案 14、方案 18 和方案 15、方案 19 可以看出，随着内层金属液浇注温度的升高，结合界面的缩松、缩孔体积逐渐减小。这主要归因于在适当范围内提高浇注温度，金属液获得了更高的过热度从而能够保持液态更长时间，有利于补缩过程的进行。同时熔融金属的温度越高，黏度越低，金属液的流动性越强，不易造成堵塞，从而有效降低了双金属环坯形成缩松、缩孔缺陷的可能。从方案 14、方案 15 和方案 18、方案 19 中可以看出，浇注间隙时间为221s 时，结合界面的缩松体积更小。这主要是由于 226 s 浇注间隙时间下双金属环坯外层内表面温度下降幅度更大，温度重新上升到固相线以上形成冶金结合变得困难。从表 3-4 中可以发现，方案 18 的缩松体积最小，其次是方案 14 和方案 19。

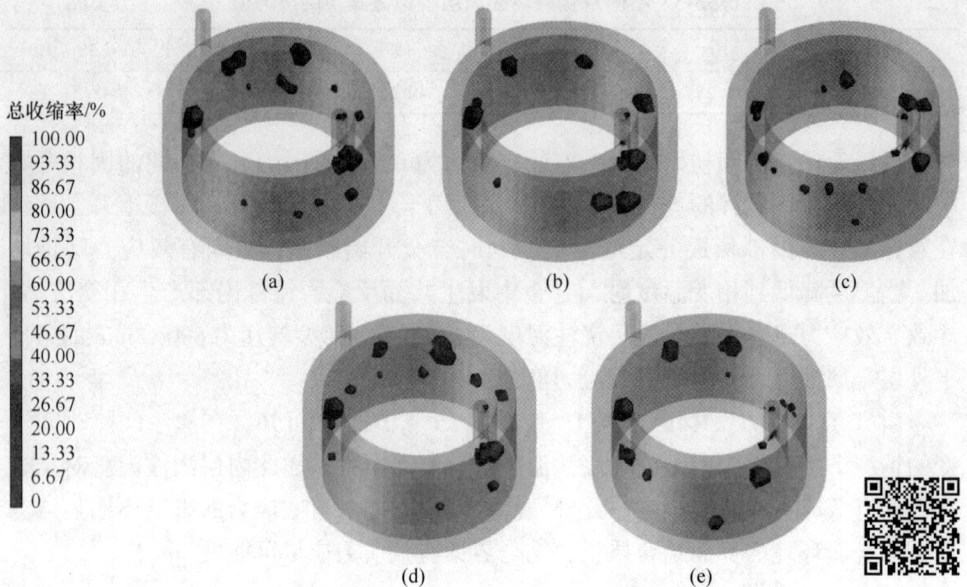

图 3-6　双金属环坯不同内层模拟方案下结合界面的缩松、缩孔特征

（a）方案 10；（b）方案 14；（c）方案 15；（d）方案 18；（e）方案 19

表 3-4　双金属环坯不同内层模拟方案下结合界面的缩松、缩孔体积

方案	10	14	15	18	19
体积/cm³	143.90	133.30	145.21	127.81	136.28

3.4.2　结合界面的轴向冶金结合高度

由前文分析发现，双金属环坯轴向不同高度处冷却速度不一致，往往中心部位结合较为理想能够实现良好的冶金结合。而上下边界由于温度降低速度过快，内层金属液浇注后外层内表面温度无法上升至固相线温度以上，结合界面处于机械结合状态。图 3-7（a）~（c）所示分别为内层模拟方案 14、方案 18 和方案 19 下双金属环坯内层金属液浇注 25 s 后外层内表面经过升温达到最高温度时结合界面的轴向温度分布云图。

从图 3-7 可以看出方案 14 条件下外层内表面升温完毕后处于固相线温度以上的区域高度为 100.917 mm，由此可知双金属环坯能够形成良好冶金结合的区域高度为 100.917 mm，冶金结合效果较好。而方案 18 条件下外层内表面升温完毕后处于固相线温度以上的区域高度为 90.5241 mm，方案 19 条件下外层内表面升温完毕后处于固相线温度以上的区域高度为 79.1722 mm，轴向冶金结合效果均不如方案 14。

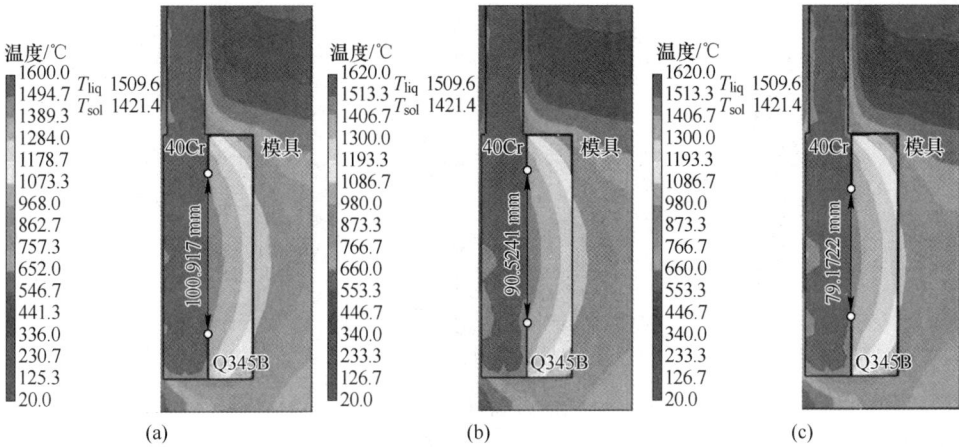

图 3-7　较优方案下轴向界面的冶金结合高度
(a) 方案 14; (b) 方案 18; (c) 方案 19

3.4.3　结合界面的冶金结合层厚度

图 3-8 (a) (b) (c) 所示分别为内层模拟方案 14、方案 18 和方案 19 下双金属环坯外层中心部位 B 处经过 25 s 重新升温后的径向温度分布云图。

从图 3-8 可以看出各方案下双金属环坯外层内表面温度能够重新上升至固相线温度以上的区域厚度排序依次为方案 14>方案 18>方案 19。通常来说，外层内表面温度越高，内层金属液热量散失的速度越慢，金属液越容易深入双金属环坯外层内部形成更宽的冶金结合层厚度。同时结合界面两侧的原子更易越过界面进行互扩散，有利于双金属环坯内、外层之间形成更好的冶金结合。方案 14 外层内表面重新升温后处于固相线温度以上的区域更厚，结合界面能够形成更大的冶金结合层厚度，因此方案 14 的双金属环坯的成形质量要好于方案 18 和方案 19。

综合上述分析，方案 14 中的外层浇注温度 1570 ℃、铸型转速 800 r/min、内层浇注温度 1600 ℃和浇注间隙时间 221 s 确立为双金属环坯立式离心铸造模拟的最佳工艺参数。

3.4.4　充型、凝固过程的结合界面质量控制

图 3-9 所示为 40Cr/Q345B 双金属环坯立式离心铸造外层模拟最佳工艺参数——外层金属液浇注温度为 1570 ℃和铸型转速为 800 r/min 的条件下双金属环坯外层的充型和凝固过程。

图 3-9 (a) 所示为双金属环坯外层的充型过程，可以看出金属液在流入型腔后受自身重力、离心力以及科氏力的作用按顺时针方向以螺旋推进的形式流动，

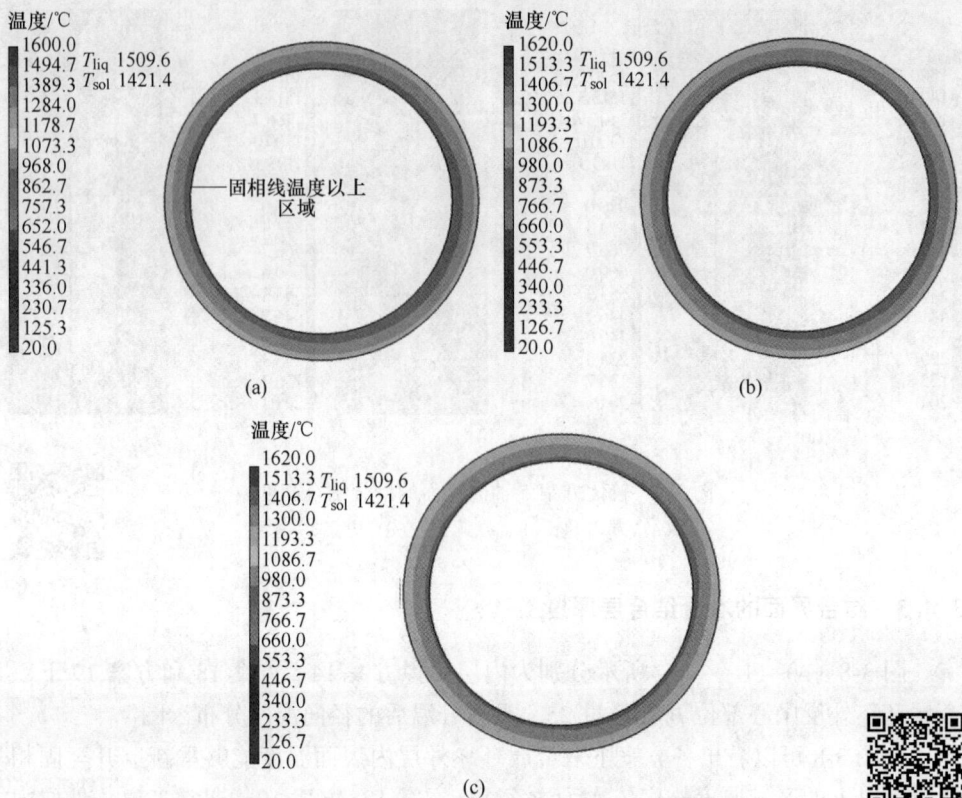

图 3-8　较优方案下环坯外层 *B* 处的温度分布云图
(a) 方案 14；(b) 方案 18；(c) 方案 19

扫一扫看
更清楚

在 5 s 内充满型腔。整个过程金属液能够紧贴型腔内壁随铸型旋转，充型过程较为平稳，无"雨淋"和飞边现象，型腔底部金属液无明显沉积，铸型转速的选择较为合理。

图 3-9（b）所示为双金属环坯外层的凝固过程，可以看出双金属环坯外层在凝固过程中存在明显的温度梯度，双金属环坯外层内侧的温度始终要高于双金属环坯外层外侧的温度，并且越靠近外层内侧温度越高，越靠近外层外侧温度越低。在 226 s 时外层内表面温度降低至固相线以下，双金属环坯外层完全凝固，可以看出无明显冷隔和浇不足现象，外层金属液浇注温度的选择较为合理，成形质量总体较好。但双金属环坯外层内表面也存在一些细小的孔洞，需要内层金属液浇注后进行补缩。

图 3-10 所示为 40Cr/Q345B 双金属环坯立式离心铸造内层模拟最佳工艺参数——内层金属液浇注温度为 1600 ℃和浇注间隙时间为 221 s 的条件下双金属环坯内层的充型凝固过程以及外层重熔和再次凝固过程。

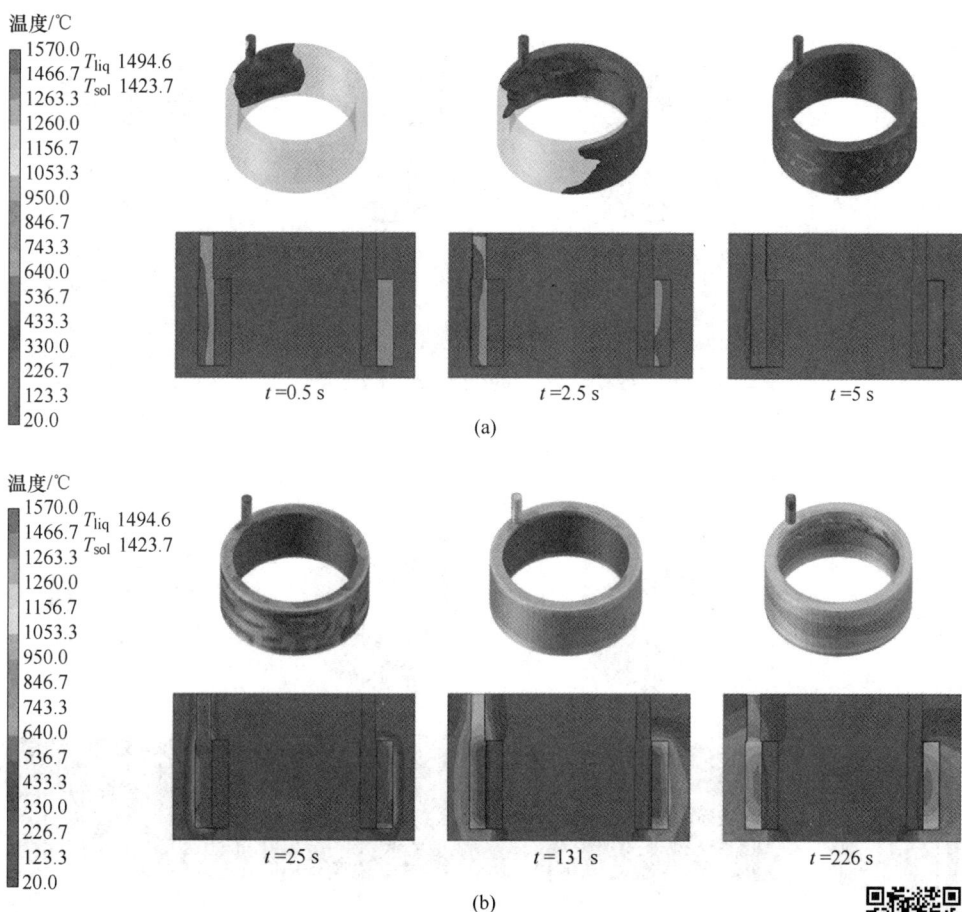

图 3-9 最佳工艺参数下双金属环坯外层的充型、凝固过程

（a）充型过程；（b）凝固过程

扫一扫看
更清楚

　　从图 3-10 中可以看出内层金属液充型过程同样在 5 s 内完成。在重力、离心力和科氏力的共同作用下，金属液的充型过程是按沿径向由外向内、沿轴向自下而上的顺序逐级分层充填，充型过程平稳，金属液能够均匀地铺满整个型腔，无飞边现象。由截面图可以看出，在 226~251 s 的时间段，双金属环坯吸收内层金属液所释放的热量后外层内表面温度会逐渐上升，在经过 25 s 的升温后轴向温度达到最高点，此时双金属环坯外层内表面由中心向两端的大部分区域温度重新上升至固相线温度以上，双金属环坯内、外层之间能够形成良好的冶金结合。251 s 后外层内表面升温完毕，内外层凝固过程继续进行，液态金属按沿径向由外表面到内表面，沿轴向从底部和顶部边界到中心层的顺序凝固。同时还可以看出双金属环坯外层在凝固过程中散热较快，存在明显的温度梯

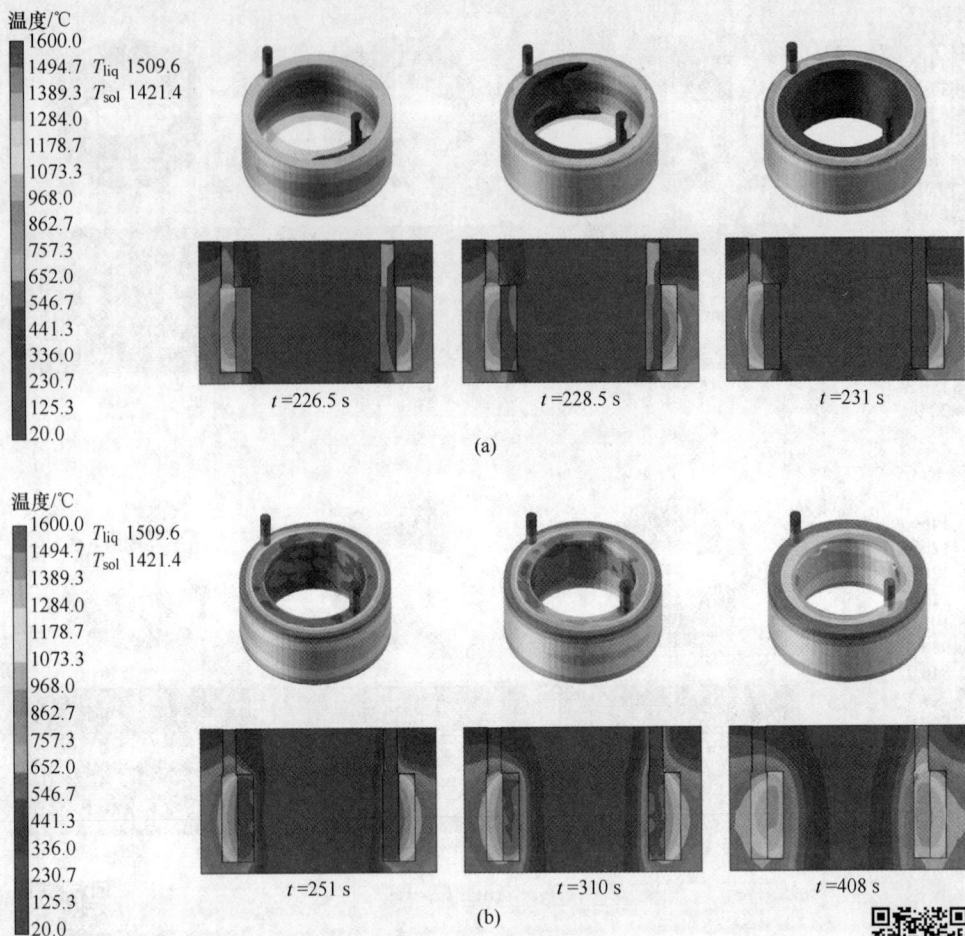

图 3-10 最佳工艺参数下双金属环坯内层的充型、凝固过程
(a) 充型过程;(b) 凝固过程

扫一扫看
更清楚

度,而双金属环坯内层温度较高且散热较慢,温度梯度不明显,双金属环坯结合界面靠进外层 40Cr 一侧的温度较低,而靠进内层 Q345B 一侧的温度相对较高,结合界面两侧的温度差有利于元素扩散的进行,使得双金属环坯的成形质量得到提高。

3.5 双金属环坯立式离心铸造结合界面微观组织模拟

3.5.1 形核区域

双金属环坯结合界面微观组织的模拟需要在温度场的基础上进行,因此首先需要将温度场的模拟结果以 g. unf 的文件形式保存,再导入到 ProCAST 软件中。

在体积管理设置中打开模拟材料的 CAFÉ 开关，创建所需计算的形核区域，并在工艺条件设置中增加面形核参数和体形核参数。由于双金属环坯体积较大，如果直接选择整个双金属环坯件作为形核区域进行模拟，不仅模拟计算时间长，同时也会增大计算机的工作负担，为此本书在研究时对双金属环坯轴向不同高度处分别取 10 mm 高度的正方形区域进行研究，如图 3-11 所示。

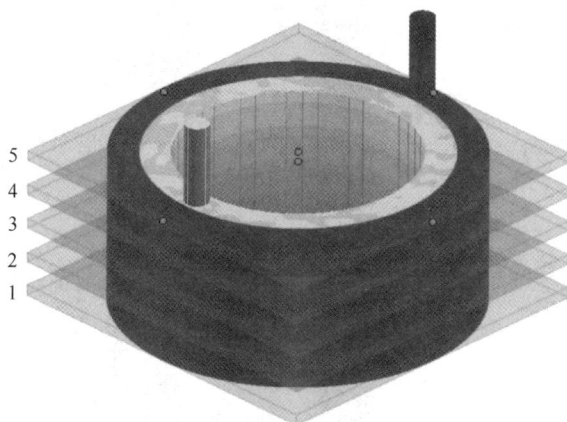

图 3-11　双金属环坯形核区域

（1~5 代表间隔 10 mm 高度的区域）

扫一扫看
更清楚

3.5.2　形核参数

由 2.4.2 节可知，微观晶粒组织的模拟包括形核和生长两个过程。实际情况下铸件内部和表面处的形核生长情况并不相同，因此进行双金属环坯的微观组织演变模拟时通常需要用面形核参数和体形核参数加以区分。双金属环坯表面为面形核，形核参数主要包括面形核过冷度 $\Delta T_{s,max}$、面形核过冷度标准方差 $\Delta T_{s,\sigma}$ 和面形核最大形核密度 $n_{s,max}$。双金属环坯内部为体形核，形核参数主要包括体形核过冷度 $\Delta T_{v,max}$、体形核过冷度标准方差 $\Delta T_{v,\sigma}$ 和体形核最大形核密度 $n_{v,max}$。结合实验测试和前人的研究不断校正最终得出双金属环坯的微观形核参数见表 3-5。

表 3-5　40Cr/Q345B 双金属环坯的微观形核参数

材料	$\Delta T_{v,max}$ /K	$\Delta T_{v,\sigma}$ /K	$n_{v,max}$ /m^{-3}	$\Delta T_{s,max}$ /K	$\Delta T_{s,max}$ /K	$n_{s,max}$ /m^{-2}
40Cr	10	2	1.0×10^{11}	10	2	1.0×10^{9}
Q345B	2	0.5	1.0×10^{11}	1	0.5	1.0×10^{10}

3.5.3　微观组织模拟

图 3-12 所示为 40Cr/Q345B 双金属环坯立式离心铸造最佳工艺参数——外层

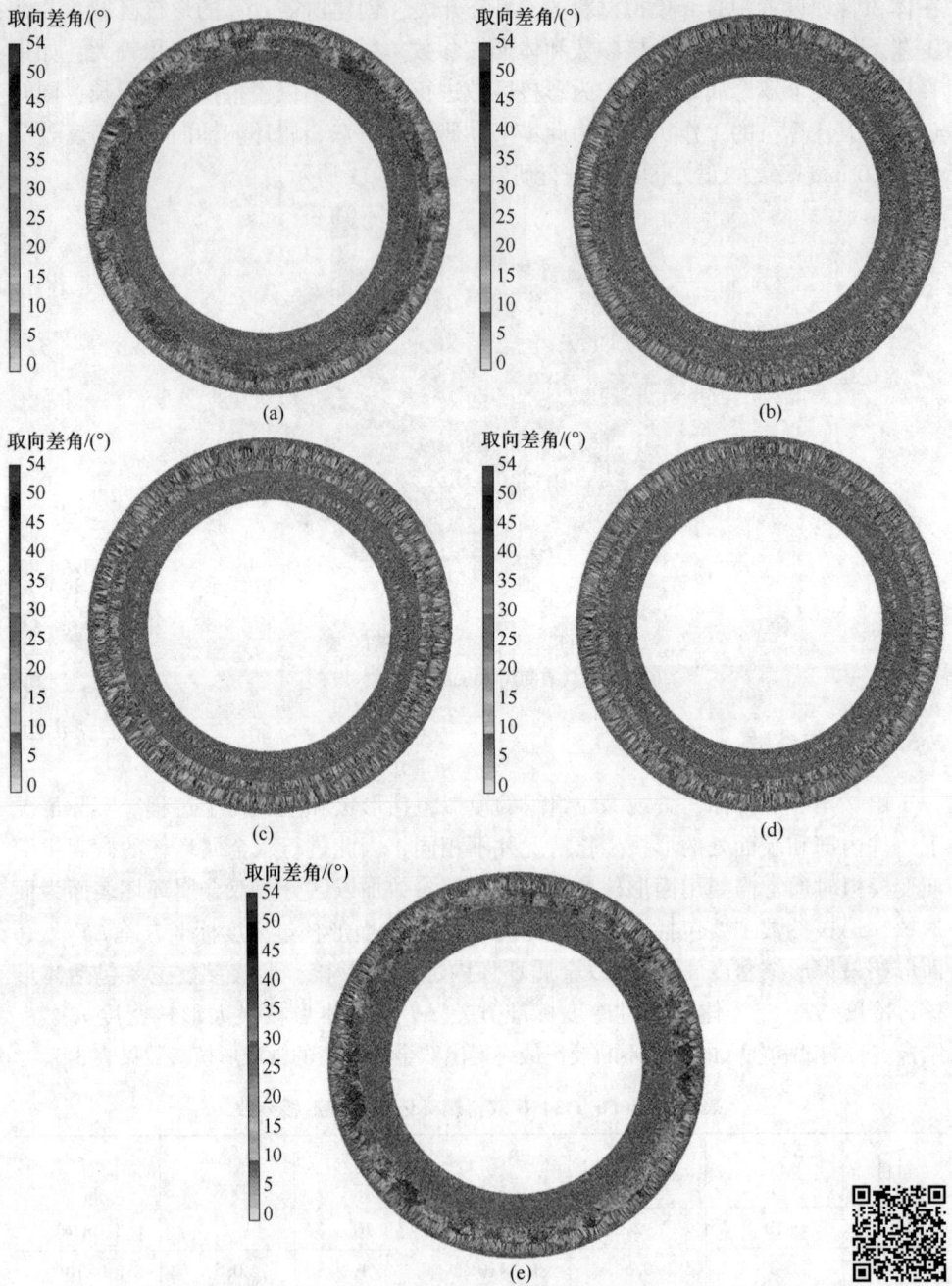

图 3-12　双金属环坯轴向不同高度微观组织模拟
(a) 下边界；(b) 1/4 高度；(c) 1/2 高度；(d) 3/4 高度；(e) 上边界

扫一扫看
更清楚

金属液浇注温度为 1570 ℃、铸型转速为 800 r/min、内层金属液浇注温度为

1600 ℃和内外层浇注间隙时间为 221 s 的方案下不同高度位置双金属环坯结合界面微观晶粒组织沿径向的分布云图。

从图 3-12 中可以看出，金属液在浇入型腔后由于铸型具有较高的冷却强度在双金属环坯外层与铸型之间会出现形核点，双金属环坯外层靠近铸型的区域会形成一层较薄的细晶粒区。随着与铸型表面距离的增加，金属液温度降低速度较慢，铸坯芯部的温度较高，从而产生了较大的温度梯度，铸坯内部的温度要高于两侧的温度，较高的温度会加速枝晶的尖端生长动力，这些因素有利于柱状晶粒的生长。随着与铸型表面的距离进一步增加，柱状晶体前端的局部区域会出现一定程度的过冷，随着凝固过程的进行观察到柱状晶粒到等轴晶粒的转变（CET），这主要是因为当残余液体中的过冷度变小时，等轴晶粒开始成核并以牺牲柱状晶粒为代价生长，温度梯度变小，成分的过冷度增加，在生长方向上形成等轴晶粒区，直到铸坯完全凝固。

双金属环坯上下边界的微观晶粒形核情况大致相同，结合界面主要由靠近 40Cr 一侧的粗大等轴晶区和靠近 Q345B 一侧的细小等轴晶区组成，如图 3-12（a）和图 3-12（e）所示。双金属环坯 1/4 高度处和 3/4 高度处结合界面 40Cr 一侧逐渐出现一层较窄的柱状晶区，如图 3-12（b）和图 3-12（d）所示。双金属环坯中间高度区域结合界面的晶粒形核情况与边界处的晶粒形核情况有所不同，中间高度区域结合界面靠近 40Cr 一侧存在较宽的柱状晶区，如图 3-12（c）所示。由下边界到上边界的过程中，柱状晶区面积呈先增加后减少的变化趋势，这是因为晶粒形核受各区域温度和过冷度影响较大。由 3.1 节双金属环坯外层内表面轴向温度随时间的变化规律可知，越靠近铸坯中间高度处双金属环坯外层内表面温度降低速度越慢，内层金属液浇注后该区域温度越高，过热度增加，双金属环坯中的杂质大量溶解，不均匀的形核基体减少，最大形核密度降低，从而导致等轴晶率的降低，结晶前沿的过冷区变小，更有利于柱状晶体的生长，抑制了中心等轴晶体的生长。

内层金属液浇注时双金属环坯外层内表面仍具有较高温度，通常可以视作高温铸型，因此冷却效果大大减弱。铸坯内部与铸坯表面的温度梯度降低，形核部位数量减少，固液界面前部过冷度降低，这些因素对柱状枝晶的生长有负面影响，对等轴枝晶的增长有正面影响，从而导致等轴晶粒的比例增加。因此结合界面靠近 Q345B 一侧的微观晶粒主要以等轴晶粒的生长为主。同时内层金属液在充型时受离心力作用始终能够紧贴双金属环坯外层内表面，轴向不同高度处的温度分布更加均匀，相对冷却强度变小，因此双金属环坯内层轴向不同区域微观晶粒组织差别较小。

4 40Cr/Q345B 双金属环坯卧式离心铸造界面结合行为与质量控制

本章研究了外层模拟参数对双金属环坯卧式离心铸造轴向最大温差的影响。从温度场、应力场角度探讨了不同铸型转速和浇注间隙时间对双金属环坯卧式离心铸造过程界面结合行为的影响（图 2-7 和表 2-4）。从结合界面的缩松、缩孔、轴向冶金结合高度的角度对比了不同参数下双金属环坯的成形质量。得出了双金属环坯卧式离心铸造的最佳工艺参数，并对此工艺参数下双金属环坯的充型、凝固过程和结合界面微观组织进行了模拟。

4.1 双金属环坯卧式离心铸造外层模拟结果

图 4-1 所示为双金属环坯卧式离心铸造不同铸型转速下（图 2-7 和表 2-4）双金属环坯外层内表面 A、B 和 C 点温度随时间的变化曲线。可以看出双金属环坯卧式离心铸造不同位置各点温度随时间的变化规律与双金属环坯立式离心铸造大致相同，0~7 s 为外层金属液充型过程，7~100 s 的时间段金属液始终维持在较高温度无明显变化，在 100 s 后 A、B、C 三点温度均呈现出迅速下降的变化趋势，此时金属液迅速冷却，凝固过程加速进行。

与双金属环坯立式离心铸造过程相同，由于 A、C 两点靠近上下边界，金属液受铸型激冷作用更明显，热量流失更快，因此 A、C 点的温度降低速率要快于中心部位的 B 点，当各点温度均降低至固相线温度时出现双金属环坯外层内表面轴向的最大温差，最高温度点同样出现在 B 点位置，而最低温度点则出现在 C 点位置。但双金属环坯立式离心铸造的充型过程是按沿轴向由下往上逐级填充的过程，3/4 高度处的 A 点温降速率要高于 1/4 高度处的 C 点，同时与 B 点之间存在较大的温差。而双金属环坯卧式离心铸造由于金属液是按沿轴向从中间部位向左右两侧同时流动，金属液流经 A、C 两点的时间大致相同，两点受到铸型的激冷效果也大致相同，因此 A、C 两点的温度降低速率相差较小。同时 A、C 两点与 B 点之间的温度差值也较小，说明相比于立式离心铸造，卧式离心铸造在轴向上的温度分布更为均匀。

表 4-1 中统计了双金属环坯卧式离心铸造外层模拟不同铸型转速方案下 B、C 两点的最大温差值。

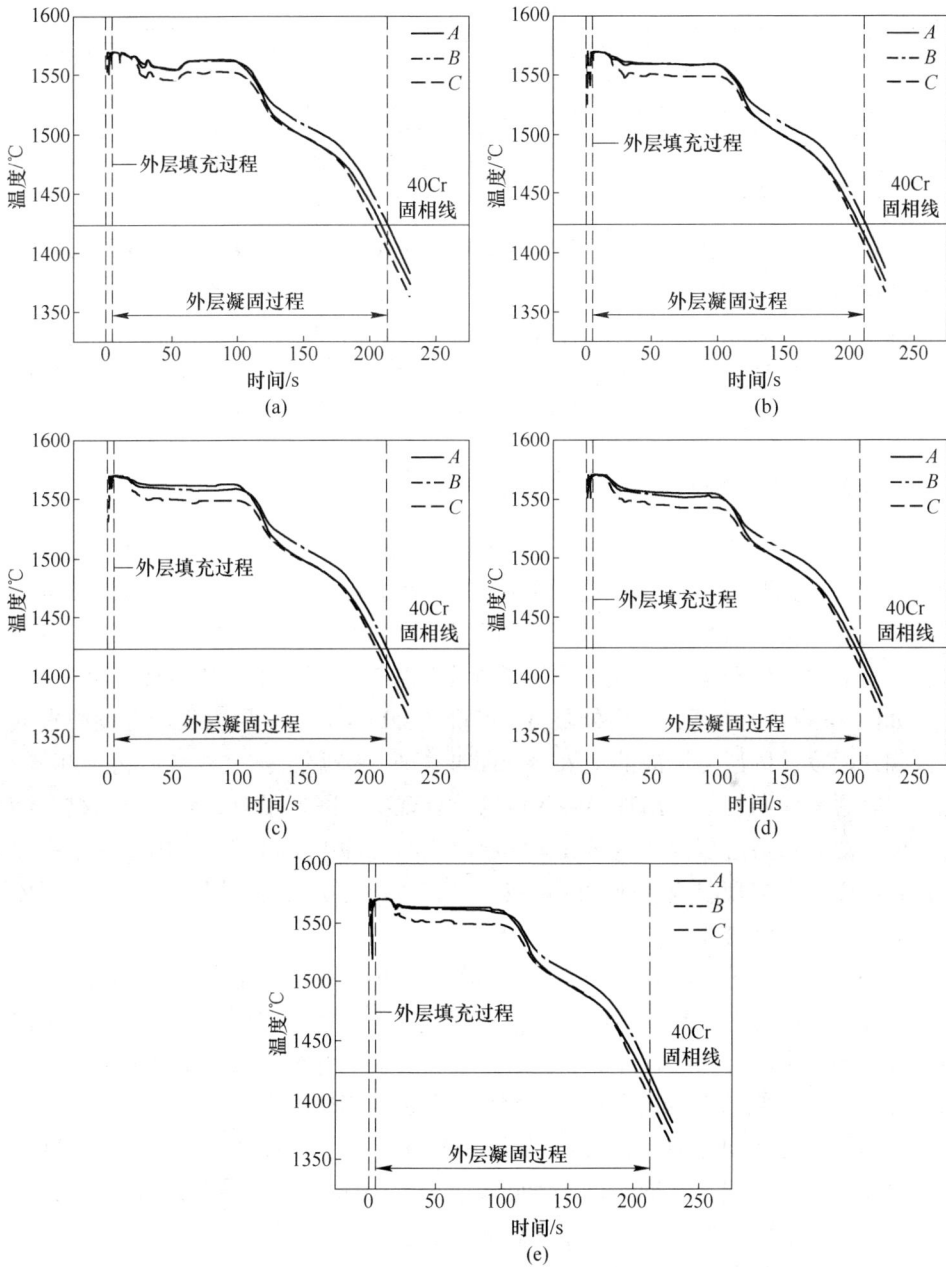

图 4-1　不同铸型转速下 A、B、C 点的温度变化

（a）650 r/min；（b）700 r/min；（c）750 r/min；（d）800 r/min；（e）850 r/min

表 4-1　卧式离心铸造不同铸型转速方案下 *B* 和 *C* 位置的温度及其最大温差 （MTD）

（℃）

方案	650 r/min	700 r/min	750 r/min	800 r/min	850 r/min
C 点	1400.4	1405.4	1400.9	1405.9	1401.3
B 点	1423.7	1423.7	1423.7	1423.7	1423.7
MTD	23.3	18.3	22.8	17.8	22.4

从表 4-1 可以看出相比于立式离心铸造，卧式离心铸造双金属环坯外层内表面的轴向最大温差相对较小，仅为 17.8~23.3 ℃。在内外层浇注间隙时间一定的情况下，将双金属环坯卧式离心铸造的铸型转速由 650 r/min 增加到 850 r/min 时，双金属环坯外层轴向最大温度差无明显规律，700 r/min 和 800 r/min 时外层内表面轴向温差相对较小，两者仅相差 0.5 ℃。

4.2　双金属环坯卧式离心铸造温度场模拟

图 4-2 所示为双金属环坯卧式离心铸造不同模拟方案下外层内表面 *B* 点处温度随时间的变化曲线。可以看出，与立式离心铸造过程相同，在内层金属液浇入后外层内表面会吸收内层金属液所释放的凝固潜热，从而使得温度开始逐渐上升，并且同样在内层金属液浇入 25 s 后 *B* 点温度达到所能上升的最高温度。

如图 4-2 （a） 所示，当内外层浇注间隙为 205 s 时，外层内表面温度尚未低于固相线温度，内层金属液的浇入会不断冲击外层金属，与立式离心铸造相同，此时双金属界面结合处会出现局部区域的混流现象，降低了双金属环坯的结合性能。由于离心铸造过程内层金属液对外层内表面的冲击不可避免，因此双金属环坯结合界面的混流现象或多或少的存在，只有适当的延长内外层浇注间隙时间才能有效地减少混流现象。

如图 4-2 （b） 所示，当内外层浇注间隙为 210 s 时，外层内表面温度已低于固相线温度，但此时外层内表面仍然具有较高温度，浇入内层金属液后，外层内表面吸收内层金属浇入所释放的热量后温度会重新上升至固相线温度以上，此时结合界面处于"糊状"，凝固后能够得到界面结合牢固的双金属环坯。

当内外层浇注间隙为 215 s 时，如图 4-2 （c） 所示，此时外层内表面温度下降至更低，浇注内层金属液后只有铸型转速 650 r/min 和 700 r/min 的两组方案外层内表面温度能够重新上升至固相线温度以上。

继续延长内外层浇注间隙时间至 220 s 时，如图 4-2 （d） 所示，外层内表面温度最低降至 1384 ℃，远低于固相线温度的 1423.7 ℃，此时内层金属液浇入后已无法使得外层内表面温度重新上升至固相线温度以上，双金属环坯的结合界面为机械结合状态，界面结合强度低、牢固性差。

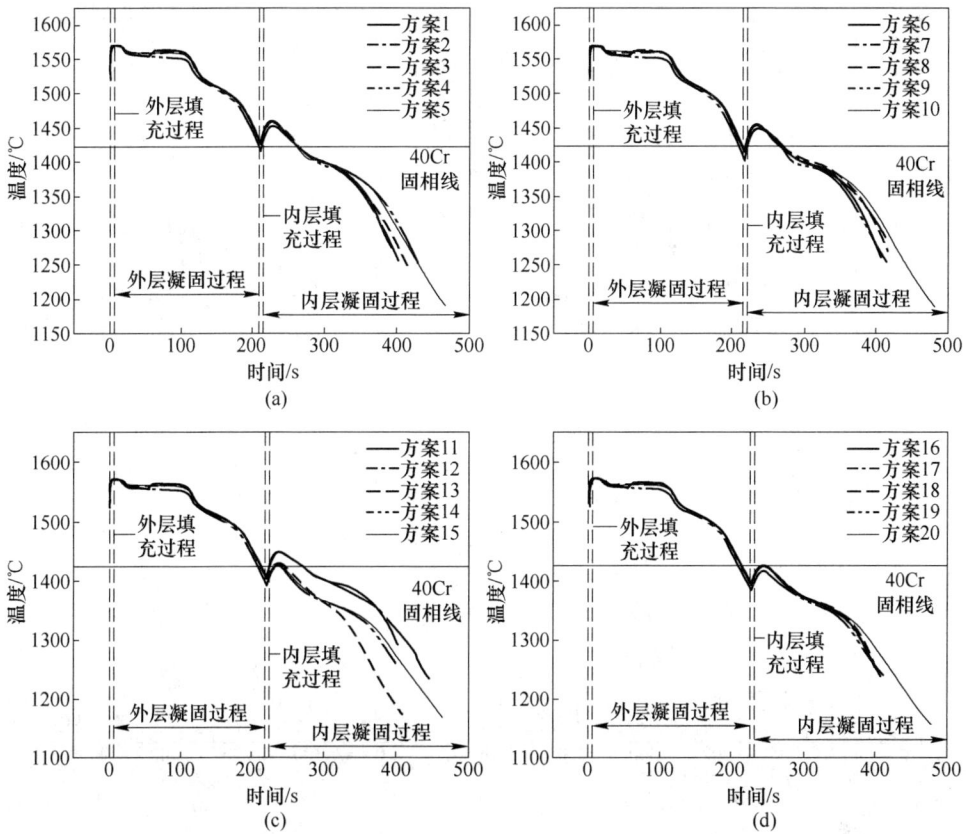

图 4-2 内层不同方案 *B* 处温度随时间的变化

（a）方案 1、方案 2、方案 3、方案 4、方案 5；（b）方案 6、方案 7、方案 8、方案 9、方案 10；
（c）方案 11、方案 12、方案 13、方案 14、方案 15；（d）方案 16、方案 17、方案 18、方案 19、方案 20

图 4-3 所示为双金属环坯卧式离心铸造不同模拟方案下外层内表面 *B* 处固相分数随时间的变化曲线。

由图 4-3（a）可以看出，当内外层浇注间隙时间为 205 s 时，*B* 处固相百分数为 0.96，外层内表面处于尚未完全凝固状态，不宜在此时浇注内层金属液。而内外层浇注间隙时间到达 210 s 时，*B* 处固相百分数为 1，且不再随内外层浇注间隙时间的延长而变化，如图 4-3（b）、图 4-3（c）、图 4-3（d）所示。

结合不同模拟方案下外层内表面 *B* 处温度、固相分数随时间的变化规律可知，与立式离心铸造相同，内外层金属液的浇注间隙时间是影响双金属环坯界面结合状态的决定性因素，合理选择内外层浇注间隙时间是双金属环坯复合成功的关键。

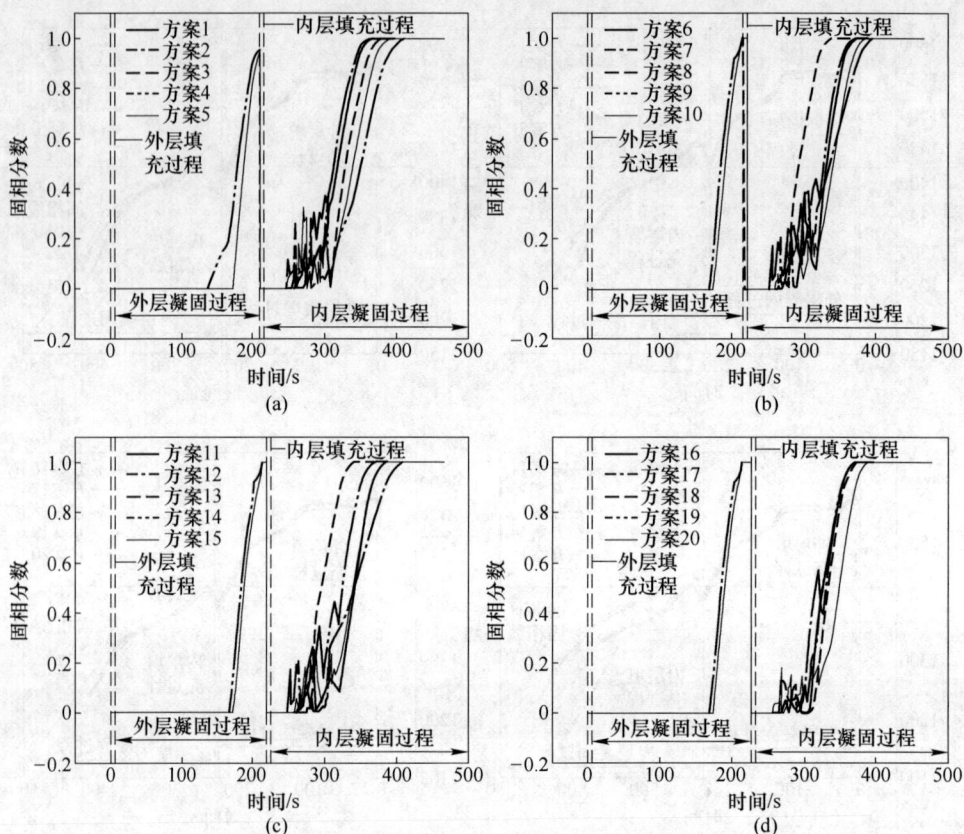

图 4-3   内层不同方案 B 处固相分数随时间的变化

(a) 方案 1、方案 2、方案 3、方案 4、方案 5；(b) 方案 6、方案 7、方案 8、方案 9、方案 10；
(c) 方案 11、方案 12、方案 13、方案 14、方案 15；(d) 方案 16、方案 17、方案 18、方案 19、方案 20

4.3   双金属环坯卧式离心铸造应力场模拟

由温度场的模拟结果可知，双金属环坯结合界面能够形成良好冶金结合的为方案 6~方案 12，现从应力场角度进行进一步对比分析，图 4-4 所示为各方案下结合界面中间部位 B 处有效应力值随时间的变化曲线，表 4-2 为各方案下金属液完全凝固后结合界面的具体有效应力值。可以看出在 0~100 s 时有效应力值为 0，100 s 之后有效应力值逐渐上升。

由方案 6~方案 10 和方案 11、方案 12 可以看出，当内、外层浇注间隙时间一定的情况下，铸型转速由 650 r/min 提升到 850 r/min 的过程中，结合界面的有效应力值呈逐渐下降的变化趋势，说明提升铸型转速能在一定程度上降低结合界面的有效应力。由方案 6、方案 11 和方案 7、方案 12 可以看出在铸型转速一定的情况下，随着内外层浇注间隙时间的增加，结合界面的有效应力值会有所上升。

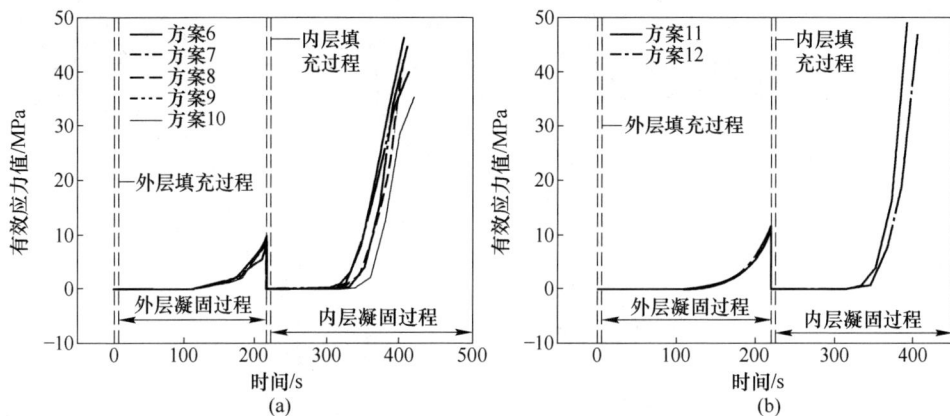

图 4-4 较优方案下 B 处有效应力值随时间的变化
(a) 方案6、方案7、方案8、方案9、方案10；(b) 方案11、方案12

表 4-2 不同模拟参数方案下的应力值 (MPa)

方案	6	7	8	9	10	11	12
应力值	46.14	44.56	42.11	39.87	35.29	48.8	46.77

综上所述，对于双金属环坯卧式离心铸造而言，提高铸型转速能在一定程度上降低结合界面的有效应力值，内外层浇注间隙时间的延长则会导致结合界面有效应力值上升，为保证双金属环坯的成形质量，双金属环坯的应力值要尽可能的小。

4.4 双金属环坯卧式离心铸造成形质量控制

4.4.1 缩松、缩孔缺陷的分析预测与控制

由温度场、应力场模拟可知，方案6~方案10界面结合效果更好，同时结合界面的有效应力值相对较低，图4-5所示为上述较优方案下双金属环坯的结合界面缩松、缩孔特征云图，表4-3为不同方案下结合界面缩松、缩孔的具体体积。

由表4-3看出，在相同的内外层浇注间隙时间下，提高铸型转速能够有效降低结合界面的缩松、缩孔体积，这是因为铸型转速越高金属液所获得的离心力更大，外层金属液充型时能紧贴铸型内壁形成内表面均匀的空心环坯。内层金属液浇注时同样能在离心力的作用下紧贴外层环坯内表面，外层浇注过程中所形成的缩松、缩孔缺陷能够被内层金属液重新补缩，同时更有利于气体排出，降低了双金属环坯的氧化程度，从而有效降低了双金属环坯结合界面缩松、缩孔缺陷的形成。

总收缩率/%

(a)   (b)   (c)

(d)   (e)

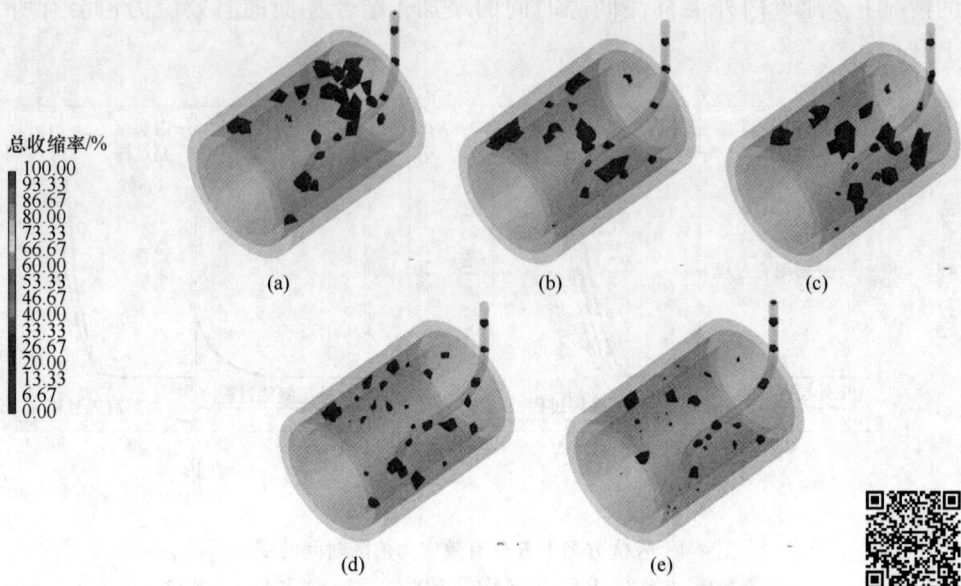

图 4-5   较优方案下双金属环坯的结合界面缩松、缩孔特征
(a) 方案 6；(b) 方案 7；(c) 方案 8；(d) 方案 9；(e) 方案 10

扫一扫看
更清楚

表 4-3   较优方案下界面缩松、缩孔体积

方案	6	7	8	9	10
体积/cm³	486.91	442.69	428.77	415.43	401.01

4.4.2   结合界面的轴向冶金结合高度

由温度场模拟得到的结合界面温度随时间的变化曲线可知，外层内表面在吸收内层金属液浇注所释放的热量后温度会逐渐上升，在经过 25 s 后温度达到能够上升到的最高点，此时双金属环坯结合界面达到最佳结合状态，利用 ProCAST 自带的测量工具对方案 7、方案 8、方案 9、方案 10 下双金属环坯的轴向冶金结合高度进行测量，结果如图 4-6 所示。

从图 4-6 可以看出方案 7 的结合界面冶金结合效果最好，冶金结合高度为 382.3 mm。方案 8、方案 9、方案 10 结合界面冶金结合高度分别为 374.768 mm、380.676 mm 和 378.95 mm，冶金结合效果不如方案 7。可以看出相对于立式离心铸造，卧式离心铸造最佳工艺参数下的轴向冶金结合高度能够接近轴向高度的 84.96%，而立式离心铸造最佳工艺参数下轴向冶金结合高度仅占轴向高度的 67.28%，因此采用卧式离心铸造法得到的双金属环坯结合界面的冶金结合效果要好于立式离心铸造。综合考虑方案 7，铸型转速 700 r/min、内外层浇注间隙时间 210 s 确定为双金属环坯卧式离心铸造的最佳工艺方案。

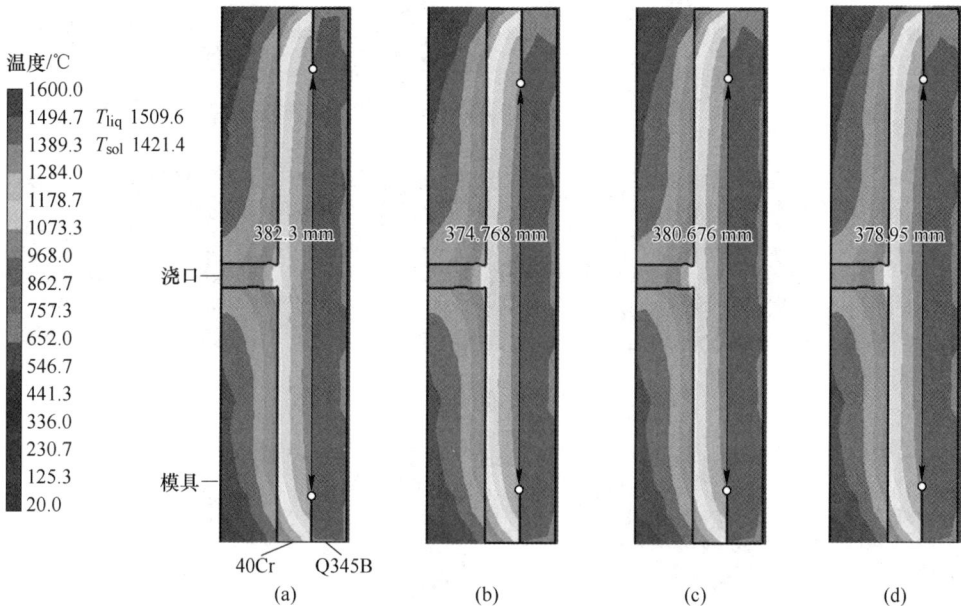

图 4-6 较优方案下的轴向界面冶金结合高度

(a) 方案 7；(b) 方案 8；(c) 方案 9；(d) 方案 10

扫一扫看
更清楚

4.4.3 充型、凝固过程的结合界面质量控制

图 4-7 所示为 40Cr/Q345B 双金属环坯卧式离心铸造模拟最佳工艺参数——铸型转速为 700 r/min 和内外层浇注间隙时间为 210 s 时双金属环坯外层的充型凝固过程。从图 4-7 （a）中可以看出，0~7 s 为外层金属液的充型过程，金属液进入型腔后由双金属环坯中间部位的浇口端以一定流动速度向两端同时流动，在 1 s 后完成第一圈的布型，7 s 后充满整个型腔，充型过程平稳。7~217 s 为双金属环坯外层第一次凝固过程，由切片图可以看出，双金属环坯外层外表面与双金属环坯外层内表面之间存在明显的温度梯度，外层内表面散热速度较慢，温度始终要高于外层外表面，因此可以判断双金属环坯径向的凝固顺序是由内向外的顺序凝固过程，在到达 210 s 的最佳内外层浇注间隙时间后双金属环坯外层内表面存在一定区域的缩孔现象，如图 4-7 （b）所示。

图 4-8 所示为双金属环坯卧式离心铸造模拟最佳工艺参数下双金属环坯内层的充型和凝固过程。如图 4-8 （a）所示，217~224 s 为双金属环坯内层金属液的充型过程，可以看出内层金属液浇注后，外层内表面的空气会被排出，双金属环坯外层的缩孔现象消失，双金属环坯的致密性得到提升。

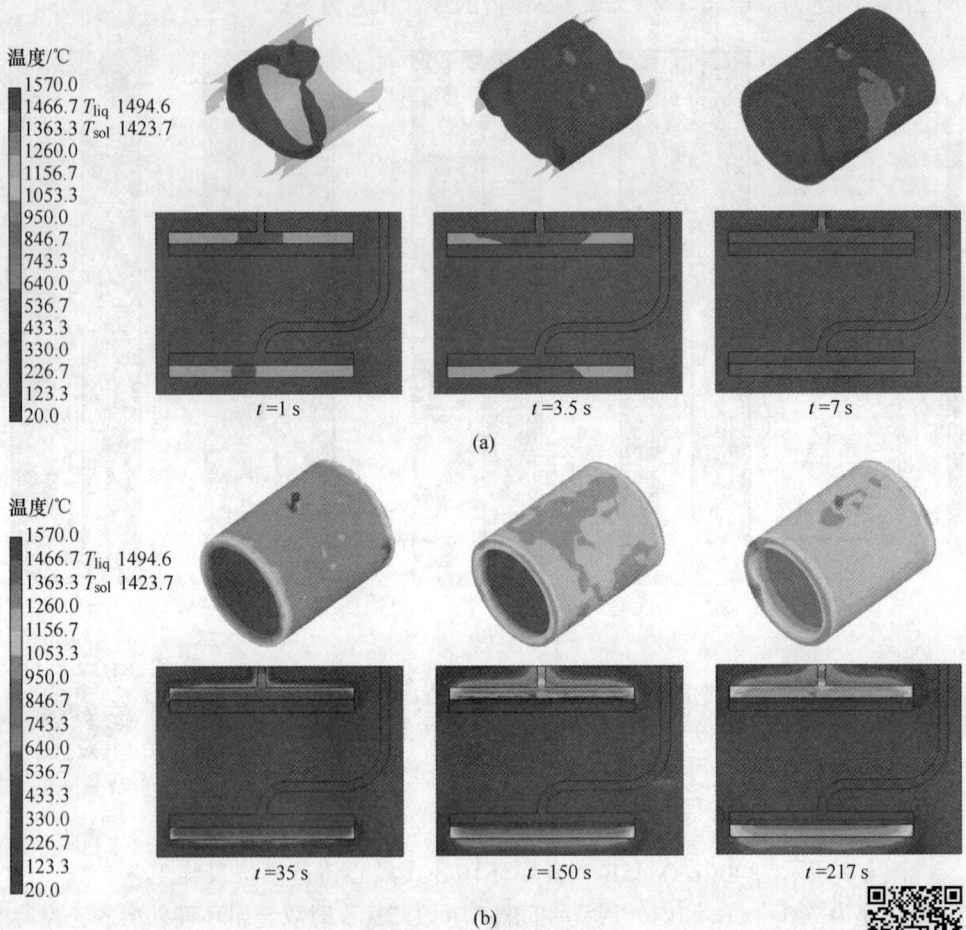

图 4-7   双金属环坯最佳工艺参数下外层的充型、凝固过程
（a）充型过程；（b）凝固过程

扫一扫看
更清楚

如图 4-8（b）所示，224~410.8 s 为双金属环坯内层的凝固过程，在此阶段伴随着外层内表面的重熔及二次凝固过程。与双金属环坯立式离心铸造的充型、凝固过程相同，双金属环坯卧式离心铸造金属液沿径向的充型过程同样是由外向内的逐级填充过程，凝固过程同样是由内向外的顺序凝固。但相比于立式离心铸造沿轴向按由下向上的充型方式，卧式离心铸造金属液沿轴向由中心向两端的充型方式使得双金属环坯的充型过程更加平稳，两端温差较小，双金属环坯结合界面轴向上的温度分布更加均匀，有利于得到更高质量的双金属环坯。结合界面Q345B 一侧的温度要高于 40Cr 一侧，存在较大的温度梯度，有利于双金属环坯内外层之间元素扩散的进行。

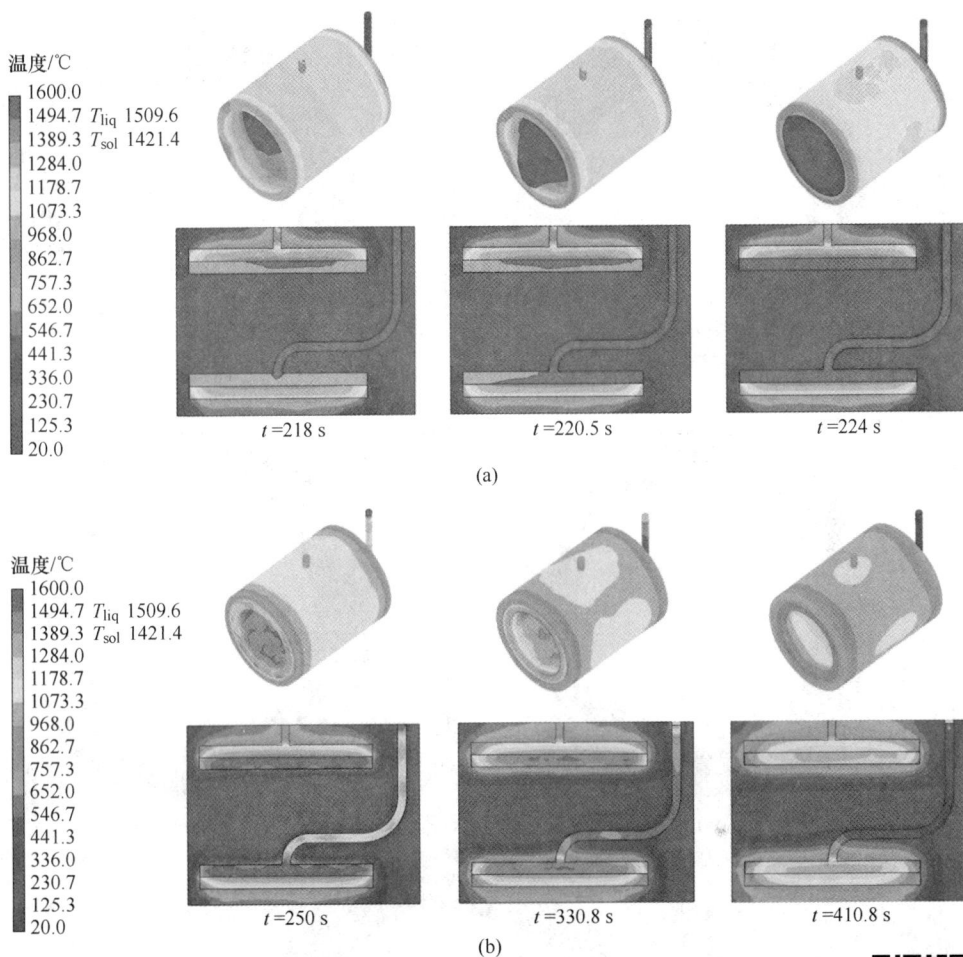

图 4-8 双金属环坯最佳工艺参数下内层的充型、凝固过程

（a）充型过程；（b）凝固过程

4.5 双金属环坯卧式离心铸造结合界面微观组织模拟

图 4-9 所示为 40Cr/Q345B 双金属环坯卧式离心铸造最佳工艺参数方案下不同高度位置双金属环坯结合界面微观晶粒组织沿径向的分布云图。

从图 4-9 可以看出双金属环坯外层靠近铸型侧同样存在一层较薄的细晶粒区，由双金属环坯外层外表面向铸坯芯部移动的过程，温度逐渐上升，存在较大的温度梯度，促进了铸坯中间部位柱状晶区的形成。由铸坯中间向双金属环坯外层内表面移动的过程，双金属环坯温度逐渐下降，温度梯度要小于双金属环坯外层外表面与铸坯芯部的温度，柱状晶体前端的局部区域会出现一定程度的过冷，

扫一扫看
更清楚

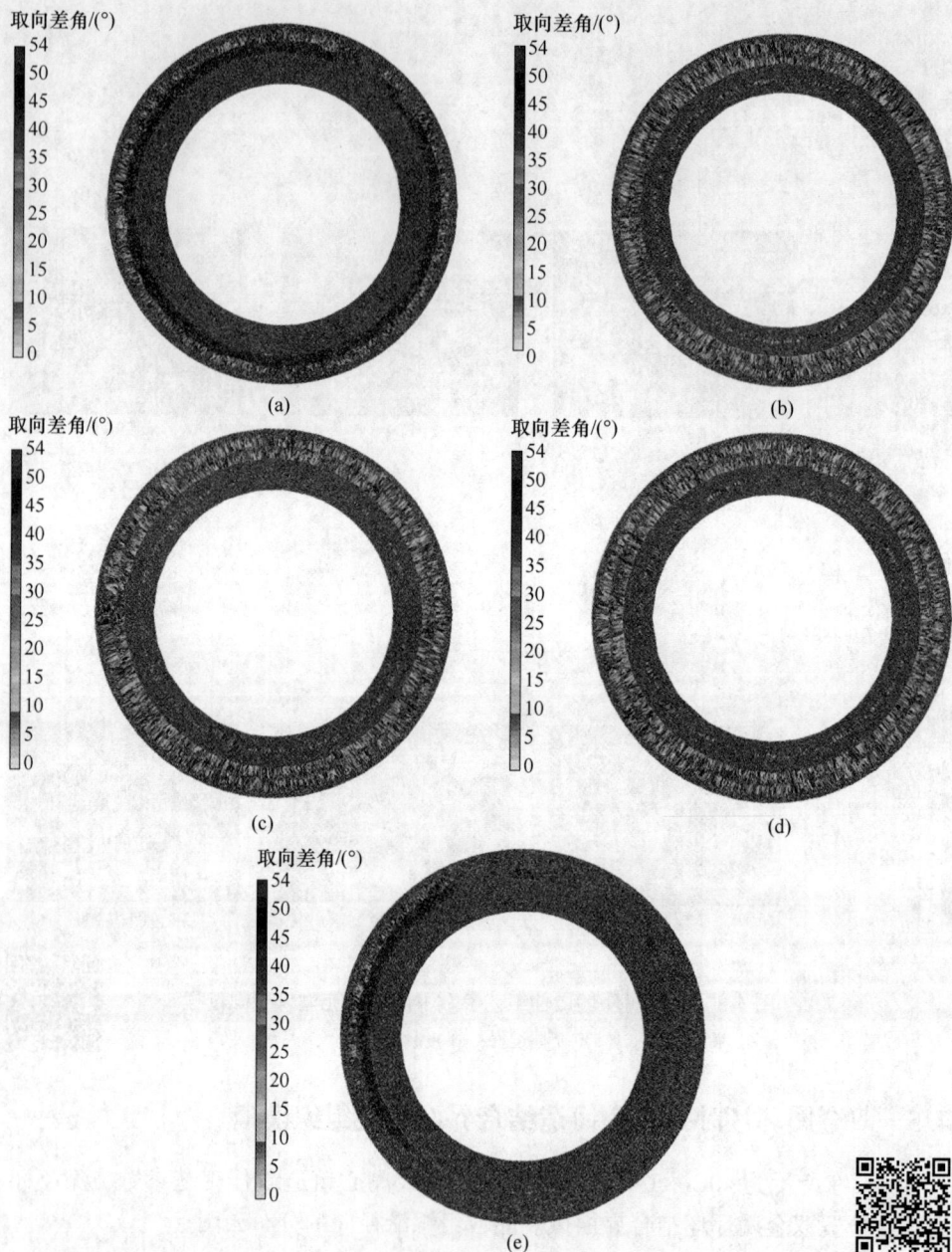

图 4-9   双金属环坯轴向不同高度微观组织模拟

（a）下边界；（b）1/4 高度；（c）1/2 高度；（d）3/4 高度；（e）上边界

扫一扫看
更清楚

成分的过冷度增加，柱状晶向轴晶转变，直到铸坯完全凝固。

　　上下边界区域结合界面的微观组织主要由双金属环坯外层内侧的粗大等轴晶

粒和双金属环坯内层外侧的细小等轴晶粒组成。其中，上边界结合界面左侧的粗大等轴晶粒集中在靠近浇口侧，而远离浇口侧的其他区域晶粒为细小等轴晶粒，这是因为靠近浇口侧的温度较高，大角度晶粒吞噬小角度晶粒长大的现象更加明显。1/4 高度、1/2 高度和 3/4 高度处微观组织演变情况大致相同，结合界面均由双金属环坯外层内侧的柱状晶区和双金属环坯内层外侧的等轴晶区组成。这是因为卧式离心铸造轴向温度分布更加均匀，双金属环坯 1/4 高度到 3/4 高度这一段温度整体较高且温度梯度较低，金属液受铸型的激冷作用大致相同，因此形核情况大致相同。双金属环坯结合界面右侧主要以等轴晶区为主，这是因为内层金属液浇注时外层内表面尚具有较高温度，铸型的冷却强度小，金属液过冷度低，更有利于细小等轴晶粒的形成。

5 基于 Flow-3D 的 40Cr/Q345B 双金属环坯卧式离心铸造工艺

5.1 基于 Flow-3D 的离心铸造数值模拟方法

5.1.1 浇注材料的选取依据

双金属环件材料的选取不仅要根据实际工作情况和工作环境对其性能的要求，还要考虑到两层金属材料结合界面的性能与结合效果，两层金属结合的好坏，直接关系到双金属环件制作的成败。

本书研究的 40Cr 具有高强度，高硬度，以及优良的耐磨性，并且易于加工。Q345 是低合金结构钢，它强度高，焊接性能优越，并且质量稳定，应用十分广泛。两种材料的结合可以应用于航空航天、深海勘探、超高速铁路、军事、石化、风电、核电业等高压、高强度、高腐蚀等恶劣的工作环境中，并且节约金属，低碳环保，具有良好的经济效益。这两种材料的化学成分见表 5-1。

表 5-1　材料的化学成分　　　　　　　（质量分数/%）

分类	$w(C)$	$w(Mn)$	$w(Ni)$	$w(Si)$	$w(P)$	$w(S)$	$w(Cr)$	$w(Cu)$
40Cr	0.37~0.44	0.50~0.80	≤0.030	0.17~0.37	≤0.035	≤0.035	0.80~1.10	≤0.030
Q345	≤0.02	≤1.70	≤0.50	≤0.50	≤0.035	≤0.035	≤0.30	≤0.30

在 JmatPro 中输入 40Cr 和 Q345 的化学成分和各个成分的密度，可以得到它们的物性参数。表 5-2 所示为材料的物性参数。

表 5-2　材料的物性参数

材料	液相温度 /℃	固相温度 /℃	比热容/$J \cdot kg^{-1} \cdot K^{-1}$ 液体	比热容/$J \cdot kg^{-1} \cdot K^{-1}$ 固体	熔化潜热/$J \cdot kg^{-1}$
40Cr	1496	1410	700	638	2.56×10^5
Q345	1520	1450	846	600	2.51×10^5

5.1.2 物理模型的建立

在 Flow-3D 软件中可以导入其他软件建立的几何模型，但是要以 stl. 的格式导入。另外，也可以利用 Flow-3D 软件中自带的几何类型进行建模。本书使用

UG 画出三维几何模型，然后将其导入到 Flow-3D 里。研究的双金属环件的具体尺寸为：外径 360 mm，内径 200 mm，高度 570 mm。铸型的材料为 H-13 钢，厚度为 130 mm，长度为 630 mm。铸型分为端盖、套筒两部分。铸件的外层为 40Cr，内层为 Q345，两端端盖厚度为 30 mm。图 5-1 所示为双金属环坯离心铸造的二维模型图。

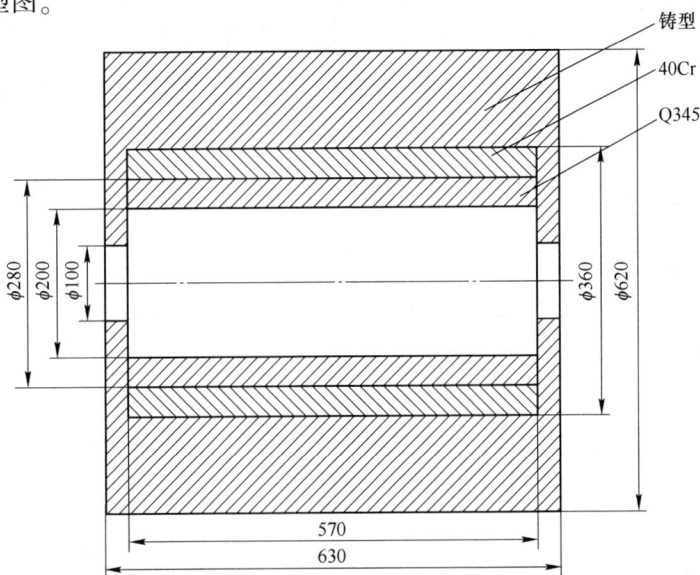

图 5-1　双金属环坯离心铸造二维图

将几何模型建好后，还要创建浇注口。Flow-3D 软件里的"质量源"mass momentum source 窗口可以创建浇注口。在这个窗口可以对浇注口的大小，形状，角度，运动方式等进行设置。在"质量源"窗口中还可以设置浇入的金属液的温度和浇入的速度。注意在定义金属液浇注温度时需要打开传热模型，才能输入数值。图 5-2 所示为建好的三维模型及浇口。

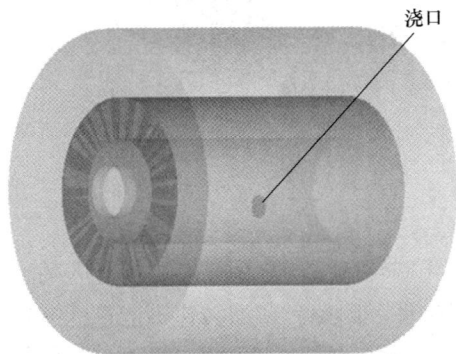

扫一扫看
更清楚

图 5-2　双金属环坯离心铸造三维图

5.1.3 模型的网格划分及边界条件

5.1.3.1 模型的网格划分

Flow-3D 带有网格划分模块，可用于网格划分。本书使用的是笛卡尔网格，以此在 Flow-3D 中进行网格划分。铸件部分采用 0.5 cm 的网格，铸型部分采用 1 cm 的网格。这样可以减小网格，从而减小计算量，但又不影响模拟结果的精度。画好网格后用 FAVOR 检查，图 5-3 所示为 FAVOR 检查后的视图，图中能很好地描绘图形，表明网格划分良好。

5.1.3.2 边界条件

在双金属环坯离心铸造的充型、凝固过程中，两层金属之间，外层金属与型模之间，内层金属与空气之间，型模与空气之间存在边界条件。其中，在外层金属与型模之间的边界条件应该有一个涂层，但是把涂层进行网格划分，会增加计算量和计算时间，因此将涂层简化为型模和铸件之间的换热系数，这样既可以替代涂层的作用，又可以减少计算量。对于两层金属之间，铸件、型模与空气之间的边界条件，在 Flow-3D 软件内部有相应的算法。只需要将铸件、铸型的材料输入进去，它将选择适当的计算方法。如图 5-4 所示，设置边界条件为对称边界。它表示无限远边界，允许气相自由流入和流出。

图 5-3 FAVOR 检查后的视图

扫一扫看
更清楚

图 5-4 边界条件

扫一扫看
更清楚

5.1.4 初始条件

5.1.4.1 铸型旋转速度

卧式离心铸造是利用旋转铸型产生的离心力使浇入的金属液贴紧旋转型腔的内壁，形成空心的环形构件。因此，铸型转速不能过低，低转速会导致低的离心力，克服不了重力的影响，这会导致充型的效果不好，使铸件含有大量夹渣，形成的表面厚度不均，质量较差，更严重的会发生雨淋现象。但是铸型转速也不能太高，铸型转速太高，刚浇入的金属液速度低，两者速度相差大，从而会引起金属液的飞溅。铸型转速太高，导致压力过大，铸件易产生裂纹，并且还会出现偏析、能耗等问题。经过了很多的研究，提出了在不同情况下需要选用的计算离心转速的公式。使用者们，可以根据工作环境、铸造工艺等不同的需求，选用合适的公式。本书中选用的铸型转速的计算公式如下：

$$n = 29.9\sqrt{\frac{G}{R}} \tag{5-1}$$

式中，n 为铸型转速，r/min；G 为重力系数，R 为铸件内半径，m。若在式（5-1）中，假设常数 $c = 29.9\sqrt{G}$，则可将式（5-1）转化为式（5-2）。

$$n = \frac{c}{\sqrt{R}} \tag{5-2}$$

久保田公司的建议，选取 c 值的范围为 180~300，计算所得浇注外层金属时铸型转速范围为 481~802 r/min。

5.1.4.2　金属液的浇注温度

在进行离心铸造时金属液的浇注温度很重要，它对形成的铸件的质量有影响。浇入的金属液温度越高，金属液的黏度越低，金属液的黏度低了，更有利于金属流动，形成表面光滑，厚度均一，质量良好的铸件。另外，金属液的浇注温度越高，金属在固相线温度以上的时间就会延长，金属中各个元素的扩散能力也越高，这十分有利于两层金属之间发生扩散，形成接触强度高的冶金结合。

但是，提高金属液的温度也有不好的一面，会增加吸气量和收缩量，从而使铸件易于产生缩孔、缩松，影响铸件的成形质量。另外，提高浇注温度会使金属液在结晶温度以上停留更长的时间，从而导致晶粒粗大的问题。如果浇注的金属液温度太低，则会出现浇不足、冷隔等问题。所以，必须选取合适的浇注温度。

5.1.4.3　金属液的浇注速度

金属液的浇注速度是影响铸件成形效果十分重要的参数。当金属液的浇注速度低时，一开始流入型腔中的金属液太少，金属液就不能迅速地展开铺展，在型腔中完成布型。并且浇注速度低容易导致金属液在充型过程中的凝固，甚至是在没有流到铸型的另一端前就发生凝固，出现铸件的厚度不均一，表面不光滑，甚至是出现重皮、浇不足等问题。但是浇注金属液的速度也不能太快，太快会引起金属液的胡乱飞溅，影响铸件的成形质量，导致许多的氧化物夹杂和气孔或是其他缺陷的产生。

5.1.4.4　铸型的预热温度

在进行双金属环坯离心铸造工艺前对铸型进行预热，可以使金属的冷却速率变慢，从而使冷却的时间变长，这有利于铸件成形。另外，适当的预热温度将使得更容易在型模的内壁上喷涂涂料。所以，对铸型进行预热对铸件成形质量有利，但是不能使铸型的预热温度过高，过高的温度会使型模弯曲变形的可能性增加。通常，预热温度对铸件的成形效果影响不大，因此本书不研究预热温度。根据生产经验，预热温度取 250 ℃。

5.1.4.5　涂料

在进行双金属环坯离心铸造的过程中，向铸型中喷射涂料是不可缺少的一道工序。涂层对铸造过程起到以下作用：防止铸型产生弯曲变形，对铸型起到保护作用，延长铸型使用的寿命。提高边界换热的能力，降低铸型对浇入的金属液产生激冷作用。涂层具有一定的黏度，这对金属液的径向流动有利。在拔出金属管时，涂层可以防止金属管划伤，以便更顺利地拔出金属管。对涂料的选取要注意以下几点：涂料要具备一定的黏度和绝热作用。还要耐高温，防止高温下涂料脱落、溶解。选择的涂料还要便于清理。由于涂层只有薄薄的一层，所以在离心铸造建模时不对它进行设置。因为如果设置了涂层，则在划分网格时，将会因为网格数太多而增加模拟的时间。涂层在离心铸造过程中主要起到是提高边界的换热能力和减少对铸件产生的激冷作用。因此，在本书中，涂层被简化成换热系数来代替这些功能。

5.1.5　数学模型的建立

5.1.5.1　基本控制方程

金属液体在充型过程中被认为是牛顿流体。牛顿流体在流动过程中必须遵循以下 3 个方程。

（1）Navier-stokes 方程（动量守恒）：

$$\rho\left(\frac{\partial u}{\partial t} + u\frac{\partial u}{\partial x} + v\frac{\partial u}{\partial x} + w\frac{\partial u}{\partial x}\right) = -\frac{\partial p}{\partial x} + \rho F_x + \gamma\Delta^2 u$$

$$\rho\left(\frac{\partial v}{\partial t} + u\frac{\partial v}{\partial x} + v\frac{\partial v}{\partial x} + w\frac{\partial v}{\partial x}\right) = -\frac{\partial p}{\partial y} + \rho F_y + \gamma\Delta^2 v \qquad (5\text{-}3)$$

$$\rho\left(\frac{\partial w}{\partial t} + u\frac{\partial w}{\partial x} + v\frac{\partial w}{\partial x} + w\frac{\partial w}{\partial x}\right) = -\frac{\partial p}{\partial z} + \rho F_z + \gamma\Delta^2 w$$

（2）连续性方程（质量守恒）：

$$D = \frac{\partial u}{\partial x} + \frac{\partial u}{\partial y} + \frac{\partial u}{\partial z} = 0 \qquad (5\text{-}4)$$

（3）能量守恒方程：

$$\rho c\frac{\partial T}{\partial t} + \rho cu\frac{\partial T}{\partial x} + \rho cv\frac{\partial T}{\partial y} + \rho cw\frac{\partial T}{\partial z} = \frac{\partial}{\partial x}\left(k\frac{\partial T}{\partial x}\right) + \frac{\partial}{\partial y}\left(k\frac{\partial T}{\partial y}\right) + \frac{\partial}{\partial z}\left(k\frac{\partial T}{\partial z}\right) + s$$

$$(5\text{-}5)$$

式中，u、v、w 为速度在 x，y，z 坐标轴上的分量；D 为散度；p 为压力；ρ 为密度；

γ 为动力学黏度；F_x，F_y，F_z 分别为单位质量力在 x，y，z 坐标轴上的分量；Δ^2 为拉普拉斯算子。

对这 3 个方程式进行求解，可以得到流体质点速度的大小、温度的变化等，以及具体的位置。

5.1.5.2 VOF 方法

VOF 方法是用来追踪自由液面变化的方法。它设置了流体体积分数函数，即 F 函数。在每个需要计算的网格中定义 F 函数。F 函数表示的是在计算的网格中储存着何种流体，它是一种标量函数。F 函数的表达式如式（5-6）所示：

$$\frac{\partial F}{\partial t} + u\frac{\partial F}{\partial x} + v\frac{\partial F}{\partial y} + w\frac{\partial F}{\partial z} = 0 \tag{5-6}$$

体积函数方法使用体积函数 F 定义每个网格中的流体填充条件。使用 $F = 1$ 指示网格已满，使用 $F = 0$ 指示网格处于空白状态。当 F 在 0~1 时，它是自由表面。假设流场中有一个随机点 (x, y)，则设置函数 $f(x, y, t)$。

（1）当 $f(x, y, t) = 1$ 时，在 (x, y) 点有该相流体质点；

（2）当 $f(x, y, t) = 0$ 时，在 (x, y) 点无该相流体质点；

（3）当 $0 < f(x, y, t) < 1$ 时，(x, y) 点为交界面单元。

5.1.6 模拟方法的确定

5.1.6.1 物理模型的选用

本书模拟主要用到一般运动模型、非惯性坐标系模型、风机叶轮模型、连续旋转铸造模型。一般运动模型可以用来控制铸型的旋转，非惯性坐标系模型可以用来设定重力的方向，风机叶轮模型可以用来控制金属流体的旋转，流入该模型控制区域内的流体都会有一定的轴向速度和旋转速度，这就类似于卧式离心铸造时，金属液体流入铸型中受到的离心力和重力作用。连续旋转铸造模型用来保证即使流入铸型中的金属液体发生凝固，也会随着铸型一起转动。

5.1.6.2 "restart" 功能

在用模拟软件模拟双金属环坯离心铸造工艺过程时，能顺利模拟出内层金属和外层金属发生融合产生过渡层的过程是关键。所以必须在外层金属已有的温度场上浇注内层金属，这样两层金属才会发生融合产生过渡层。使用 Flow-3D 软件的 "restart" 功能可以模拟出这个过程。"restart" 功能中有一个选项：Maintain event status，它表示在事件原有的状态的基础上进行模拟。这样浇注内层金属时就可以继承外层原有的温度场，使得双金属环坯离心铸造数值模拟顺利进行。

5.1.6.3 操作流程

Flow-3D 是一款功能强大的 CFD 软件，主要优势在于对自由表面、物体六自由度运动等方面的精准计算，与其他 CFD 软件相同，Flow-3D 也包含了前处理、求解器和后处理。它的具体操作过程如下。

（1）建立全新的工作区域。在弹出选项框中，命名工作区并选择存储路径。请注意，存储路径不能包含中文，只能包含字母和数字，否则模拟将无法正常运行。

（2）导入模型，注意将模型从 UG 导出时选 stl 格式，导入 Flow-3D 时注意将 global scaling 的数值改为 0.1，因为 Flow-3D 中默认的单位是厘米，而画的三维图中用的是毫米。

（3）设置铸件区域、铸型区域、固体旋转区域三个组件，组件分别定义为固体、风机叶轮、连续旋转铸造。其中前两个需要在相应的界面设置转动，后一个的转动需要在文本编辑器中编辑。

（4）划分网格，注意划分网格前需要将三维模型放正。铸件区域用 0.5 cm 的网格，铸型区域用 1 cm 的网格，画好网格后用 FAVOR 检查。

（5）设置物理模型，勾选卷气模型、流体源模型、重力与非惯性参考系模型、热传递模型、固化模型、黏度和湍流模型等。

（6）输入材料，点击固体材料设置铸型材料为 H-13，点击液体材料设置外层金属的材料为 40Cr。选取 CGS 国际通用单位制，温度单位选取 celsius。注意点击 fluids，将 compressibility 改为 10^{-12}，可以增加模拟的收敛性。

（7）设置浇口，点击质量源 Mass-Momentum Sources 进行设置。设置浇口的具体位置，方向，大小，以及浇注的金属液的温度和浇入的速度。

（8）对输出格式、时间步长等进行设置，设置初始时间布长为 10^{-5}，最小时间布长为 10^{-10}。开始外层浇注。

（9）外层凝固模拟，需启用 restart 功能，注意勾选固化模型中的 activate iron solidification 选项。

（10）重新定义材料，输入内层浇注温度，内层浇注速度等条件，使用 restart 功能，开始浇注内层金属材料。

5.2　双金属环坯外层的模拟结果及工艺优化

5.2.1　确定模拟方案

双金属环坯离心铸造工艺是先浇入外层金属，在此基础上浇入内层金属，高质量的外层铸造是高质量内层铸造的前提。如果外层表面不光滑，厚度不均匀，则将会在浇注内层金属时，对内层金属液的铺展产生负面影响，导致成形效果较差。因此以铸件圆度、铸件厚薄均一程度、铸件表面光滑程度为判断依据，来判定各个影响因素对外层金属成形质量的影响。

此外，研究表明，当金属液浇入型腔时，能迅速铺展开充填型腔，能极大地防止诸如冷隔、重皮等缺陷。另外，当布型时间长时，金属液到不了型腔的另一端就可能凝固，从而导致缩孔甚至浇注不足的问题产生。所以布型速度的快慢是决定成形质量的因素之一。综上，以布型速度、铸件圆度、铸件厚薄均匀程度、铸件表面光滑程度为判断依据，来判定各个影响因素对外层金属成形效果的影响。

根据第 2 章对离心铸造各个工艺参数的研究，可以看出铸型转速，外层金属液的浇注温度，外层金属液的浇注速度对铸件的成形影响较大，而预热温度对铸件成形影响较小。所以不研究预热温度对外层金属成形的影响。另外可以研究一下浇口位置对铸件成形质量的影响，方便确定实际生产中浇口究竟应该在整个管长的哪个位置。所以，本次模拟主要针对铸型转速，外层金属液的浇注温度，外层金属的浇注速度和浇口位置这几个参数对外层金属成形质量的影响进行研究。

根据式（2-2）确定铸型转速，计算出的铸型转速应为 480~800 r/min。为了便于比较，选择了 480 r/min 和 800 r/min 这两个速度进行研究。根据工厂经验，并结合《铸造手册》，选取外层金属液的浇注温度分别为 1560 ℃ 和 1610 ℃ 这两个数值进行研究。通常，在卧式离心铸造工艺中，铸件的增厚速度为 0.5 ~ 1.5 mm/s。本次模拟的铸件厚度为 40 mm，所以浇注时间为 26.67~80 s。分别取浇注时间为 27 s、37 s 和 47 s 进行对比模拟。由前文可知，铸件的长为 570 mm，外径为 360 mm，外层金属厚度为 40 mm，外层金属材料 40Cr 密度为 $6.8×10^3$ kg/m^3，算得所需外层金属液的质量为 155784.192 g，再根据浇注时间，计算得到相对应的浇注速度：5770 g/s、4210 g/s、3315 g/s。浇口位置 L 选取 0.1、0.3、0.4 进行对比（L 指的是浇口距管一端的距离与管长的比值），以此来研究浇口位置对外层金属成形质量的影响。综上，外层金属的模拟方案见表 5-3。

表 5-3 外层金属的模拟方案

实验号	铸型转速/r·min^{-1}	浇注速度/g·s^{-1}	浇注温度/℃	浇口位置 L
1	800	5770	1560	0.3
2	480	5770	1560	0.3
3	800	4210	1560	0.3
4	800	3315	1560	0.3
5	800	5770	1610	0.4
6	800	5770	1560	0.4
7	800	5770	1560	0.1

5.2.2 流动场分析

图 5-5 中显示了方案 1 中外层金属离心铸造过程中的流动状态，可以看出，

时间步: 0.35993　　　　　　　　　时间步: 1.12009

(a)　　　　　　　　　　　　　(b)

时间步: 2.62000　　　　　　　　　时间步: 3.77992

(c)　　　　　　　　　　　　　(d)

时间步: 6.73994　　　　　　　　　时间步: 30.00001

(e)　　　　　　　　　　　　　(f)

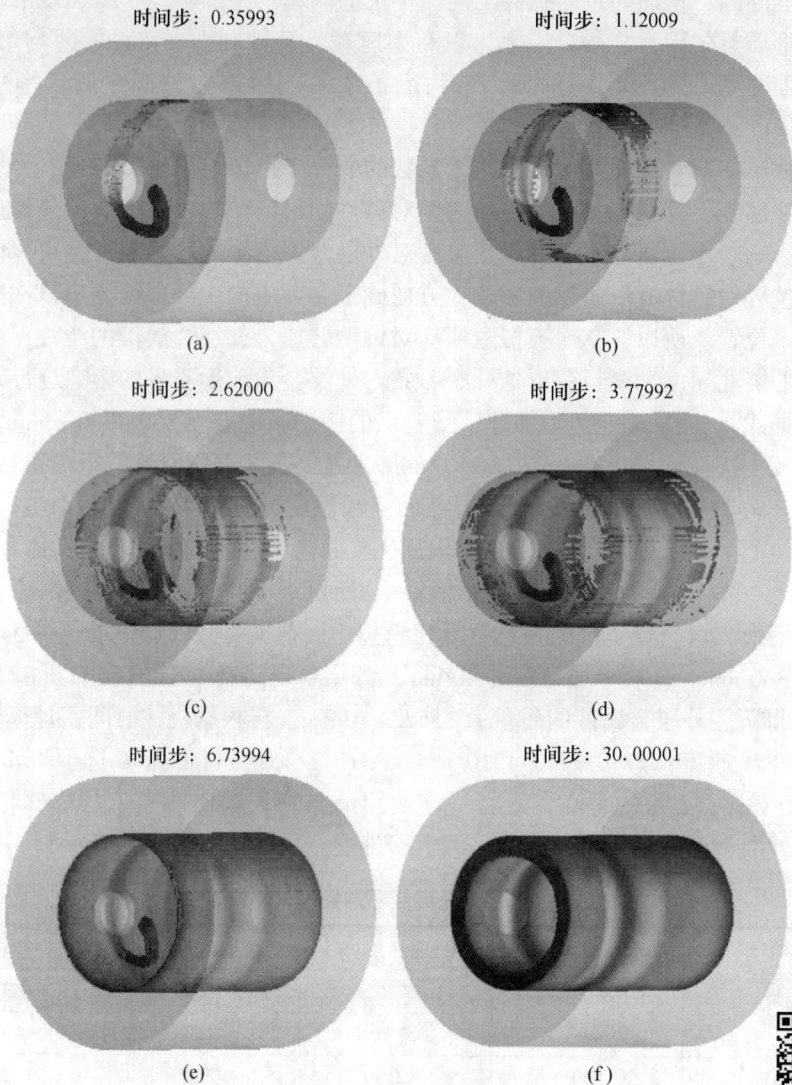

图 5-5　充型过程中的流动场

（a）～（f）各充型过程

扫一扫看
更清楚

当金属液从浇口流出时，有一个轴向速度，以螺旋形的流动轨迹向前推进。这是因为当金属液流入铸型中时，它将在摩擦力、离心力的双重作用下跟随管模以相同的速度高速旋转，再加上在浇铸过程中金属液流出时的轴向速度，导致金属液螺旋前进。该轨迹逐渐延伸到金属液流动方向的一侧，然后一部分金属液将沿着与金属流动相反的方向流动，形成螺旋流动轨迹，直到布满型腔为止。可以从图 5-5 中看到，金属液在 6.74 s 时完成布型。完成布型后，金属液将继续在原有的布型层上继续运动，一层层充型，直至增厚到 40 mm 停止浇注。一开始可以看到浇注的金属液并不相互粘连。持续浇入的外层金属液在高速旋转的铸型产生的离心力的作用下会逐渐将空隙的地方铺满，使金属液连接在一起，形成连续的铺展。此时金属液表面并非光滑的，而是呈现出凹凸不平的现象。在铸型的不断转动下，加上金属液的不断补充，金属液在型腔里流动，使铸件表面更光滑，铸件的厚度更均匀。当不再浇入金属液后，管模仍在一定时间内保持较高的速度，以使管模内部的金属在离心力的作用下更加均匀化，铸件表面更加光滑平整。

5.2.3 铸型转速的影响

图 5-6 所示为铸型转速为 800 r/min 和铸型转速为 480 r/min 时模拟结果对比

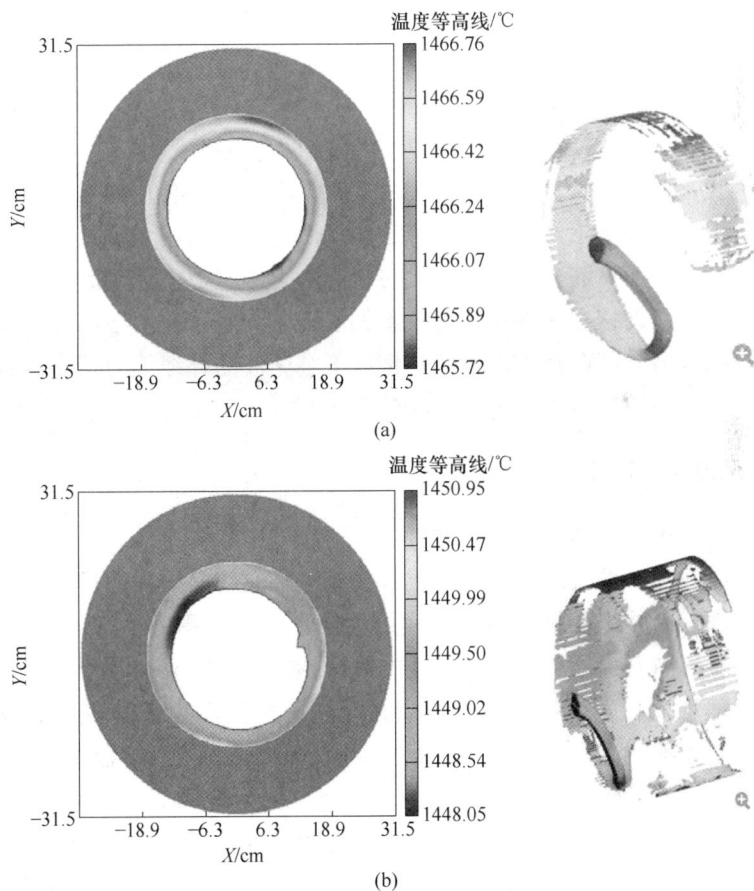

图 5-6 铸型转速 800 r/min 和 480 r/min 模拟
结果下的剖面圆及充型过程中的螺距图对比

（a）800 r/min；（b）480 r/min

扫一扫看
更清楚

图。可以看到，当铸型转速为 800 r/min 时，形成的圆度规则且厚度均一，而铸型转速为 480 r/min 时，形成的圆明显上端厚下端薄，存在偏心现象。从运动轨迹来看，铸型转速 800 r/min 比铸型转速 480 r/min 形成的螺距小。螺距的计算式为：

$$s = v_x \frac{2\pi R}{v_t} \tag{5-7}$$

$$v_t = \beta R\omega$$

其中，s 为螺距；v_x 为轴向速度；R 为铸型半径；v_t 为切向速度；ω 为角速度；β 为速度损失比。由式（5-7）可以看出铸型转速较低时，形成的螺距较大，铸型转速增加，螺距会减小。螺距越小，金属液越能相互粘连，连续铺满，就越能形成均一的表面，提高离心铸造法生产出的铸件的质量。另外，铸型转速过低，会形成偏心圆，导致圆的上端明显比下端厚，理论上铸型内壁面压力计算公式为：

$$P = F_{离} + G\sin\theta = mr\omega^2 + mg\sin\theta \tag{5-8}$$

其中，P 为压力；$F_{离}$ 为离心力；G 为重力；θ 为旋转角度；m 为质量；r 为半径；ω 为角速度。由式（5-8）可以看出，当铸型转速小时，由于重力作用导致的铸型上端比下端压力小的现象不能忽视，金属液会从压力大处向压力小处流动，使得金属液上部厚，下部薄，而当铸型转速大时，离心力的增大，可以减小由重力带来的压差的影响，所以铸型转速增加会改善偏心现象。由于在离心铸造过程中金属液承受很大的压力，因此在离心铸造的情况下金属液的补缩能力得到增强，与重力铸造相比，离心铸造可以获得更致密的组织。

5.2.4　金属液浇注速度的影响

图 5-7 所示分别为浇注速度为 5770 g/s，4210 g/s 和 3315 g/s 时模拟结果对比情况。可以看到，较大浇注速度形成的金属液轴向剖面图表面均一光滑，形成了良好的表面，而较小的浇注速度形成的表面不光滑，厚度不均匀。这是因为，浇注速度越慢，布型速度越慢，金属液的流动越慢，当在某一点停留时间长，造成金属液局部堆积，发生凝固，凝固后的金属不再流动，会使铸件的厚度不均匀，有时甚至无法流到铸型的另一端就会凝固，导致浇不足的现象产生。另外从图 5-7（c）中可以看到，在浇注速度为 3315 g/s 时形成的表面两端厚中间略薄，这是因为铸件两端温度低，中间温度高。当浇注速度过慢，浇注时间过长，过长时间导致两端冷却发生凝固，凝固后的液体不再向中间流动，而中间浇点位置由于温度较高，液体会继续向两端流动，所以导致中间的厚度略薄。综上，选取 5770 g/s 的浇注速度。

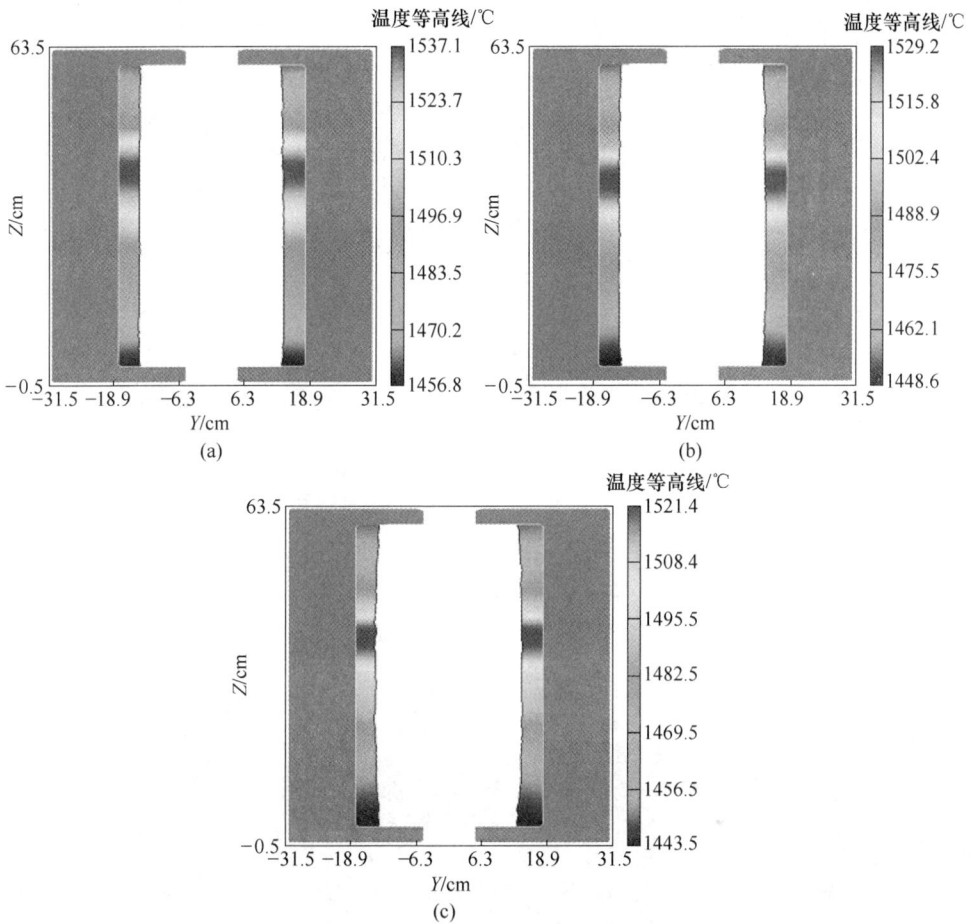

图 5-7　浇注速度为 5770 g/s，4210 g/s 和 3315 g/s 时模拟结果下的轴向截面

(a) 5770 g/s；(b) 4210 g/s；(c) 3315 g/s

5.2.5　浇口位置的影响

　　在浇注过程中浇口位置也很重要。如图 5-8 所示，当浇口位置 L 为 0.4，使落下的浇点在中间位置时，在布型速率方面，金属液在 6.64 s 就能够布满型腔，浇口位置 L 为 0.3 时，金属液在 6.74 s 能够布满型腔，而浇口位置 L 为 0.1，浇点在边上位置时，金属液在 7.6 s 才能够布满型腔。

　　如图 5-9 所示，从金属液随时间历程的流态云图中可以看到，当浇点于中间位置时，浇注过程中金属液几乎朝两个端点同时铺展，而图 5-10 中浇点在边上位置时，金属液从铸型的一端流向另一端。由于两种方案的铸型转速相同，所以在初始阶段，金属液的铺展速度基本相同，而浇口位置 L 为 0.4 时金属液几乎是

时间步: 6.63996

温度/℃
1560.000
1546.608
1533.217
1519.825
1506.433
1493.042
1479.650

(a)

时间步: 6.74001

温度/℃
1560.000
1546.162
1532.323
1518.485
1504.647
1490.808
1476.970

(b)

时间步: 7.60002

温度/℃
1560.000
1545.507
1531.013
1516.520
1502.027
1487.533
1473.040

(c)

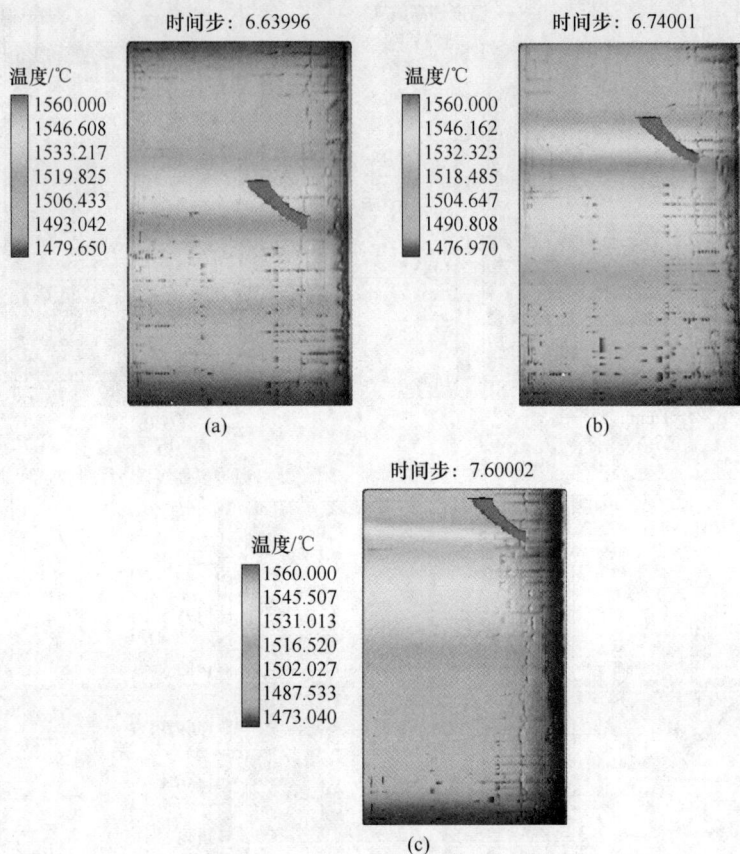

图 5-8   不同浇口位置布型速率对比

(a) 浇口位置 L 为 0.4；(b) 浇口位置 L 为 0.3；(c) 浇口位置 L 为 0.1

向铸型的两端同时流动，而浇口在边上位置时金属液只是朝一个方向流动，所以浇口位置 L 为 0.4 时金属液更早地铺满了整个型腔。

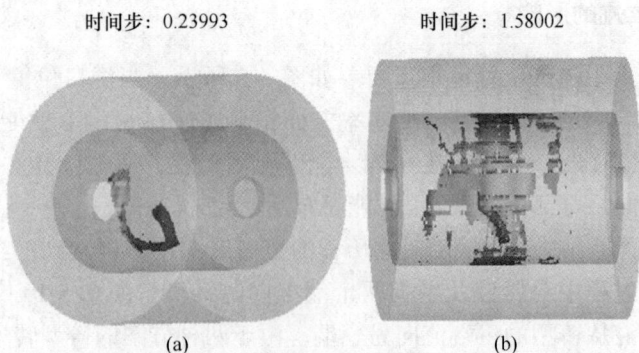

时间步: 0.23993

时间步: 1.58002

(a)

(b)

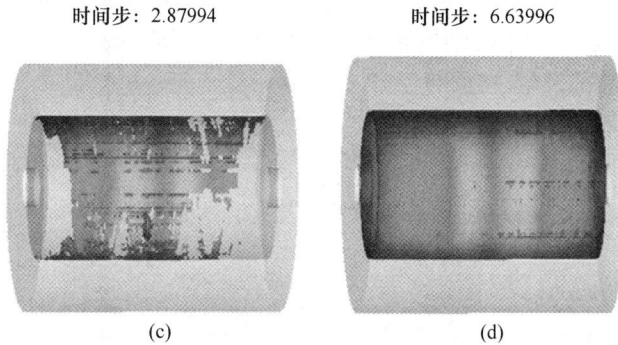

时间步: 2.87994   时间步: 6.63996

(c)   (d)

图 5-9   浇点在中间位置时充型过程

(a) ~ (d) 充型过程

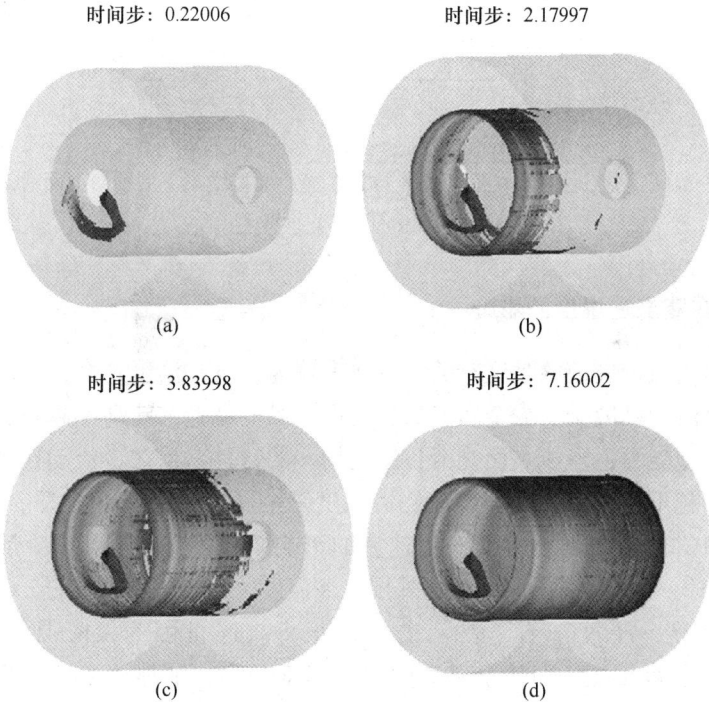

时间步: 0.22006   时间步: 2.17997

(a)   (b)

时间步: 3.83998   时间步: 7.16002

(c)   (d)

图 5-10   浇点在边上位置时充型过程

(a) ~ (d) 充型过程

从厚度是否均一来看，如图 5-11 所示，当浇点在中间位置时，布满型腔时，金属液的厚度均一，而浇点在边上位置时，金属液布满型腔时，厚度不均匀，存在一定的锥度。这说明在离心铸造的过程中，靠近浇口位置的金属液厚度更容易保证。所以选取浇口距管一端的距离是整个管长的 0.4 倍为最佳。此时浇口位置使浇点处在铸件的中心的位置, 这样金属液几乎向铸型的两端同时流动, 加快布型速度, 从而减少铸件两端的温差, 形成圆度规则, 厚度均一的质量良好的铸件。

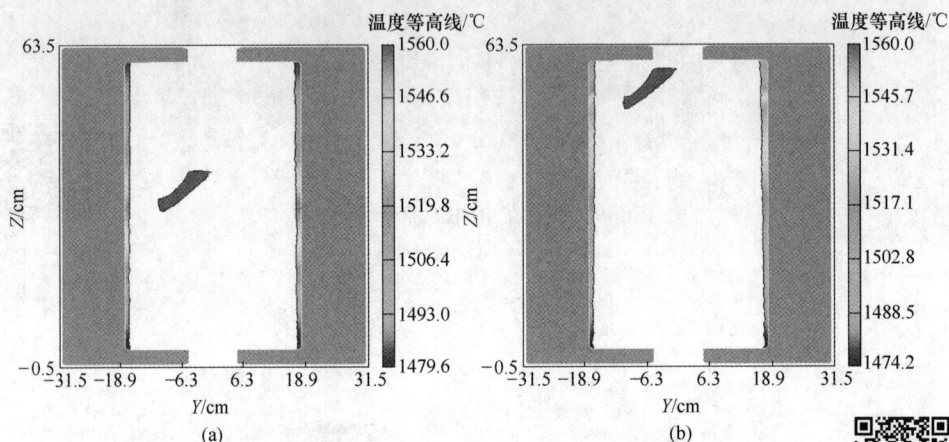

图 5-11 浇点位置在中间、浇点位置在边上模拟结果下的轴向剖面对比
（a）浇点在中间；（b）浇点在边上

扫一扫看
更清楚

5.2.6 金属液浇注温度的影响

浇注温度与金属液的黏度有关。具体表现为, 浇注温度越高, 金属液的黏度越低。金属液的黏度会影响金属液的流动性, 黏度越低, 流动性越好, 从而增强金属液的充型能力, 形成表面光滑, 厚度均一的铸件。反之, 流动性越差, 铸件的形成质量越不好。较高的金属液浇铸温度是金属液达到良好充型的有利条件。从图 5-12 中来看, 浇铸温度对布型速率的影响效果不是很明显, 外层浇注温度为 1610 ℃时, 在 6.4 s 充满型腔, 外层浇注温度为 1560 ℃时, 在 6.64 s 充满型腔。再从圆度, 厚度来看, 差别也不是很大。这是因为, 模拟的铸件只有 570 mm 长, 长度较短, 即使金属液的浇注温度越高, 液体流动性越高, 金属液能更快地充满型腔, 但是对长 570 mm 的管起到的作用也不是很明显。另外, 外层浇注温度过高会延长金属液的冷却时间, 而内层金属是在外层金属冷却到一定程度再浇入的, 这就会影响内层金属的充型, 使整个工艺的浇注时间变长, 不利于节能环保, 降低了生产效率。所以相较于 1610 ℃时布型效率和圆度都差别不大的情况下选取外层的浇注温度为 1560 ℃合适。

综上获得的优化的工艺参数见表 5-4。

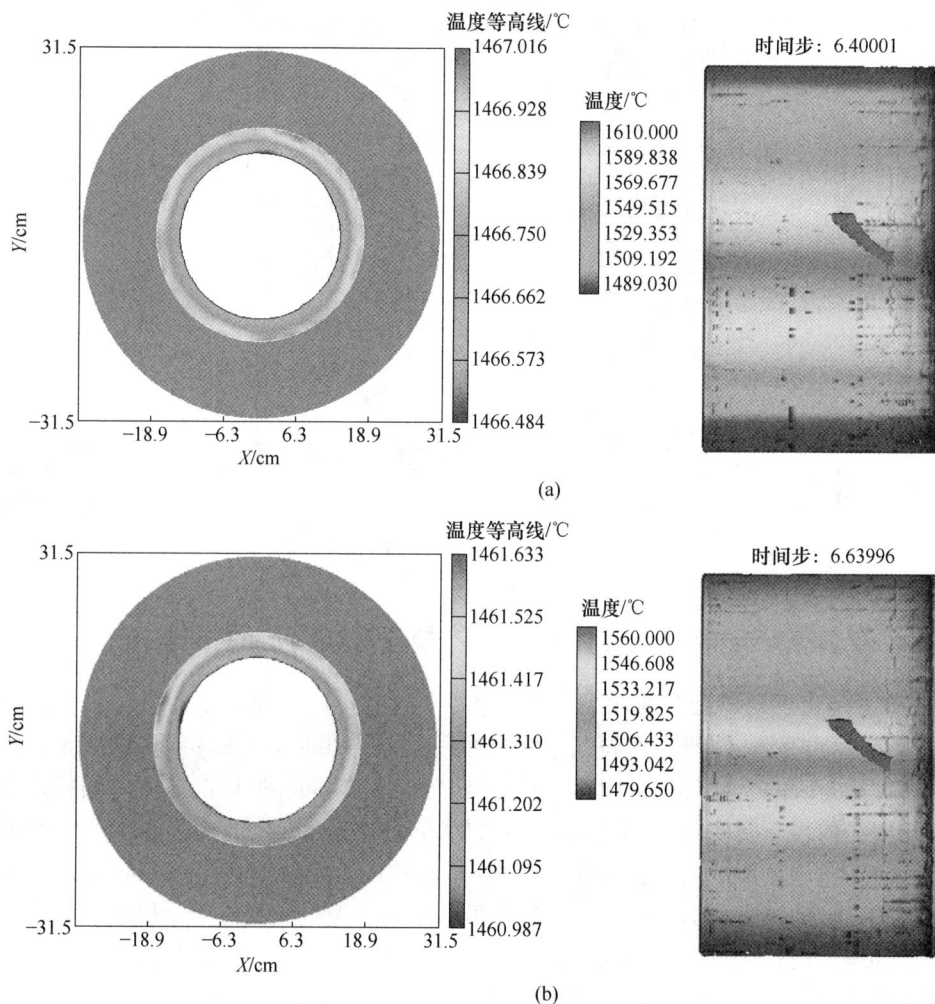

图 5-12 金属液 1610 ℃、1560 ℃模拟结果下的剖面圆及其充型过程中的轴向截面

(a) 1610 ℃；(b) 1560 ℃

表 5-4 浇注外层金属 40Cr 优化的工艺参数

工艺参数	铸型转速/r·min⁻¹	浇注速度/g·s⁻¹	浇注温度/℃	预热温度/℃	浇口位置 L
数值	800	5700	1560	250	0.4

优化后的工艺参数下的模拟结果如图 5-13 所示，可以看到轴向截面的厚度基本均匀，从图 5-12 中的剖面圆也可以看到圆度规则，表明优化后的工艺参数能形成良好的外层。

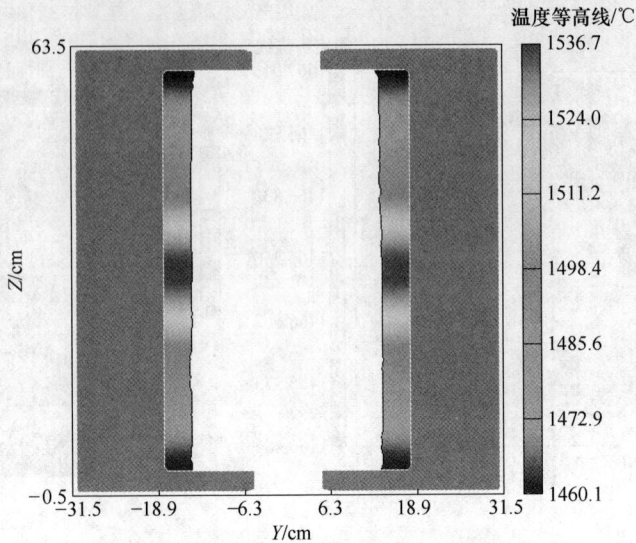

图 5-13　优化的工艺参数下的轴向截面

5.3　双金属环坯内层的浇注及其工艺参数对结合层的影响

　　5.2 节已经对外层金属的成形过程进行了优化，在此基础上对内层金属的浇注过程进行模拟，并研究不同工艺参数对两层金属间结合层的影响。两层金属的厚度都是 40 mm，并且长度相同，平均增厚速度也相同，所以浇注的时间可以保持相同，内层金属的浇注速度的计算结果为 4391 g/s。对于内层金属的转速而言，由于内层金属的内半径为 0.1 m，所以转速的范围为 570~960 r/min，从第 4 章可知，转速越大成形效果越好，但是第二层的转速过大会对第一层形成的表面进行冲刷，所以还是选取和第一层一样的转速 800 r/min。对于两层金属间的换热系数而言，Flow-3D 软件中自带有相应的算法，只要将内外层材料设置成 Q345 和 40Cr，Flow-3D 软件会自动有相应的设置。所以在浇注内层时，换热系数不进行设置。

　　在双金属环坯离心铸造工艺过程中，保证两层金属能够高质量的结合是关键。它是判断离心铸造工艺是否成功的依据。因此，本章对双金属复合界面结合机理进行分析，并以此为判据，判断不同参数对双金属结合层的影响。

5.3.1　双金属环坯复合界面结合机理

　　内层金属在浇注过程中会释放大量的热量，并将热量传递给外层金属，导致外层金属升温。当外层金属吸收的热量不足以使其温度达到固相线的时候，外层金属是固体状态，这时内层和外层金属之间是机械结合，结合强度较差。当外层金属的温度高于液相线温度时，外层金属是液体状态，导致与内层金属发生混流，这不是双金属结合所需要的效果。同时过高的温度也会导致晶粒粗化，影响双金属环坯的使用性能。当外层金属的温度位于固相线和液相线温度之间时，外层金属是熔融的状态，受离心力作用，与内层金属发生扩散。由阿伦尼乌斯（Arrhenius）方程：

$$D = D_0 \exp\left(-\frac{Q}{RT}\right) \tag{5-9}$$

其中，R 为气体常数；Q 为激活能；T 为热力学温度；D_0 为扩散常数；D 为扩散系数。

由式（5-9）可知扩散与温度有关。温度越高，扩散系数越大，原子就越有能量突破原有的晶格向界面结合处扩散，形成良好的结合层。

所以外层金属温度应高于固相线并且尽可能接近液相线，促进扩散的同时，又不至于发生混流，形成良好的冶金结合。

另外，延长外层金属温度在固相线和液相线之间的时间对结合层的形成也有帮助。延长外层金属温度在固相线和液相线之间的时间相当于延长扩散时间。

$$x = c\sqrt{Dt} \tag{5-10}$$

其中，t 为扩散时间；D 为扩散系数；c 为几何因素所决定的常数；x 为原子扩散过程中的平均距离。

可知，扩散时间与扩散距离有关。扩散时间越长，原子扩散的距离越远，结合层的宽度就越宽，使两层金属之间结合得更牢固。但是，也要注意当过渡层达到一定厚度后，保温时间再长也不会对过渡层有明显的影响。

综上所述，要想得到良好的界面，外层金属的温度应该升高到固相线温度以上液相线温度以下，且温度应该尽可能接近液相线，同时接近液相线的时间不能过短，增加扩散时间。对外层金属受热达到固相线温度以上液相线温度以下的区域进行定义，称这块区域为温度熔融区。在浇注内层金属时还要保证外层金属的温度熔融区不能太靠外，影响外层金属的尺寸。只有在保证外层金属尺寸的前提下增加结合层的厚度，这样才能形成结合层结合强度高、性能良好的双金属环件。

对复合界面影响很大的因素是内层浇注温度和浇注内层时外层的冷却温度。因此主要对这两个因素进行分析，以对结合层的影响为判据，来判断双金属环件的成形质量。

5.3.2 浇注内层时外层冷却温度的计算

浇注内层金属时外层的冷却温度是双金属环坯离心浇铸工艺过程中十分重要的参数，必须要进行十分严格的控制。如果浇注时，外层冷却温度过高，内外层金属之间会发生混流,从而致使铸件的性能、质量的降低。如果浇注时,外层冷却温度过低,内层金属 Q345 释放的热量无法使外层金属 40Cr 达到固相线以上,两层金属之间就达不到冶金结合,从而导致结合的质量较差。国内、国外,针对浇注内层金属时外层金属应有的冷却温度发表了很多文章。吴振卿等人于 2002 年,对镶铸复合工艺进行研究,提出了关于计算外层冷却温度的公式。该公式具有很强的理论依据,得到很多人的认可,引用率也很高,具有很大的参考价值。结合本书双金属环坯的离心铸造工艺,可以获得相应的计算方法。

假定,T_k 为外层金属的冷却温度。将浇注温度是 T_0 的内层金属液浇入型腔中。并且假定内层金属液在充型时是瞬间充满,并释放出大量的热量。设内层金属液释放出来的热量可以使两层金属之间发生良好结合,形成过渡层的热量为 Q_1,它是由两个部分组成的:内层金属液释放的过热热量 H_0 和内层金属液凝固过程中所释放出的凝固潜热 L_0 的三分之一,可以通过计算得到此时金属液所释放的最大热量应为:

$$Q_1 = \pi \rho_0 l (R_1^2 - R_2^2) \left(\frac{L_0}{3} + H_0 \right) \tag{5-11}$$

式中,$H_0 = c_0 (T_0 - T_1)$,c_0 为内层金属比热容,$J/(kg \cdot ℃)$;T_1 为内层金属的液相线温度,℃;ρ_0 为内层金属密度,kg/m^3;l 为铸件长度,m;R_1,R_2 为内层金属的外径和内径,m;L_0 为内层金属凝固潜热,J/kg。

假设,T_s 代表外层金属固相线温度,将内层金属浇入铸型的过程中,外层金属会吸收大量的热,使得外层金属的温度到达固相线温度,然后表面会慢慢熔化,处于熔融状态,和内层金属发生相互扩散,最后形成良好的结合层。外层金属从一开始的温度达到熔化的温度需要的能量为 Q_2,它由两个部分组成:第一部分是外层金属从一开始的温度 T_k 升到固相线温度 T_s 所需要吸收能量 H_1,第二部分是外层金属熔化所需要吸收的熔化潜热 L_1 的 1/5,可以通过计算得到此时外层金属液所吸收的最大热量应为:

$$Q_2 = \pi \rho_1 l (R_3^2 - R_1^2) \left(\frac{L_1}{5} + H_1 \right) \tag{5-12}$$

其中,ρ_1 为外层金属密度,kg/m^3;R_3,R_1 外层金属外径和内径,m;L_1 为外层金属熔化潜热,J/kg;$H_1 = c_1 (T_s - T_k)$,c_1 为外层金属比热容,$J/(kg \cdot ℃)$。

由热平衡原理:$Q_1 = Q_2$,计算出外层金属的冷却温度为:

$$T_k = T_s - \frac{\rho_0 (R_1^2 - R_2^2) \left[\frac{L_0}{3} + c_0 (T_0 - T_l) \right]}{\rho_1 c_1 (R_3^2 - R_1^2)} + \frac{L_1}{5 c_1} \tag{5-13}$$

于是,通过计算,可以得到浇注内层时外层金属的冷却温度 T_k。通过对外层金属接续做凝固降温,可以得到一条外层金属的降温曲线,如图 5-14 所示,从图中可以看出，外层金属温度先缓慢降温，然后降温速率加快。根据该曲线，可以找到外层冷却温度 T_k 所对应的时间，而该时间是浇注第二层金属时，restart 选择的接续时间。尽管公式（5-13）做出了某些假设，但它仍然具有一定的参考值，可以在数值模拟中用来计算外层金属的冷却温度。

根据铸造手册及生产经验，选取 1580 ℃作为内层金属 Q345 的浇注温度，由经验公式（5-13），计算可得，外层温度冷却到 1350 ℃时，浇注内层金属能使两层金属之间达到冶金结合。根据外层金属的降温曲线可以看到当铸件的温度为 1350 ℃时，对应的接续时间为 297 s。

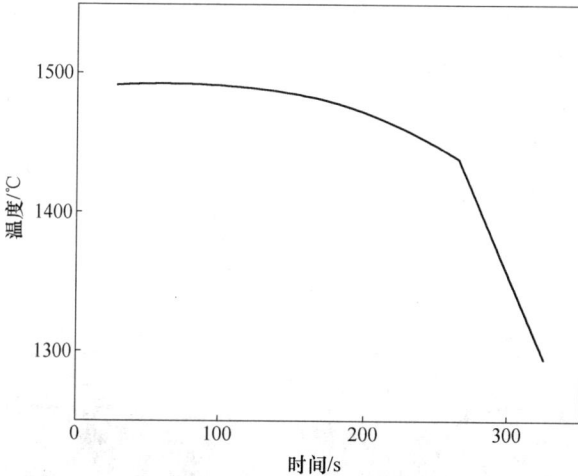

图 5-14 外层金属降温曲线

5.3.3 外层金属冷却温度对结合层的影响

首先选取计算所得的外层金属冷却温度 1350 ℃进行模拟。图 5-15（a）所示为在外层金属冷却温度 1350 ℃时，双金属环坯浇点处的横截面温度云图。在横截面温度云图中，N 指示部分是高温区表示内层金属，W 指示部分是低温区表示外层金属，Z 指示部分是两层金属之间的过渡区，从图 5-15（a）中可以看到，外层金属的内表面受内层金属的传热作用，温度升高到了固相线 1410 ℃以上，说明处于熔融状态，而外表面温度低于固相线，说明内层金属 Q345 并没有贯穿 40Cr 金属的外层。这是双金属结合所需要的。另外从图中看到铸件的温度梯度呈定向的分布，可以推断铸件是定向凝固。

图 5-15（b）所示为双金属环坯浇点处横截面固体分数云图，从该图能够直观地看出，双金属环坯的固体区域，液体区域，以及两层金属之间熔融区域的具体位置。在图 5-15（b）中，N 指示的区域是液体表示内层金属，W 指示的区域是固体表示外层金属，Z 指示的区域是两层金属之间的过渡区。从图 5-15（b）

中可以看到，外层金属与内层金属之间的结合区域大致位于两层金属中间，且结合区域界限明显，无孔隙，说明结合良好。另外，可以看到外层金属只有内表面薄层处于熔融状态，绝大部分处于固态，这表明两层金属既发生了冶金结合，又保证了外层金属的尺寸，不影响外层 40Cr 使用时整体的耐磨性。

　　图 5-15（c）所示为双金属环坯横截面固体分数云图对应的横向上双金属环坯温度随距离的变化曲线，曲线选取距离的坐标原点在双金属环坯横切面的中心，如图 5-15（c）左图所示。图 5-15（c）中 14 ~ 18 cm 是浇注的外层金属，10 ~ 14 cm 是浇注的内层金属。从曲线可以看到内层金属 Q345 的温度趋于平缓，外层金属的温度呈梯度，先迅速降温，后缓慢降温，这是由于浇注内层金属时的热传递作用。外层金属的温度有一小部分比液相线温度高，根据界面结合的原理，说明有混流现象产生，但是它高于液相线温度距离很短为 2.6 mm，说明发生混流的程度并不高。外层金属中高于固相线温度即发生熔融的区域有 6.5 mm。

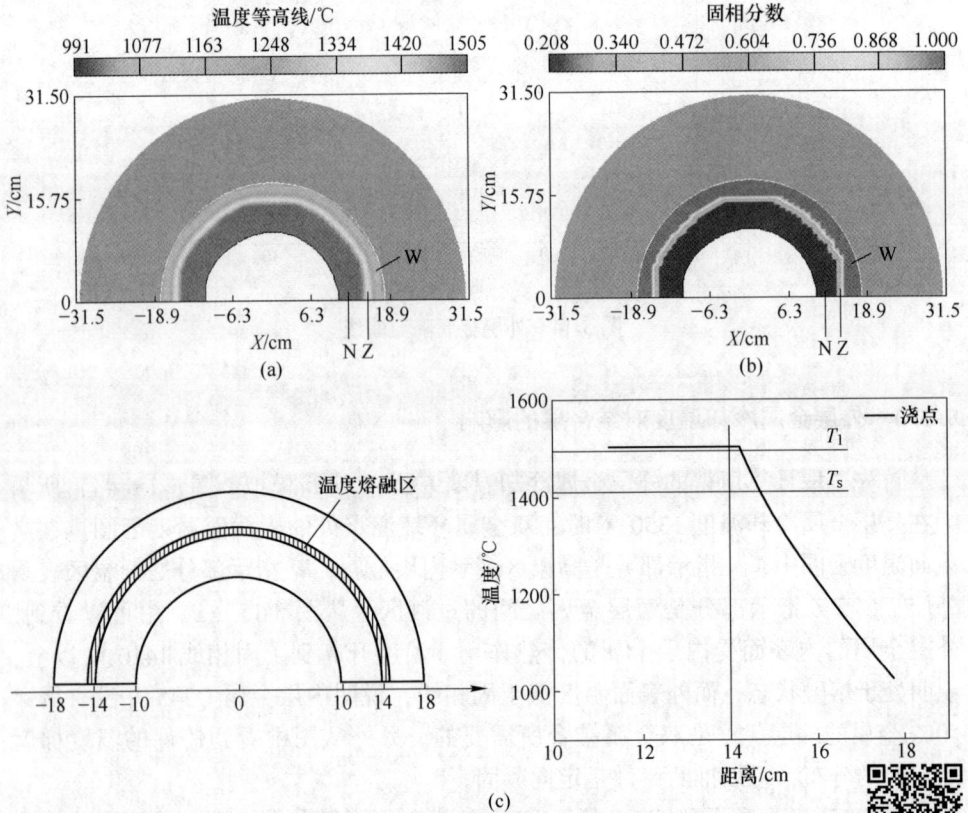

图 5-15　外层金属冷却温度为 1350 ℃时，双金属环坯浇点处
（a）横截面温度云图；（b）横截面固体分数云图；（c）横截面温度曲线图

　　图 5-16（a）所示为外层金属冷却温度为 1350 ℃时，双金属环坯端点处的横截面温度云图。从双金属环坯横截面温度云图中可以看出，外层金属内表面温度高于固相线温度，根据界面结合原理，说明处于熔融状态，且外表面温度低于固相线，符合双金属冶金结合的要求。图 5-16（b）为双金属环坯端点处横截面固体分数云图。从横截面固体分数云图可以看出，外层金属与内层金属之间的结合区域大致位于两层金属中间，且结合区域界限明显。外层金属与内层金属之间的结合区有个小孔隙，说明此处结合效果较差，但整体结合区界限明显且无孔隙，所以从整体来看结合良好。图 5-16（c）所示为双金属环坯横截面固体分数云图对应的横向上双金属环坯温度随距离的变化曲线，从图中可以看出，外层金属温度距离液相线还有一段距离，并没有超过液相线温度。根据界面结合原理，说明并没有发生混流，同时外层金属温度有一小部分比固相线温度高，但是比液相线温度低，根据界面结合原理，说明这部分的金属是熔融的状态，是发生冶金结合所需要的，这部分温度熔融区的尺寸为 4 mm。

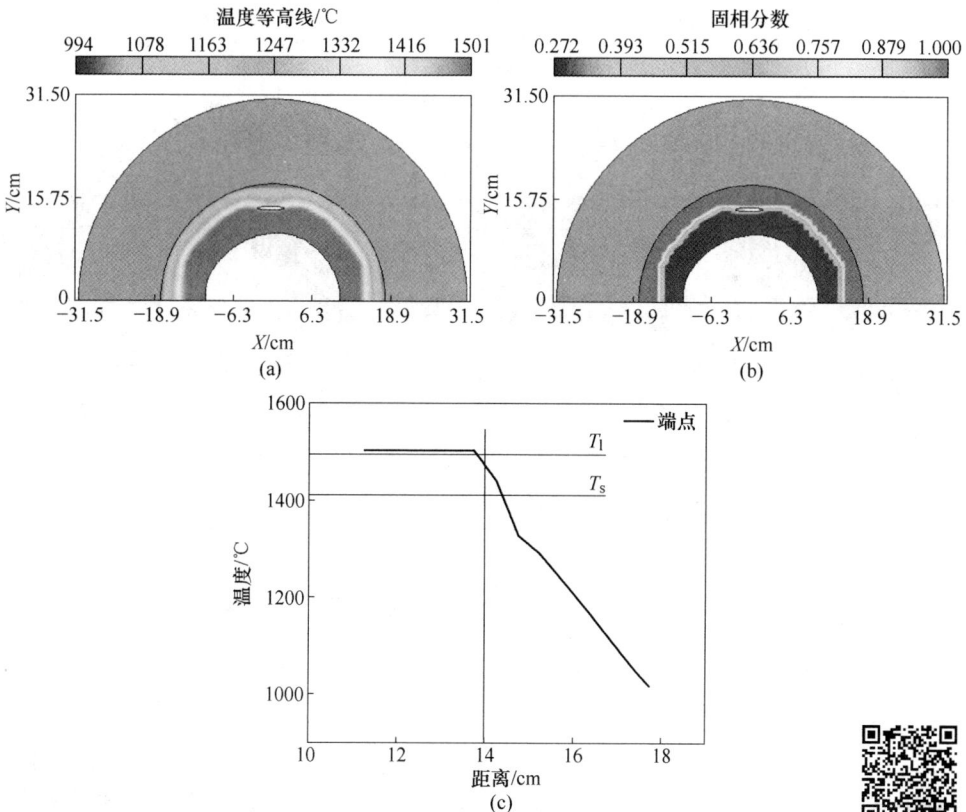

图 5-16　外层金属冷却温度为 1350 ℃时，双金属环坯端点处
（a）横截面温度云图；（b）横截面固体分数云图；（c）横截面温度曲线图

扫一扫看
更清楚

　　为了更好地讨论不同外层金属冷却温度对整体质量的影响，确定在外层金属冷却温度 1350 ℃时浇注是否合适，选取外层金属冷却温度分别为 1320 ℃和 1380 ℃，进行对比，得到的结果如下。

　　图 5-17（a）所示为外层金属冷却温度为 1320 ℃时，双金属环坯浇点处的横截面温度云图。从横截面温度云图中可以看出，外层金属的内表面有一些地方温度没有超过固相线温度，不处于熔融状态，表明两层金属间结合不好。图 5-17（b）所示为双金属环坯浇点处横截面固体分数云图。从横截面固体分数云图可以看出，两层金属的界面结合处存在很多小孔隙，结合质量差。从图 5-17（c）双金属环坯横截面固体分数云图对应的横向上双金属环坯温度随距离的变化曲线可以看出，外层金属的最内层即与内层金属直接接触的表面，温度距离液相线温度有一定的差距，相比于在外层金属冷却温度为 1350 ℃时的浇点处温度距离液相线温度更远，同时，它的温度熔融区只有 2.7 mm，这也是有更多孔隙产生的原因。这也表明结合的效果十分不好。

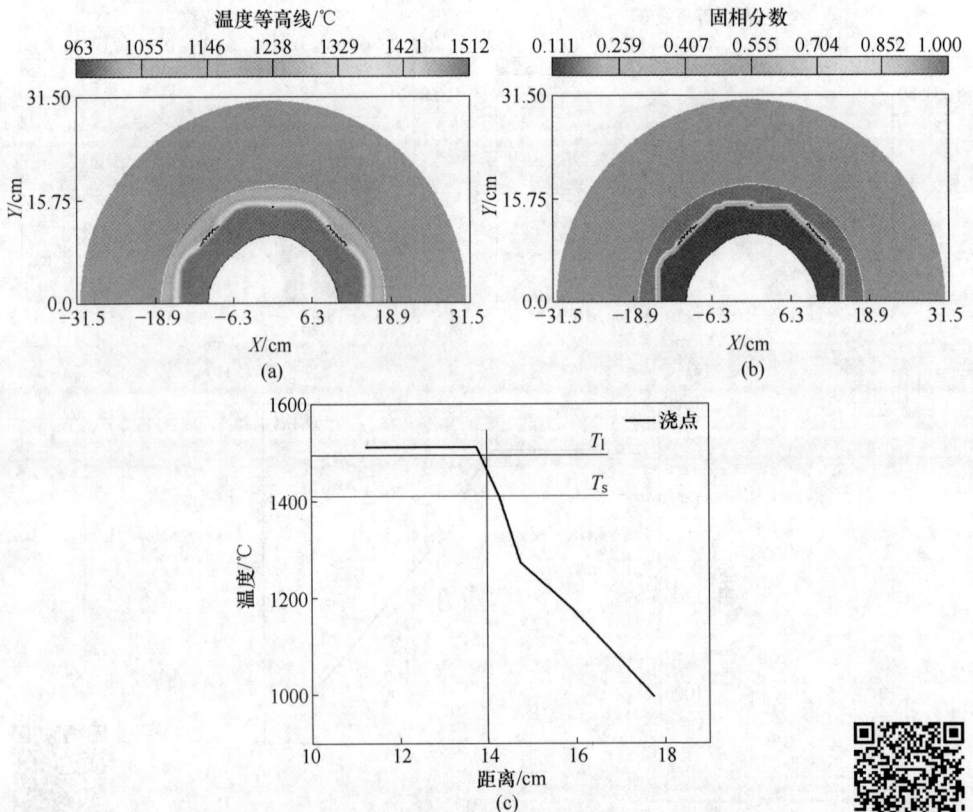

(a)

(b)

(c)

图 5-17　外层金属冷却温度为 1320 ℃时，双金属浇点处

(a) 横截面温度云图；(b) 横截面固体分数云图；(c) 横截面温度曲线图

扫一扫看
更清楚

　　图 5-18（a）所示为外层金属冷却温度为 1320 ℃时，双金属环坯端点处的横截面温度云图。从横截面温度云图中可以看出，外层金属的内表面大部分没有超过固相线，两层金属之间存在明显间隙，几乎没有结合。图 5-18（b）为刚浇注完成后双金属环坯端点处横截面固体分数云图，可以看出，两层金属固液相分界十分明显，几乎没有结合区域，有大量的孔隙产生。从图 5-18（c）双金属环坯横截面固体分数云图对应的横向上双金属环坯温度随距离的变化曲线可以看出，外层金属的最内层即与内层金属直接接触的表面，其温度远没有达到液相线温度，且外层温度达到固相线温度以上，液相线温度以下的尺寸也很短，只有 2.1 mm。这是导致两层金属固液相分界明显，几乎没有结合区的原因。

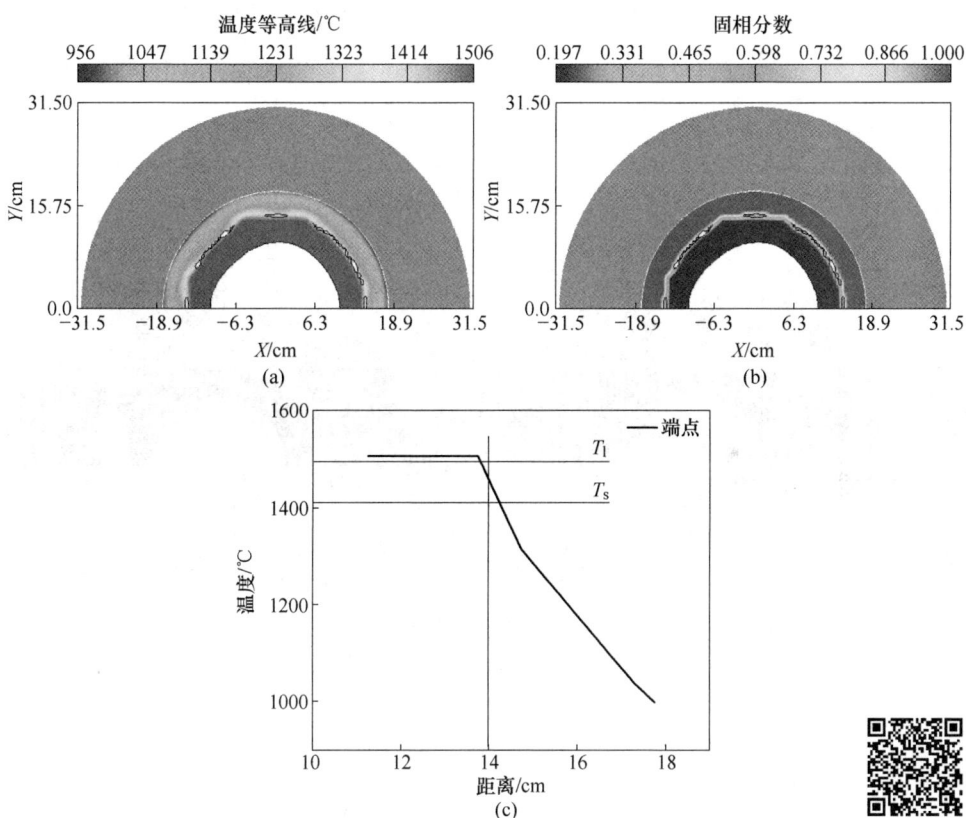

图 5-18　外层金属冷却温度为 1320 ℃时，双金属环坯端点处
（a）横截面温度云图；（b）横截面固体分数云图；（c）横截面温度曲线图

　　图 5-19（a）所示为外层金属冷却温度为 1380 ℃时，双金属环坯浇点处的横截面温度云图。从横截面温度云图中可以看出，整个横截面温度云图有四分之三的区域属于高温区（高于 1410 ℃），这显然是浇注时外层金属冷却温度过高，使外层有很大的一部分熔化，出现大量液体混流。可以推断在浇注 Q345 金属时，

由于离心力、冲刷的作用，会有很多的 Q345 与 40Cr 金属液混合，不但稀释了内层金属材料的成分使内层 Q345 的焊接性能降低，也使外层材料的厚度减少，降低 40Cr 的整体耐磨性，影响双金属环坯的使用性能。图 5-19（b）为双金属环坯浇点处横截面固体分数云图。从横截面固体分数云图也可以看出，整个双金属环坯大部分处于液态或熔融状态，固液之间的过渡区域明显太靠近外层，引起内层金属材料的稀释和外层金属材料的减薄，影响双金属环坯的使用性能。从图 5-19（c）双金属环坯横截面固体分数云图对应的横向上双金属环坯温度随距离的变化曲线可以看出，外层金属有接近 1.3 cm 的距离温度是高于液相线温度的，有 1.75 cm 的距离温度是超过固相线温度的。这显然不符合要求，两层金属发生冶金结合，只需要外层金属的内表面处于熔融状态，而现在外层金属接近一半的距离温度处于固相线温度以上说明发生了严重的混流，直接减少了外层金属原本的使用尺寸，显然是不合格的。

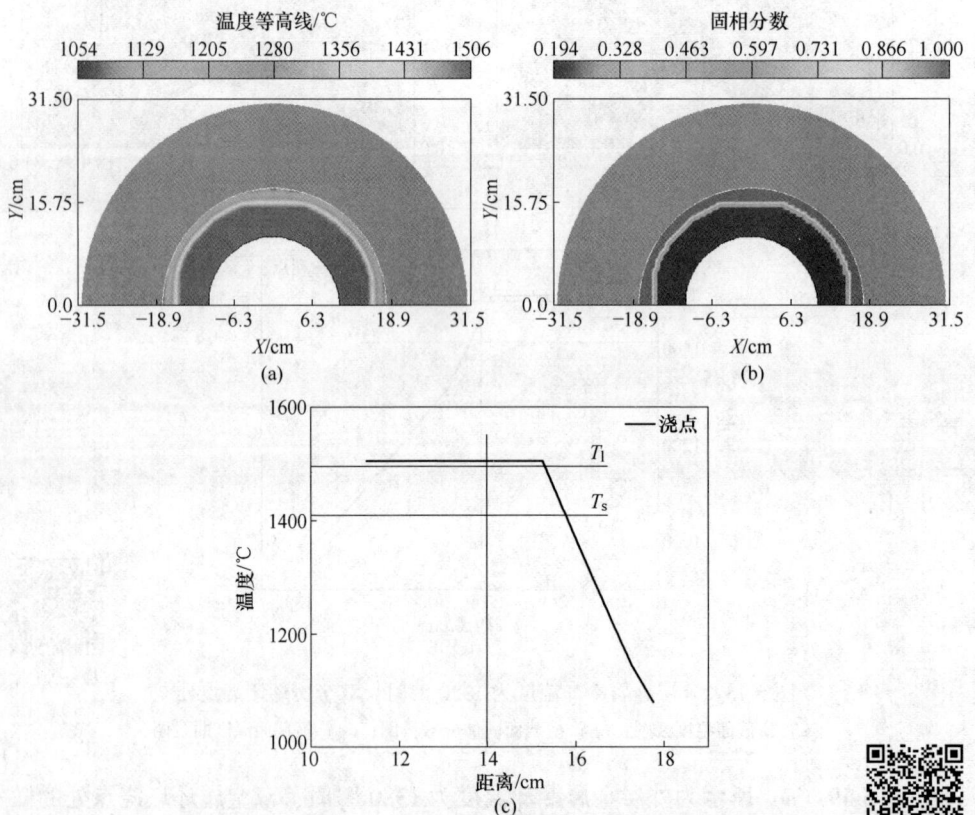

图 5-19　外层金属冷却温度为 1380 ℃时浇点处的横截面云图
（a）温度云图；（b）固体分数云图；（c）温度曲线图

　　图 5-20（a）所示为外层金属冷却温度为 1380 ℃时，双金属环坯端点处的横截面温度云图。从横截面温度云图中可以看出，相较于浇点处，两层金属之间的结合区明显趋于两层金属的中间位置，且熔融区域界限明显，且无孔隙产生，说明结合良好。图 5-20（b）所示为刚浇注完成后双金属环坯端点处横截面固体分数云图。从横截面固体分数云图可以看出，外层金属的固相，内层金属的液相，以及两层金属间的结合区分布十分明显且没有气孔，结合良好，且结合区处于中间位置。从图 5-20（c）双金属环坯横截面固体分数云图对应的横向上双金属环坯温度随距离的变化曲线可以看出，外层有极小的一段距离温度高于液相线温度，高于固相线温度的尺寸为 9.6 mm，根据界面结合原理，在端点处虽然发生了一定程度的混流，但混流的现象并不严重。

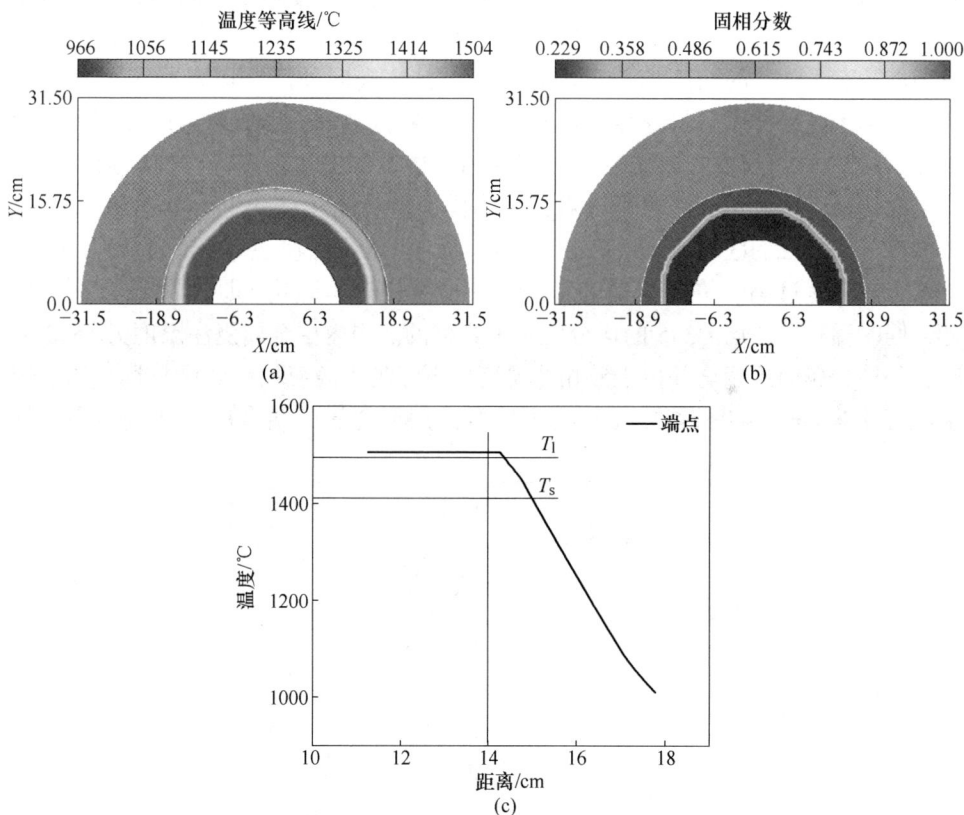

图 5-20　外层金属冷却温度为 1380 ℃时端点处的横截面云图

（a）温度云图；（b）固体分数云图；（c）温度曲线图

　　综上，在外层金属冷却温度为 1380 ℃时，浇点处发生了严重的混流，端点处发生了一定程度的混流，界面结合效果不好，影响双金属环坯的使用性能。在外层金属冷却温度为 1320 ℃时，浇点和端点处都有气孔产生，且端点处有大量的气孔，两层金属之间几乎没有结合，所以界面结合的十分不好。在外层金属冷却温度为 1350 ℃时，浇点处发生极小程度的混流，端点处无混流，界面结合良好，所以选取外层金属冷却温度为 1350 ℃时浇注内层金属。

5.3.4 内层金属浇注温度对结合层的影响

根据经验及铸造手册选取内层金属浇注温度分别为 1530 ℃，1580 ℃，1630 ℃，进行对比，在保证外层金属尺寸的前提下，以熔融区的厚度为判据，来选取合适的内层金属浇注温度。

图 5-21 所示为双金属环坯在三个不同的内层金属浇注温度浇注完成后，浇点处径向上温度随距离的变化曲线。从浇点处径向上温度随距离的变化曲线可以看出，当内层金属浇注温度为 1630 ℃时，外层金属明显有 8 mm 的距离高出液相线温度，有 1.25 cm 的距离位于固相线以上，这表明外层金属发生了严重的混流，引起了内层金属材料的稀释和外层金属材料的减薄，影响双金属环坯的使用性能。从图 5-22 双金属环坯在 3 个不同的内层金属浇注温度浇注完成后，浇点处径向切面固体分数云图也可以看出，当内层金属浇注温度为 1630 ℃时，整个铸件有三分之二的区域处于液态或者熔融态，可以推断浇注 Q345 金属时，由于外层金属温度过高，将有大量的 Q345 与 40Cr 混合，影响了原本外层金属的尺寸，同时稀释了内层 Q345 的成分，是不合格的。当内层金属浇注温度为 1530 ℃时，外层金属的温度全部位于液相线温度以下，且距离液相线温度较远，温度熔融区有 3.7 mm。从图 5-22（a）也可以看出两层金属的结合层中间有很多小气

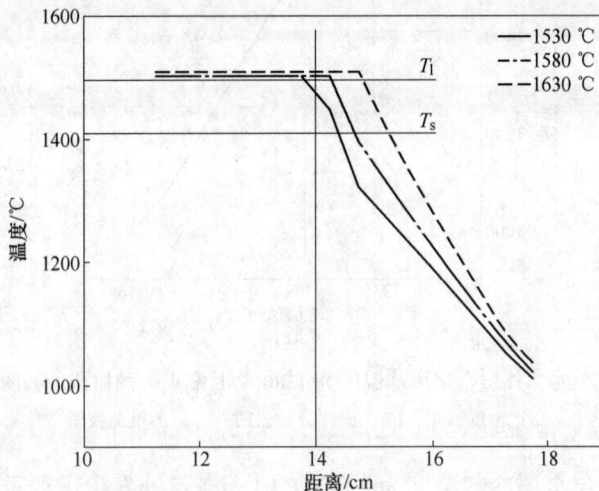

图 5-21 浇点处双金属环坯径向温度曲线

孔，表明结合效果较差。当内层金属浇注温度为1580℃时，外层金属有极小一段距离温度稍高于液相线温度，有6.5 mm的距离温度位于固相线以上，温度熔融区的厚度明显大于内层金属浇注温度为1530℃时的温度熔融区，并且从刚浇注完成后双金属环坯横截面固体分数云图可以看出，相较于1530℃和1630℃，内层金属浇注温度为1580℃时结合层的位置适中，宽度较宽且没有气孔。所以内层金属浇注温度为1580℃时，结合效果良好。

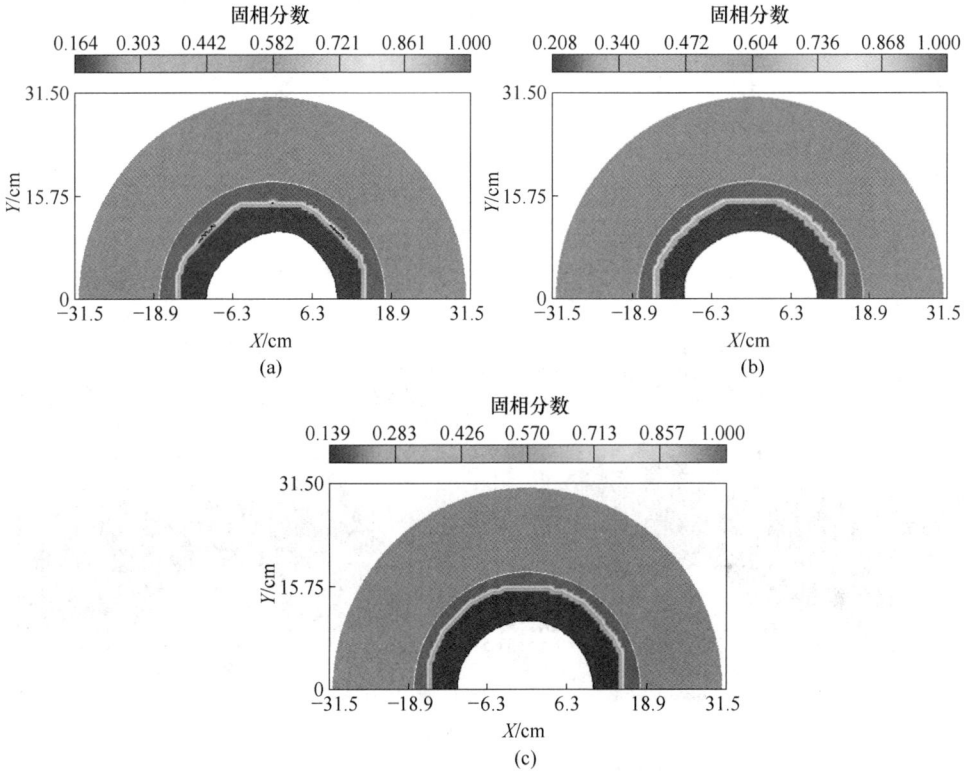

图 5-22 浇点处径向切面固体分数云图
(a) 1530℃；(b) 1580℃；(c) 1630℃

图5-23所示为双金属环坯在三个不同的内层金属浇注温度浇注完成后，端点处径向上温度随距离的变化曲线。从端点处径向温度随距离的变化曲线可以看出，当内层金属浇注温度为1630℃时，有1.15 cm的距离温度位于固相线以上，有7.8 mm的距离温度高出液相线温度，说明在端点处也发生了一定程度的混流，从图5-24双金属环坯在三个不同的内层浇注温度浇注完成后，端点处径向切面固体分数云图也可以看出，在内层金属浇注温度为1630℃时，两层金属间温度的过渡区稍微偏向外层。当内层金属浇注温度为1530℃时，外层金属只有1 mm的距离位于温度熔融区，且最高温度距离液相线较远，从图5-24（a）也可以看

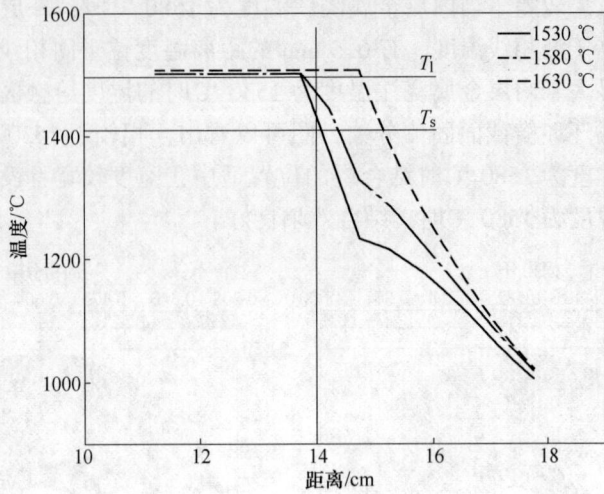

图 5-23 端点处双金属环坯径向温度曲线

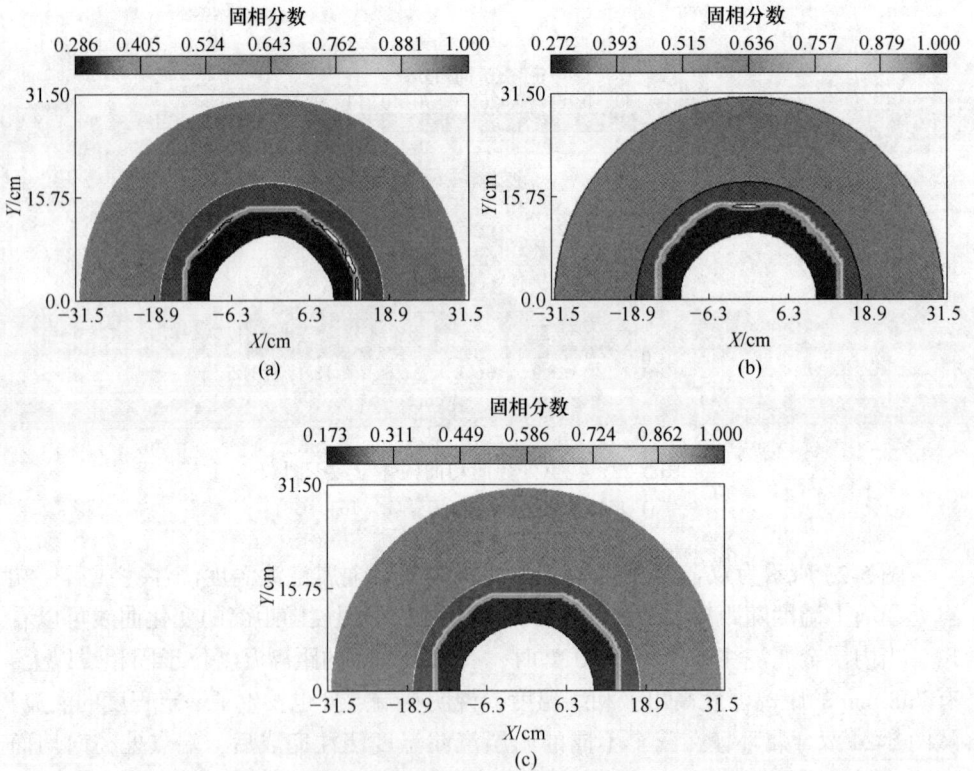

图 5-24 端点处径向切面固体分数云图
(a) 1530 ℃；(b) 1580 ℃；(c) 1630 ℃

出两层金属的结合层中间有大量的小气孔，表明结合效果较差。当内层金属浇注温度为 1580 ℃时，外层金属有 4 mm 的距离位于温度熔融区，且最高温度相较于 1530 ℃，更接近液相线，并且从对应的横截面固体分数云图可以看出，虽然两层金属的结合层边上有微个小的气孔，但整体没有孔隙，界限明显，结合良好。

综上所述，相比于在内层金属浇注温度为 1630 ℃时有混流现象，导致内层材料稀释和外层材料减薄，影响双金属的使用性能和在内层金属浇注温度为 1530 ℃时结合层有大量气孔，在内层金属浇注温度为 1580 ℃时，两层金属间的结合层大致位于两层金属的中间位置，没有混流，没有气孔，结合良好，所以选取内层金属浇注温度为 1580 ℃。此温度下浇点处的温度熔融区有 6.5 mm，端点处的温度熔融区有 4 mm。

6 2219 铝合金/AZ31B 镁合金双金属环坯离心铸造工艺

6.1 铝镁双金属离心铸造建模及工艺参数

本章研究的主要内容是通过计算机模拟铝镁双金属环坯的离心铸造过程，并评估出在不同离心铸造工艺参数下，双金属环坯的界面结合情况。为了实现双金属界面的冶金结合，首先必须掌握离心铸造的整个浇注工艺过程以及内外层金属的结合机理。根据结合理论，对浇注时的初始温度、浇注速度、内外层浇注间隙时间、铸型转速以及预热温度等铸造参数进行理论计算，得出合理的离心铸造浇注方案。外层 2219Al/内层 AZ31B 双金属环坯的离心铸造过程在 ProCAST 软件中进行模拟和分析。本章还将对模型的建立与网格划分、软件的模拟设置以及相关参数的选择进行研究。

6.1.1 材料的选取依据与计算

不同金属组合而成的复合材料是提高性能（如强度、塑性、刚度、冲击性能、耐磨性等）的有效方法。Mg 合金和 Al 合金是密度很低的两种轻质工程金属，已被汽车和航空航天工业以不同的形式用于生产轻质结构零件。Mg 合金密度低，减震性好，具有良好的铸造性、电磁屏蔽性以及机械加工性，但耐腐蚀性和耐磨性较差。Al 合金具有耐磨、耐腐蚀和塑性好等优点，但其密度高于镁合金。通常，在复杂应用环境中，单一金属难以同时满足高性能和低材料成本的要求。因此，Mg/Al 双金属材料有望结合 Mg 合金和 Al 合金的优点，以拓宽其应用前景。

本书研究的双金属环坯离心铸造选取的内、外层金属材料分别为 AZ31B 镁合金和 2219 铝合金，其化学成分见表 6-1。

表 6-1 双金属环坯的化学成分　　　　　（质量分数/%）

材料	Si	Cu	Al	Zn	Mn	Ni	Fe	Mg	V	Zr	Ti
AZ31B	0.05	0.01	3.2	0.63	0.7	0.05	0.05	Bal.	—	—	—
2219	0.49	6.48	Bal.	0.04	0.32	—	0.23	—	0.08	0.2	0.06

材料的热物性参数主要包括：比热容、热导率、热焓、固相线温度和液相线

温度等。上述热物性参数可以通过实验仪器进行测量，但是在复杂的两相区域，高温下测量的结果会存在较大的误差。准确设置铸件和模具材料的热物性参数可以确保模拟过程的精确性。由于热物性参数是与温度相关的物理量，且离心铸造模拟是复杂的热力耦合过程，在模拟过程中温度时刻在变化。因此，在软件中输入材料热物性参数随温度变化的函数关系尤为必要。根据 AZ31B 镁合金和 2219 铝合金的化学成分以及配比，利用 ProCAST 软件的热力学数据库和 Jmatpro 软件相应的计算模块，可以精确地计算出相关材料的热物性数值，其计算结果见表6-2。

表6-2　材料的热物性参数

材料	液相线温度 $T_l/℃$	固相线温度 $T_s/℃$	比热容 $c/J \cdot kg^{-1} \cdot K^{-1}$	热导率 $\lambda/W \cdot m^{-1} \cdot K^{-1}$	热焓 $H/J \cdot g^{-1}$
AZ31B	631	388	1000	82.55	1111.9
2219	644	521	864	84.17	1075.3

6.1.2　物理模型与网格划分

由于 ProCAST 软件中没有自带的建模模块，因此，需要在其他的建模软件中创建几何模型。因此，使用 UG 三维绘图软件建立出双金属铸件内层 AZ31B 镁合金和外层 2219 铝合金的环状模型。双金属环坯高度为 230 mm，内层内径为500 mm，外层外径为 850 mm，内外层壁厚均为 87.5 mm。在内、外层上表面设计出高度合适、直径不大于单层壁厚的浇注系统。最后，将四个部件组装在一起，铸件模型如图 6-1（a）所示。铸件模型在 UG 中保存为 igs 文件，并导入到ProCAST 软件中，然后，根据铸件尺寸在 MeshCAST 模块中生成铸型并进一步进行网格划分。

在实际的模拟过程中，计算精度和模拟时间是需要被重点考虑的两个因素，网格划分的精细程度将直接影响模拟运算的精度以及时间。因此，在确定了合适的运算精度后，应当尽量减少模型的网格数量，这样可以节约模拟时间，提高运算效率。除此之外，根据网格划分方式的不同，也可以在一定程度上提高运算效率。第一种是均匀网格划分技术，即将模型所有的部件进行统一的网格划分，这样可以保证模拟过程中温度场的连贯性，提高模拟精度。然而，它的不足之处在于模拟时间过长，运算效率不高。第二种是非均匀网格划分技术，这种方法是将表面积最大、不需要进行精细模拟的外部铸型进行粗大的网格划分。而必须要进行精细模拟的部位，如双金属环坯内外层和浇口位置，则需要进行细小的网格划分，这样不仅保证了双金属环坯内外层界面处的热传递，还提高了运算效率。但采用这种方法进行网格划分时，需得注意采用合适的精细尺度。粗网格与细网格接触的地方相差过大，会引起体网格生成报错，最终影响后续的模拟。因此，本书采用第二种网格划分方法，将模型划分为六面体网格。网格模型如图 6-1（b）所示，统计得出整个模型网格数量约为 328000 个。

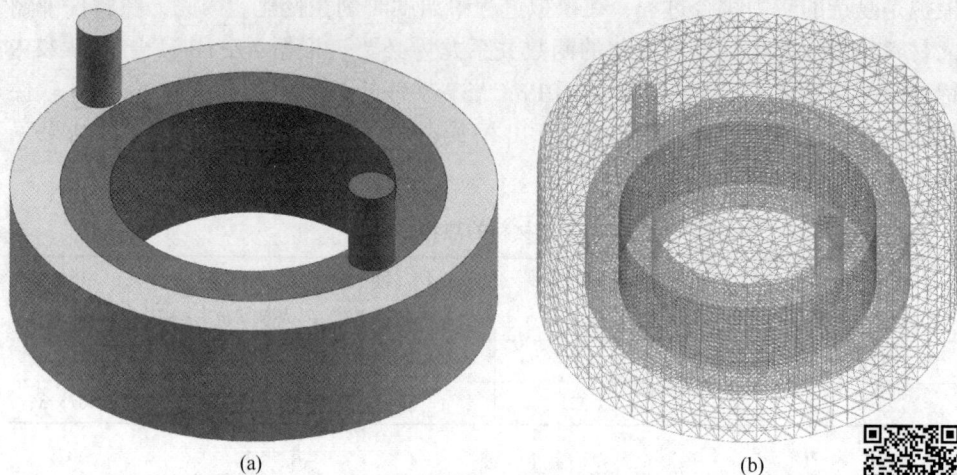

图 6-1　带浇注系统的铸件模型

（a）三维模型；（b）网格模型

扫一扫看
更清楚

6.1.3　双金属环坯离心铸造工艺参数

6.1.3.1　铸型转速

在离心铸造技术中，金属流动是一个复杂的问题，需要更广泛的关注。当模具以较低的速度旋转时，金属液会滑动，需要以较高的速度驱动才能形成均匀的圆柱体。金属液流动的方式对铸件成形质量以及力学性能有较大影响。在卧式离心铸造工艺中，浇注后金属液在模具内表面带动下向上充型，在较低的铸型转速下，金属液向水平方向运动。而在立式离心铸造工艺中，金属液首先沉降在模具表面，然后沿圆周方向移动，最后在离心力作用下向上充型。

铸型转速是影响双金属铸件成形和结合质量的关键因素，与理想铸型转速相比，铸型转速过高或过低都会对铸件性能产生负面影响。如果铸型转速低于理想转速，金属液受到的离心力则会不足。一方面，部分金属液的移动速度无法跟上模具的旋转，沿重力方向沉积在铸件底部。因此，导致铸件在填充和凝固后，沿重力方向的顶壁比底壁薄。另一方面，当金属液向上充型并达到最高点时，其旋转速度非常缓慢。此时离心力不足使金属液紧贴模具内壁，在重力以及设备振动下发生"雨淋"现象，喷洒掉落的金属液容易造成铸件内壁粗糙、缩孔和夹杂物等缺陷。如果铸型转速高于最佳转速，铸型高速旋转会产生足够离心力，这种力比重力大几个数量级，使金属液充满铸型，并在铸件径向上均匀分布，从而形成均匀的最终壁厚。然而，如果金属液的旋转速度过快，随模具旋转时无法及时得到补充，这将导致金属液流动混乱，充填不稳定，出现飞溅和断流，凝固后容易产生偏析、冷隔等缺陷。

通过大量的实验研究，总结出了几种确定铸型转速的经验公式。在确定铸型转速时，应当考虑到金属液的黏度、铸件的尺寸以及模具的导热能力，这些因素应根据实际生产应用进行调整。本书在考虑各种因素的影响后选择铸型转速的公式见式 (2-1)。

6.1.3.2　金属液浇注温度

金属液充型过程是决定铸件成形质量的因素之一，金属液良好的流动性可以提高充型过程的稳定性，铸件产生的缺陷较少。一方面，当金属液浇注温度升至液相线以上时，金属液具有较高的过热度，使其能够长时间保持液态。这促进了两种金属的反应和扩散，有利于结合界面的形成。另一方面，提高熔融金属的温度可降低其黏度，两种金属间可以进行充分的接触，促进结合界面的形成。

金属液浇注温度不宜过高。过高的金属液浇注温度会延长晶粒生长时间，从而造成晶粒粗大、合金收缩率增加、熔融金属中气体溶解度升高、氧化加剧以及产生气孔等缺陷，对铸件的成形质量产生负面影响。同时，极易造成内外层金属的混流，无法形成良好的冶金结合界面。相反，金属液浇注温度过低会导致先进入模具的合金液在冷却后凝固过快。由于离心力的存在，金属液的充型能力得到提高，与重力铸造相比，金属液浇注温度可降低 5~10 ℃。较高的金属液浇注温度会延长金属液的加热时间，导致资源浪费和生产效率降低。在确定金属液浇注温度时，必须考虑能耗情况。因此，在有限元模型中，外层金属的浇注温度选择为 720 ℃，内层金属的浇注温度选择为 690 ℃。

6.1.3.3　金属液浇注速度

金属液体的流速决定了填充时间。在所使用的模拟软件中，金属流体的流速是从速度计算器模块中获得的。计算公式如方程 (6-1) 所示：

$$\text{Velocity} = \frac{\text{Volume} \times \text{Fill Limit}(\%)}{100 \times \text{Area} \times \text{Fill Time}} \tag{6-1}$$

金属液在型腔内部的流动状态除了受浇注温度影响外，还取决于金属液浇注速度。金属液完全填充型腔的时间由金属液浇注速度决定，因此，金属液浇注速度是影响铸件成形质量的关键因素。如果金属液浇注速度过慢，则充型时间延长。金属液在型腔里缓慢流动，加快了热量的流失，导致先进入型腔的金属液迅速凝固，与随后进入的金属液相遇后，较大的温差容易产生冷隔等缺陷。长时间的流动加剧了金属液的氧化，导致出现氧化物夹层，从而降低铸件的力学性能。如果金属液浇注速度过快，则充型时间会缩短。这将导致大量金属液同时进入型腔，加大了型壁受到冲击的力度，降低了模具的使用寿命。此外，金属液之间的碰撞加剧，降低了充型过程的稳定性，金属液凝固后更容易出现粗糙的表面、局部区域性能不均匀等问题。

6.1.3.4　内外层浇注间隙时间的确定方法

对于双金属环坯离心铸造法而言，内外层浇注间隙时间至关重要，需要严格控制两层金属接触时的表面温度。双金属环坯凝固冷却后，内外层金属之间是否生成良好的冶金结合界面，是判定内、外层浇注间隙时间选取是否合理的关键。如果内外层浇注间隙时间过短，外层金属并未完全凝固，与高温的内层金属液接触时，极易出现混流的情况。同时，在离心力作用下，内层金属液更加容易进入外层，导致内层材料成分稀释，厚度减薄，严重影响铸件的质量和性能。如果内外层浇注间隙时间过长，外层金属温度急剧下降。导致高温内层金属液与外层金属内表面接触时，外层金属内表面无法熔化，最终会造成内外层结合强度不足，出现明显的分层现象。

根据现有的经验公式，内层金属液进入型腔，与外层金属内表面接触后开始释放热量，其中用于使内外层达到熔合状态的最大热量为：内层金属的过热热量加上液相线温度冷却到固相线温度所释放的凝固潜热。根据实验分析可以得出结论，在浇注内层金属液时，释放的热量被外层金属内表面吸收，当吸收的总热量达到外层金属能完全熔化所需热量的 1/5 时，就能确保内外层金属界面发生了有效的冶金结合：

$$T_k = T_s - \frac{\rho_i(r_1^2 - r_2^2)\left[\dfrac{L_i}{3} + c_i(T_2 - T_1)\right]}{\rho_0 c_0(r_0^2 - r_1^2)} + \frac{L_0}{560} \tag{6-2}$$

式中，T_k 为浇注内层时外层金属内表面的初始温度，℃；T_s 为外层金属的固相线温度，℃；ρ_i、ρ_0 分别为内、外层的金属密度，kg/m³；c_i、c_0 分别为内、外层金属比热容，J/(kg·℃)；T_2、T_1 分别为内层金属的浇注温度和液相线温度，℃；L_i、L_0 分别为内、外层金属凝固潜热，J/kg；r_1 为环坯外层金属内径；r_2 为环坯内层金属内径；r_0 为环坯外层金属外径。

6.1.3.5　铸型预热温度

在充型和凝固过程中，金属液持续与铸型进行热传递。通过控制铸型预热温度可以减少铸型与金属液之间的温度差，一方面起到保护铸型的作用，另一方面可以减少金属液与铸型接触时的激冷作用，避免铸件凝固后出现应力集中。过高的铸型预热温度会减缓金属液的凝固过程，晶粒生长时间延长，最终形成粗大晶粒。此外，还会增加铸型弯曲变形的概率。过低的铸型预热温度会加速晶粒的形核，且难以控制生长形状，导致铸件表面出现侵入性气孔。合适的铸型预热温度可以保持铸件的整体温度，确保金属液充型和流动的稳定性，同时促进了原子运动，提高铸件的成形质量。因此，铸型预热温度的选择要适当，如果铸型预热温度过高或过低，都会对铸件的组织和性能产生负面影响。经过综合考虑，将铸型预热温度设定为 150 ℃。在离心铸造过程中，由于铸型在高温以及高转速的环境下工作，对铸型材料的选用也需要多加考虑，因此，铸型材料选用具有良好耐热性和耐磨性的 H13 钢。

6.1.3.6 涂料层和边界条件的处理

对于金属型离心铸造工艺而言，在进行铸造之前，需要在型腔表面覆盖一层涂料。其中，涂料层的主要作用如下。

（1）涂料层将高温金属液与模具隔离，减少模具表面的磨损和腐蚀，在一定程度上起到了保护模具的作用，增加了模具的使用寿命。

（2）涂料层对阻碍热量传递起着重要作用，降低了铸件在冷却过程早期的冷却速度，进而影响铸件缺陷深度和位置，最终提高铸件的质量。

（3）涂料层具有一定的黏度，可以降低铸件与模具之间的摩擦，有利于铸件顺利脱离模具。由于涂料层的厚度非常小，若单独创建一个涂料层网格，则会导致网格数量大幅增加。在模拟时，网格大小不均匀也会引起模拟异常，极大地增加了运算时间。因此，根据涂料层在实际生产过程中的工作特性，在本书研究中将涂料层视为模具表面与外层金属间的换热系数。

在模拟铝镁双金属离心铸造过程时，必须考虑到几个边界条件。其中包括设置需要传热系数的位置，如内层镁合金与空气、内层镁合金与外层铝合金、外层铝合金与模具、模具与空气之间。其中，内、外层金属之间的接触传热尤为重要，为确保精度，需要将内、外层接触区域设置为 COINC 一致性节点。在实际生产中，模具与空气、内层镁合金与空气之间的热交换主要通过对流传热、辐射传热以及热传导进行。因此，此过程可视为空气冷却过程，并将换热系数设置为 2000 W/($m^2 \cdot$ K)。

6.1.4 浇注内层的求解设置

在双金属环坯离心铸造模拟时，模型的两个浇注阶段必须设置为不同的边界条件，否则它们的温度场不是连续的。因此，将外层离心铸造凝固末端时刻的温度场导入作为内层离心铸造浇注阶段的初始温度条件。在浇注内层时，为了保证此时内、外层温度场的连续性，需要将保存为 xx.unf 格式的外层模拟结果文件通过 EXTRACT 功能提取出来，并将其作为浇注内层时的初始环境条件。由于外层每个时间点的温度场数据都保存在 xx.unf 文件中，因此，在确定好内、外层浇注间隙时间后，就可以在该文件中提取对应时间点的步数，并输入到浇注内层的模拟中。

6.1.5 填充过程的数学模型

在立式离心铸造过程中，液态金属在离心力的作用下进行充型，具有自由表面的三维不可压缩黏性流体的非稳态流动。金属液体可以假定为不可压缩的牛顿流体，其流动符合连续性方程、动量方程和能量守恒方程。

（1）连续性方程。

$$\frac{\partial \rho}{\partial t} + \frac{\partial (\rho u)}{\partial x} + \frac{\partial (\rho v)}{\partial y} + \frac{\partial (\rho w)}{\partial z} = 0 \tag{6-3}$$

式中，ρ 为流体密度，kg/m^3，u、v、w 分别为 x、y、z 方向上的速度分量，m/s。

（2）动量方程。液态金属流动速度和流动动量传递可以用 Navier-Stokes 方程描述。

$$\rho \left(\frac{\partial u}{\partial t} + u \frac{\partial u}{\partial x} + v \frac{\partial u}{\partial y} + w \frac{\partial u}{\partial z} \right) = - \frac{\partial p}{\partial x} + \mu \nabla^2 u + \rho f_x$$

$$\rho \left(\frac{\partial v}{\partial t} + u \frac{\partial v}{\partial x} + v \frac{\partial v}{\partial y} + w \frac{\partial v}{\partial z} \right) = - \frac{\partial p}{\partial y} + \mu \nabla^2 v + \rho f_y \tag{6-4}$$

$$\rho \left(\frac{\partial w}{\partial t} + u \frac{\partial w}{\partial x} + v \frac{\partial w}{\partial y} + w \frac{\partial w}{\partial z} \right) = - \frac{\partial p}{\partial z} + \mu \nabla^2 w + \rho f_z$$

其中，p 为压力，Pa；f_x、f_y 和 f_z 为质量力在 x、y、z 方向上的分量，m/s；μ 为动力黏度，$Pa \cdot s$。

（3）能量守恒方程。在液态金属与模具之间以及液态金属与空气之间的接触中会发生热量传递，这种热量传递在数学上由传热方程描述。

$$\rho c_p \frac{\partial T}{\partial t} + \rho c_p \left[\frac{\partial (uT)}{\partial x} + \frac{\partial (vT)}{\partial y} + \frac{\partial (wT)}{\partial z} \right] = \lambda \left(\frac{\partial^2 T}{\partial x^2} + \frac{\partial^2 T}{\partial y^2} + \frac{\partial^2 T}{\partial z^2} \right) + \rho L \frac{\partial f_s}{\partial t} \tag{6-5}$$

式中，c_p 为金属的比热容；λ 为液态金属的导热系数；L 为液态金属结晶的潜热；f_s 为液态金属结晶的凝固速率。

6.1.6　微观结构演化的数学模型

宏观-微观耦合模型采用 CAFE 方法，这是一种结合元胞自动机和有限元的数学模型。采用 CA 模型计算节点处晶粒成核和生长情况，主要包括非均匀成核模型和枝晶尖端生长动力学模型，具体如下：

$$\frac{\mathrm{d}n}{\mathrm{d}(\Delta T)} = \frac{n_{\max}}{\sqrt{2\pi} \Delta T_\sigma} \exp \left[- \frac{1}{2} \left(\frac{\Delta T - \overline{\Delta T}}{\Delta T_\sigma} \right)^2 \right] \tag{6-6}$$

$$n(\Delta T) = \int_0^{\Delta T} \frac{\mathrm{d}n}{\mathrm{d}(\Delta T)} \mathrm{d}(\Delta T) \tag{6-7}$$

式中，$\mathrm{d}n/\mathrm{d}(\Delta T)$ 为非均匀成核过程中晶粒成核密度随过冷度的变化；$\mathrm{d}(\Delta T)$ 为单位的过冷度；$\overline{\Delta T}$ 为平均成核过冷度；ΔT_σ 为过冷度的标准方差；n 为晶粒密度；$n_{\max}$ 为最大成核密度。

液态金属凝固过程中的枝晶生长过程可以使用开发的 KGT 模型，计算如下。

$$\Omega = \frac{C_1^* - C_0}{C_1^*(1-k)} = Iv(P_e) = P_e \int_{P_e}^{\infty} \frac{\exp(-Z)}{Z} dZ \tag{6-8}$$

$$R = 2\pi \sqrt{\left(\frac{\Gamma}{mG_C\xi_c - G}\right)} \tag{6-9}$$

$$P_e = \frac{Rv}{2D} \tag{6-10}$$

$$\xi_c = 1 - \frac{2k}{(1 + P_e^2)^{\frac{1}{2}} - 1 + 2k} \tag{6-11}$$

$$G_C = \frac{vC_0(1-k)}{D_L[1 - (1-k)\Omega]} \tag{6-12}$$

$$\Delta T = \Delta T_C = mC_0\left[1 - \frac{1}{\Omega(1-k)}\right] \tag{6-13}$$

式中，Ω 为溶质过饱和度；k 为溶质分布系数；R 为枝晶尖端的半径；Γ 为 Gibbs-Thompson 系数；G_C 为枝晶前沿液相中的溶质过饱和度；G 为温度梯度；$Iv(P_e)$ 为 Gibbs-Thompson 系数的 Ivantsov 函数；ξ_c 为 Peclet 数的函数；D 为溶质在液相中的扩散系数；C_0 为溶质元素的初始浓度；m 为液相线斜率；C_1^* 为液体界面处的固/液浓度。

在 ProCAST 软件中进行微观组织模拟时，需要输入材料的相关形核参数。表 6-3 中内层 AZ31B 镁合金及外层 2219 铝合金的形核参数是研究人员经过实验测试并进行优化后所得。

表6-3　内、外层材料的形核参数

材料	$\Delta T_{v,max}$ /K	$\Delta T_{v,\sigma}$ /K	$n_{v,max}$ /m^{-3}	$\Delta T_{s,max}$ /K	$\Delta T_{s,\sigma}$ /K	$n_{s,max}$ /m^{-2}
2219	5	0.5	1.0×10^8	0.5	0.1	2.0×10^6
AZ31B	2.2	0.5	0.243×10^{10}	0.1	0.1	0.3×10^8

其中，$\Delta T_{v,max}$（$\Delta T_{s,max}$）为体（面）平均形核过冷度；$\Delta T_{v,\sigma}$（$\Delta T_{s,\sigma}$）为体（面）形核过冷度标准方差；$n_{v,max}$（$n_{s,max}$）为体（面）最大形核密度。

6.2　铝镁双金属环坯离心铸造界面结合行为

根据 6.1 节确定的离心铸造工艺参数、填充过程数学模型以及凝固微观组织演变模型，结合 ProCAST 模拟软件，实现了外层 2219Al/内层 AZ31B 双金属环坯的离心铸造模拟过程。根据模拟结果，分析了不同内外层浇注间隙时间和铸型转速条件对铝镁双金属界面结合行为的影响，得出了能获得良好冶金结合界面的离心铸造工艺参数。此外，分析了浇注过程中双金属环坯的流动场、温度场和轴向冶金结合高度的变化情况。在最佳工艺参数下，从微观角度分析了铸件凝固后缩孔的大小、分布情况以及双金属环坯不同位置结合界面的微观组织。

6.2.1　双金属环坯界面结合判据的确定方法

双金属环坯离心铸造的质量与性能主要取决于两种金属在界面处的结合情况。许多学者利用实验和数值模拟对离心铸造生产的构件和双金属环坯的界面结合行为进行了研究。铸造双金属的主要特征是两种金属之间的界面行为，界面可以形成于两种液态金属或一种液态金属和一种固态金属间的接触。双金属的铸造涉及几个关键因素。组成金属必须在热膨胀率、比热容、导热性、相变区域、熔化温度、润湿性和相相互反应性等方面相容。所有这些因素，尤其是润湿性和相互反应性，都决定了金属之间的结合质量，从而影响双金属铸件的最终性能。

许多学者提出了多种理论解释双液结合的机理，其中有三种结合机理得到了广泛认可。第一种为熔合结合。在内层高温镁金属液注入后，与仍处于凝固过程中的外层铝合金内表面接触。热量的释放使铝合金表面部分熔化，并在接触区域形成铝镁金属液的混合区。由于此时外层铝合金温度较低，与其接触的前沿镁金属液遇冷会瞬间凝固。随后注入的镁金属液与该铝镁金属液的混合区域接触，使得部分混合区域继续熔化，和镁金属液再次混合，形成混合凝固层。镁金属液浇注完成后，按照由外向内依次凝固。第二种为扩散结合。内层高温镁金属液与外层铝合金接触后，温度降低并开始凝固。铝镁两侧的元素在凝固层发生扩散。同时，铝合金内表面由于吸收热量而部分熔化。最后，镁金属液也由外向内依次凝固。上述两种结合方式均有利于获得良好的结合界面和较高的结合强度，因此也被称为冶金结合机理。第三种为机械结合。镁金属液与外层铝合金接触时，铝合金的温度过低，导致镁金属液释放的热量不足以使其表面熔化，只能在离心力的作用下机械地与铝合金附着在一起。由于接触位置有明显的分界面，因此结合强度较低。

根据上述对结合机理的分析，总结出了以下界面温度场对铝镁双金属环坯结合质量的影响，可用于判断双金属环坯的成形和结合质量。

（1）当内层镁金属液注入后，外层铝合金内表面的温度因吸热而升高。如果温度低于固相线温度，则可以认为两侧金属未与对方基体混合，即没有发生元素扩散。在这种情况下，两侧金属只是机械附着，未形成过渡区。

（2）内层镁金属液释放热量时，会使外层铝合金内表面温度升高。如果温度保持在固相线温度和液相线温度之间，则可判定两侧金属在界面处发生熔合结合。与此同时，在离心力的作用下，两侧元素充分扩散，在结合界面处形成过渡层。此外，可以根据该区域持续的时间推断形成的界面过渡层厚度。因此，该结合方式有利于提高双金属环坯的成形质量。

（3）当内层镁金属液释放的热量使外层铝合金内表面温度超过液相线温度时，两侧金属均处于液态。在离心力的作用下，熔化的铝合金进入镁合金内部，导致铝侧金属材料厚度减小，而镁侧的合金元素被稀释。虽然该结合方式能将两侧金属结合在一起，然而是以互溶的方式进行，未产生结合界面。因此，可以判定处于这种结合状态下的双金属环坯成形质量不合格。

综上所述，本书对铝镁双金属环坯成形质量的判断依据为：在适当的内外层浇注间隙时间下，外层金属内表面吸热而熔化，状态从固态转变为熔融态，但还不足以达到液态，从而获得良好的冶金结合界面。

6.2.2 双金属环坯离心铸造模拟方案的制定

根据前文对离心铸造工艺参数的分析，有限元模型选取的双金属环坯内、外层金属浇注温度分别为：外层金属720 ℃，内层金属690 ℃。金属型模具的预热温度设定为150 ℃，模具选用具有良好耐热性和耐磨性的H13钢。在铸造凝固过程中，界面换热系数对铸件的微观结构和性能具有较大影响。一般情况下，金属型的换热系数为2000 W/(m² · K)。此外，利用浇注时间间接表征浇注速度，浇注时间设定为7 s，并设置5个内层浇注间隙时间。具体工艺方案见表6-4。

表6-4 双金属环坯离心铸造数值模拟工艺方案

方案	内层浇注间隙时间/s	铸型转速/r · min⁻¹	外层浇注温度/℃	内层浇注温度/℃	铸型预热温度/℃	换热系数/W · m⁻² · K⁻¹
1	376	300	720	690	150	2000
2	381	300	720	690	150	2000
3	386	300	720	690	150	2000
4	391	300	720	690	150	2000
5	396	300	720	690	150	2000
6	376	400	720	690	150	2000
7	381	400	720	690	150	2000
8	386	400	720	690	150	2000
9	391	400	720	690	150	2000
10	396	400	720	690	150	2000
11	376	500	720	690	150	2000
12	381	500	720	690	150	2000
13	386	500	720	690	150	2000
14	391	500	720	690	150	2000

续表 6-4

方案	内层浇注间隙时间/s	铸型转速/r·min^{-1}	外层浇注温度/℃	内层浇注温度/℃	铸型预热温度/℃	换热系数/W·m^{-2}·K^{-1}
15	396	500	720	690	150	2000
16	376	600	720	690	150	2000
17	381	600	720	690	150	2000
18	386	600	720	690	150	2000
19	391	600	720	690	150	2000
20	396	600	720	690	150	2000

6.2.3　离心铸造参数对界面结合的影响

为了更直观地了解双金属环坯离心铸造时结合界面处的温度变化，浇注内层时，在外层内表面设置两个对称的特征点 A、B，位置如图 6-2 所示。图 6-3 是在铸型转速为 300 r/min，以不同的浇注间隙时间浇注内层时，外层内表面各特征点的温度变化曲线。从图 6-3（a）~图 6-3（e）可以看出，内外层的充型时间均为 7 s。在整个过程中，特征点 A、B 的温度变化曲线几乎重合，表明双金属环坯在充型凝固过程的温度变化较为均匀。其中，高温金属液注入浇口后，与低温铸型进行热传导，导致温度迅速下降。进行双金属环坯离心铸造时，外层金属首先在旋转的铸型中完成充型，间隔一段时间后浇入内层金属液。由于内层金属液的热量通过外层金属和铸型向外传递，从而导致外层金属温度升高。离心双金属环坯的冷却凝固属于有热源的非稳态传热过程，因此在 140~230 s 范围内几乎出现了一个温度平台。热源包括金属液过热热量和结晶潜热，其中大部分热量会被铸型吸收，一部分被外层吸收，从而减缓温度下降的趋势。

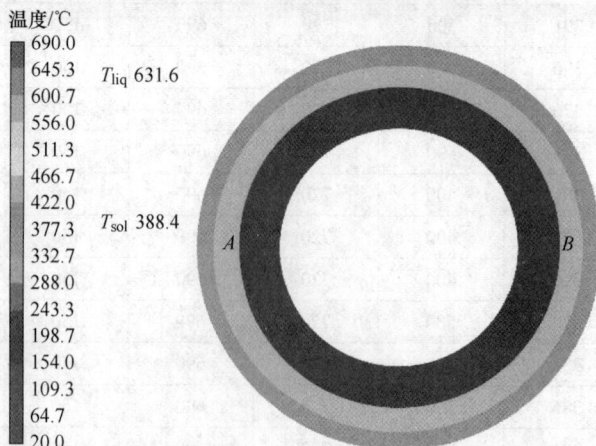

图 6-2　特征点位置

当铸型转速为 300 r/min，内层浇注间隙时间为 376 s 时，外层内表面温度达到 524.4 ℃，仍高于固相线温度，处于熔融态，如图 6-3（a）所示。在离心力的作用下，内外层金属发生熔化混合，外层内表面温度从 524.4 ℃ 升高至 531.49 ℃。双金属环坯凝固后，两种金属在结合界面处以混合态存在，结合非常牢固。由于未形成结合过渡区，失去了复合的意义，此外，这种结合方式还会大幅降低双金属环坯的厚度以及使用性能。虽然随着冷却时间的延长，外层金属的热量损失速度也在加快，但内层释放的热量远高于外层流失的热量。因此，外层尚未冷却到固相线温度以下便继续升温，即从部分冶金结合转变为机械结合，界面结合效果较差。

当铸型转速为 300 r/min，内层浇注间隙时间为 386 s 时，外层内表面温度达到 514.78 ℃，低于固相线温度，处于固态的阶段。浇注内层释放的热量将外层内表面温度从 514.78 ℃ 升高到 527.57 ℃，逐渐熔化的外层金属与内层金属液在高温和离心作用下相互扩散，如图 6-3（c）所示。结合界面两侧由于元素扩散作用，发生化学反应生成新相，形成一层过渡结构。界面结合方式为冶金结合，界面结合效果良好。因此，吸收内层热量后，外层金属温度位于液-固共存区温度，并尽可能接近液相线温度。在保证外层尺寸的同时，应尽可能增加过渡层的厚度，以形成高强度和优良界面结合性能的双金属环坯。

当铸型转速为 300 r/min，内层浇注间隙时间为 396 s 时，浇注内层释放的热量未能使外层内表面温度升高至固相线温度以上，温度最高升至 518.21 ℃，外层仍处于固态，如图 6-3（e）所示。随着内层浇注间隙时间的增加，内层释放的热量难以熔化外层内表面，液态金属在固态表面的快速凝固使得界面缺乏浸润作用。在浇注时的高温阶段，内外层金属缺乏有效的相互扩散，因此内外层金属之间仅存在机械附着，界面结合效果差。

当铸型转速为 300 r/min、内层浇注间隙时间为 381 s 和 391 s 时，浇注内层后，外层内表面的温度分布差异较大。内层浇注间隙时间为 381 s 时，特征点 A 处于液-固共存区，因此不需要释放温度进一步熔化外层，从而有更多的热量提升外层的温度，如图 6-3（b）所示。内层浇注间隙时间为 391 s 时，浇注内层释放的热量只能使外层内表面部分区域的温度升高到固相线温度以上，如图 6-3（e）所示。因此，在以上两个内层浇注间隙时间下，内、外层仅存在部分区域能满足冶金结合条件，结合过渡区是断断续续地出现，因此界面结合效果不理想。

图 6-4 是铸型转速为 400 r/min 时，以不同内层浇注间隙时间浇注内层时，外层内表面各特征点的温度变化曲线。内层浇注间隙时间为 376 s 时，外层内表面温度处于液-固共存区温度，在离心力的作用下，两种金属相互渗透进对方基体内，凝固后没有过渡层生成。但内层浇注间隙时间为 396 s 时因为浇注间隙时间过长，外层吸收内层的热量后仍处于固态，凝固后内、外层处于机械附着状

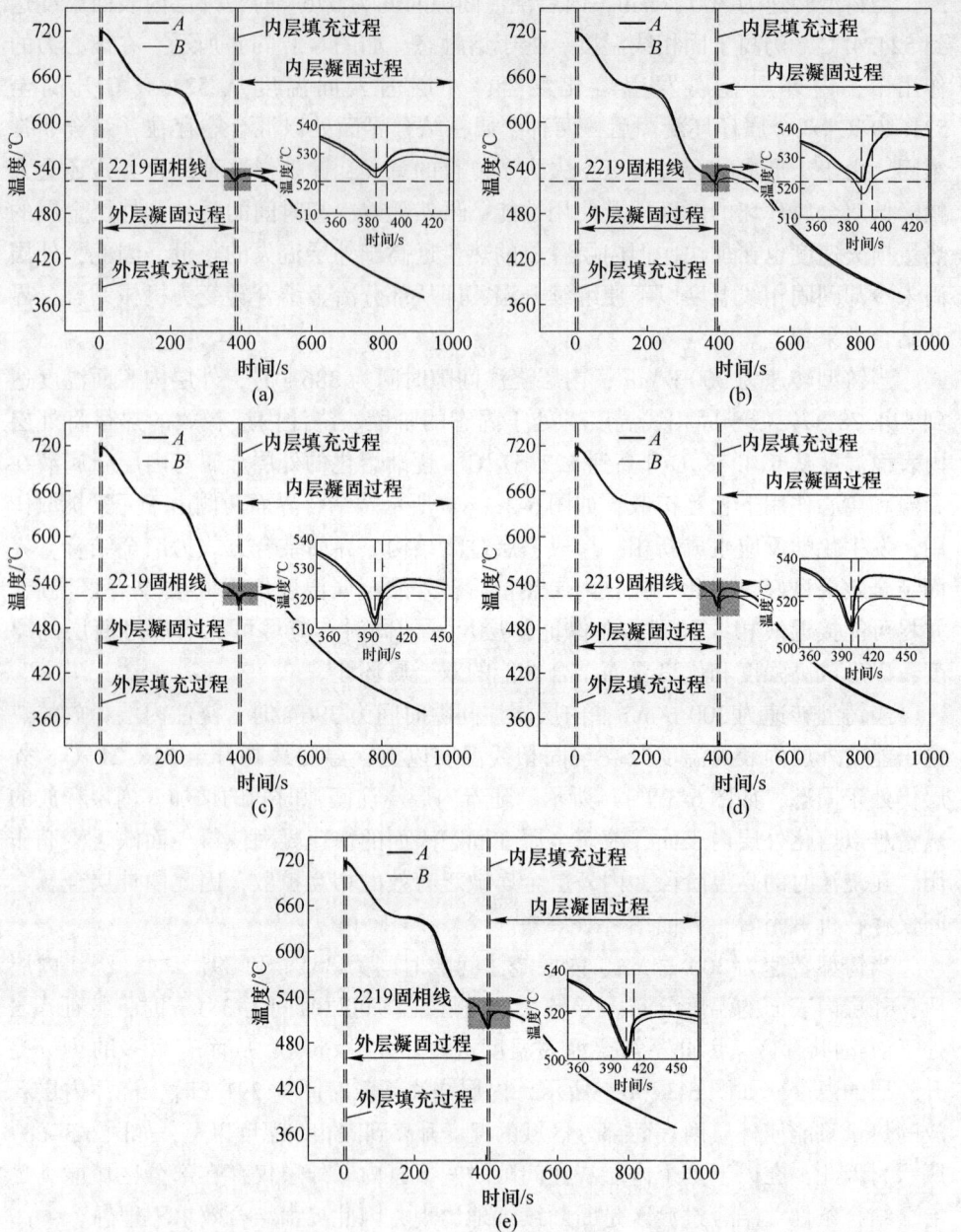

图 6-3　在铸型转速为 300 r/min 时，不同内层浇注间隙时间下特征点的温度变化曲线

(a) 376 s；(b) 381 s；(c) 386 s；(d) 391 s；(e) 396 s

态。内层浇注间隙时间为 386 s 时，初始处于固态的外层金属吸收热量后发生熔化，温度从 513.68 ℃ 升至 527.12 ℃。同时内层金属液与外层金属充分接触，发

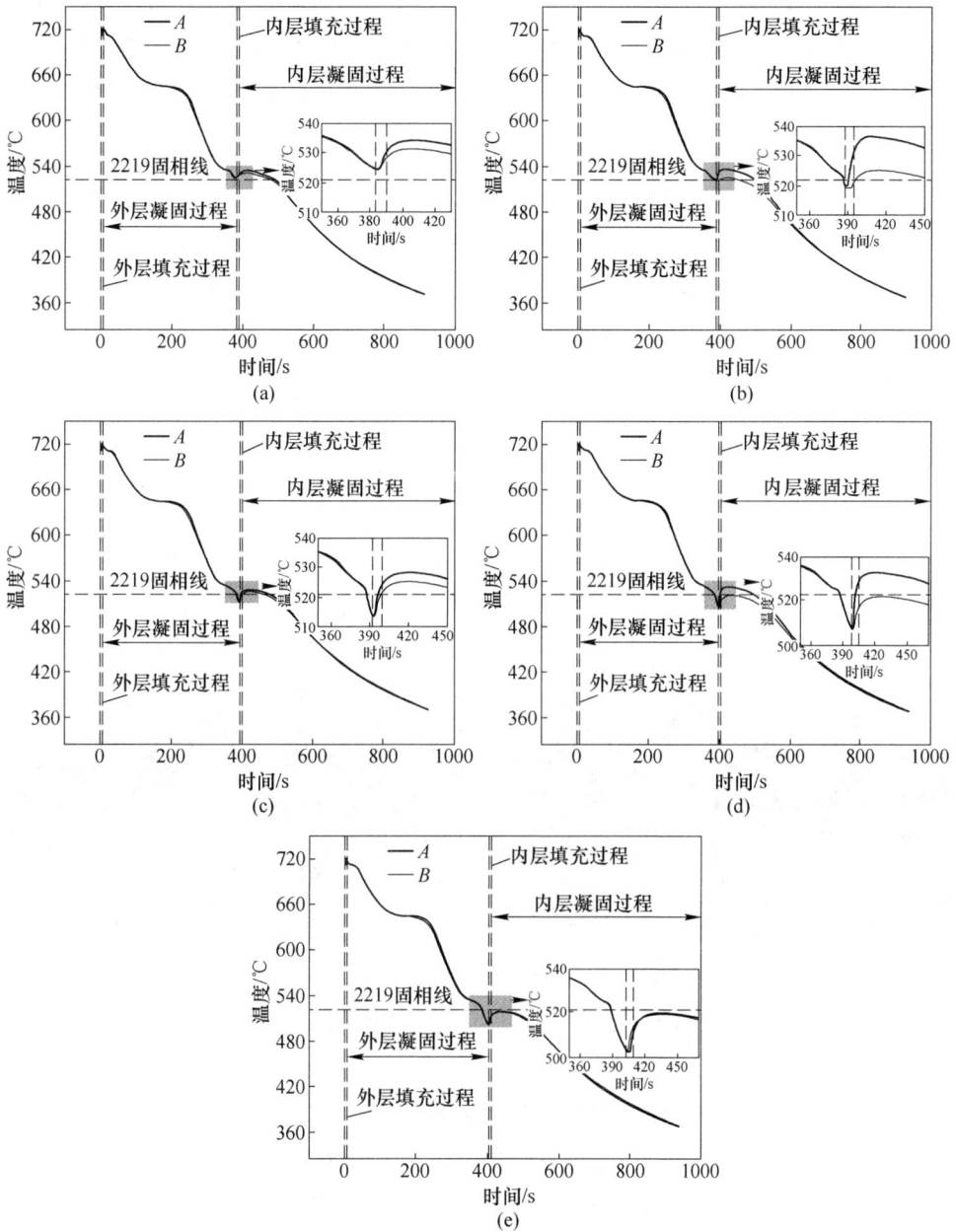

图 6-4 在铸型转速为 400 r/min 时，不同内层浇注间隙时间下特征点的温度变化曲线

(a) 376 s; (b) 381 s; (c) 386 s; (d) 391 s; (e) 396 s

生熔合扩散，最终获得良好的冶金结合界面。内层浇注间隙时间为 381 s 和 391 s 时，外层金属温度上升不均匀，导致凝固后的双金属环坯存在应力不均的情况，最终直接影响到双金属环坯的成形质量。

　　图 6-5 是铸型转速为 500 r/min 时，以不同内层浇注间隙时间浇注内层时，外层内表面各特征点的温度变化曲线。同样，内层浇注间隙时间为 376 s 时，两种金属发生混流，导致外层厚度减少。内层浇注间隙时间为 396 s 时，外层吸收

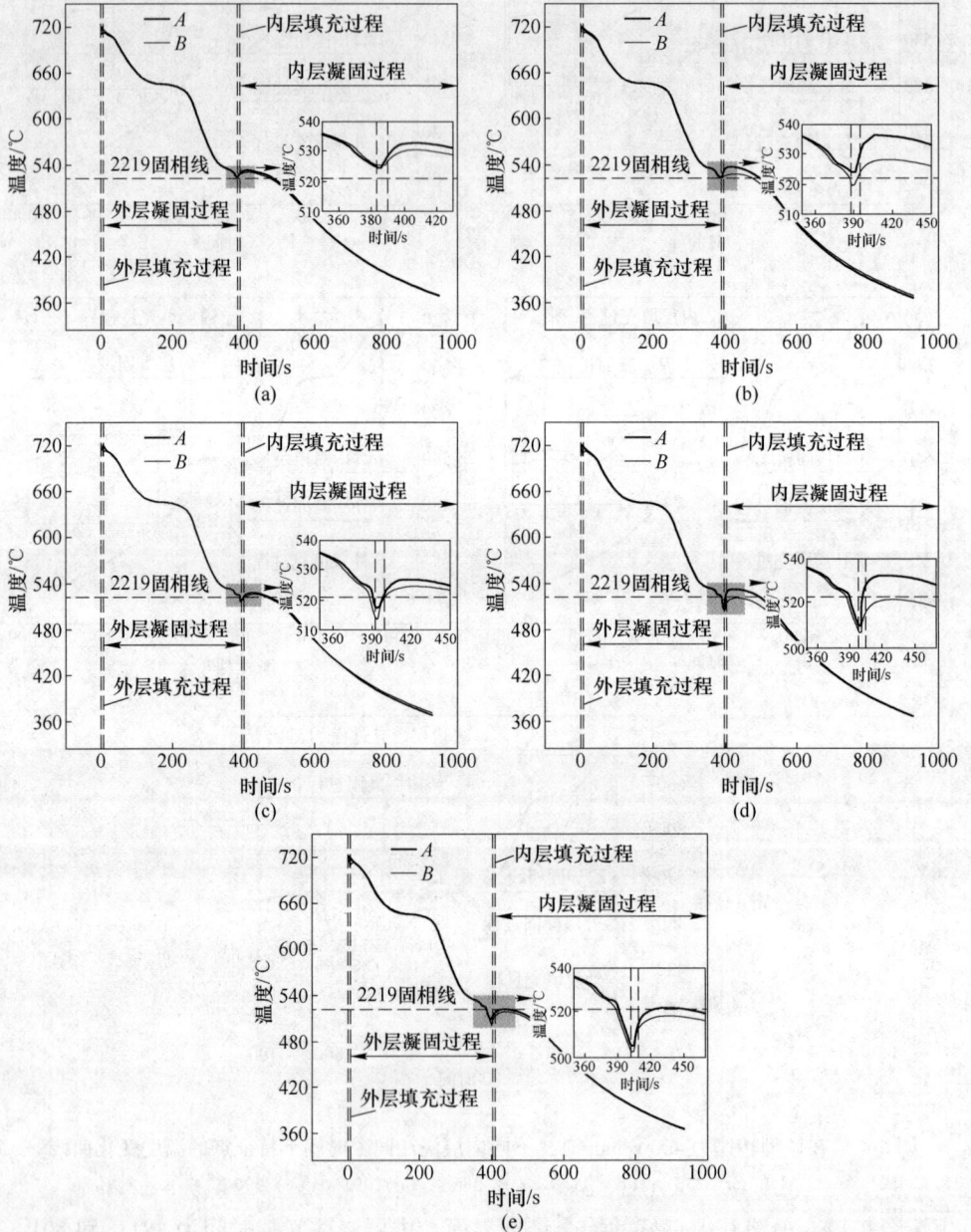

图 6-5　在铸型转速为 500 r/min 时，不同内层浇注间隙时间下特征点的温度变化曲线
(a) 376 s; (b) 381 s; (c) 386 s; (d) 391 s; (e) 396 s

内层热量后，各位置均处于固相状态，因此结合效果不理想。内层浇注间隙时间为 381 s 和 391 s 时，结合界面温度分布差异大，结合过渡区断断续续地出现。但内层浇注间隙时间为 386 s 时，内层释放的热量将固态外层金属熔化，外层温度从 513.69 ℃升至 526.93 ℃并发生熔合扩散，因此，在该内层浇注间隙时间下，界面结合效果较好。

图 6-6 是铸型转速为 600 r/min 时，以不同内层浇注间隙时间浇注内层时，外层内表面各特征点的温度变化曲线。可以看出，随着铸型转速的增加，特征点 A、B 的温度差变小，双金属环坯的温度均匀性得到改善。同样地，内层浇注间隙时间为 386 s 时，外层金属经历了从固态到熔融态的过程，温度从 513.13 ℃上升至 526.2 ℃，这一过程极大地促进了两层金属间的扩散与结合。内层浇注间隙时间为 376 s 时，接触区域呈现出两种金属的混合状态，不符合对双金属扩散结合层的定义。内层浇注间隙时间为 396 s 时，外层升温后温度仍未达到液-固共存区温度，凝固后仅获得机械附着状态的界面。当内层浇注间隙时间为 381 s 和 391 s

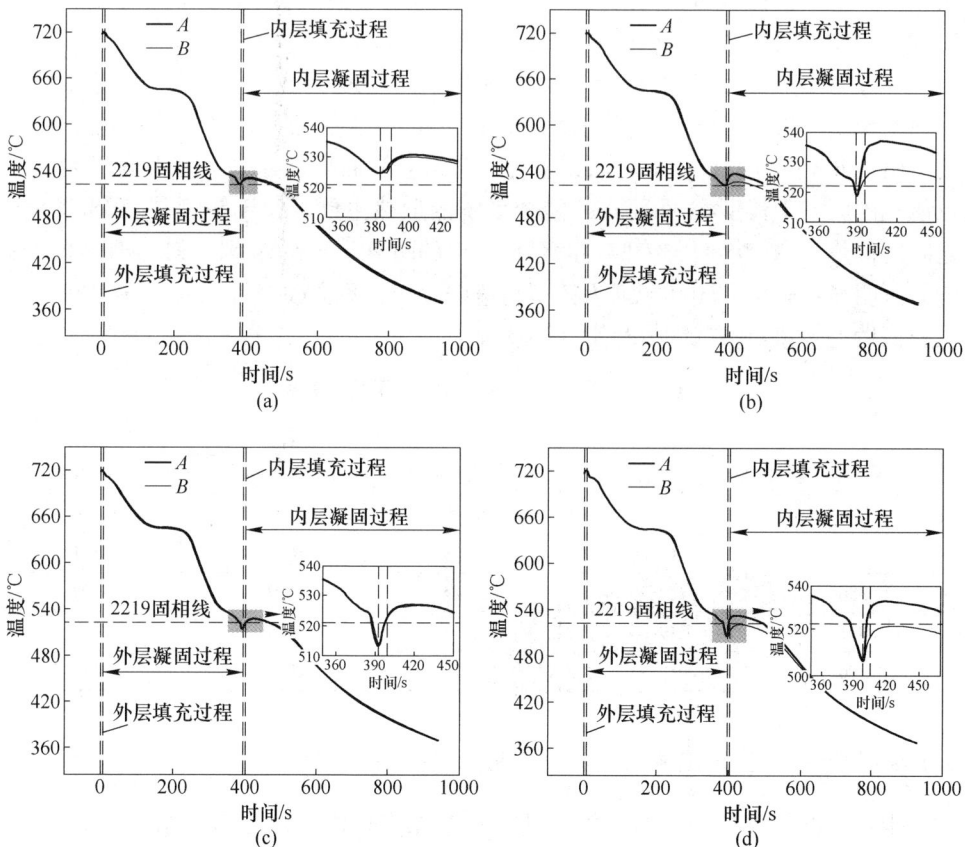

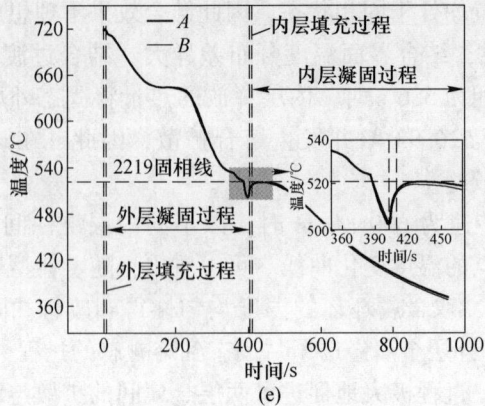

图 6-6　在铸型转速为 600 r/min 时，不同内层浇注间隙时间下特征点的温度变化曲线
(a) 376 s；(b) 381 s；(c) 386 s；(d) 391 s；(e) 396 s

时，与其他铸型转速相似，特征点 A 温度均高于特征点 B 温度，且温度差异较大。可以看出，在该内层浇注间隙时间下，双金属环坯的温度分布不均匀。冷却凝固后，双金属环坯可能会因此有裂纹等缺陷产生。

通过以上分析可知，当内层浇注间隙时间为 386 s 时，最有可能获得良好的界面冶金结合层。表 6-5 为不同浇注方案下特征点在浇注内层时的平均上升温度。由表 6-5 可以看出，不同的铸型转速对结合界面附近处的温度影响不大。这可能是因为对于铸型-铸件而言，整个系统的散热主要来源于铸型与双金属环坯之间的传热。结合界面与铸型表面存在一定的距离，导致铸型转速对温度场的影响并不明显；其次，还可能因为铸型转速的改变，只会改变铸型与空气之间的传热，而铸型转速对空气的传热影响不明显。

表 6-5　不同浇注方案下特征点平均上升温度　　　　　(℃)

内层浇注间隙时间/s	铸型转速			
	300 r/min	400 r/min	500 r/min	600 r/min
376	7.09	8.45	8.84	6.22
381	11.89	11.39	10.23	12.51
386	12.79	13.44	13.24	13.07
391	19.55	18.11	19.45	21.56
396	18.98	21.23	20.23	19.19

6.2.4　缩松、缩孔缺陷分布预测及控制

根据温度场模拟结果的分析，进一步对能实现内、外层均匀结合的方案 1、方案 3、方案 6、方案 8、方案 11、方案 13、方案 16、方案 18 的缩松、缩孔特征

进行分析。由于浇注内层时，外层的缩松、缩孔会发生相应的变化，因此重点研究了在不同浇注条件下双金属环坯内层缩松、缩孔的分布情况以及缺陷体积变化，得出离心铸造浇注双金属环坯的最佳工艺方案。图6-7所示为不同浇注方案下双金属环坯内层缩松、缩孔的特征，表6-6为不同离心浇注工艺下双金属环坯内层缩松、缩孔的体积。

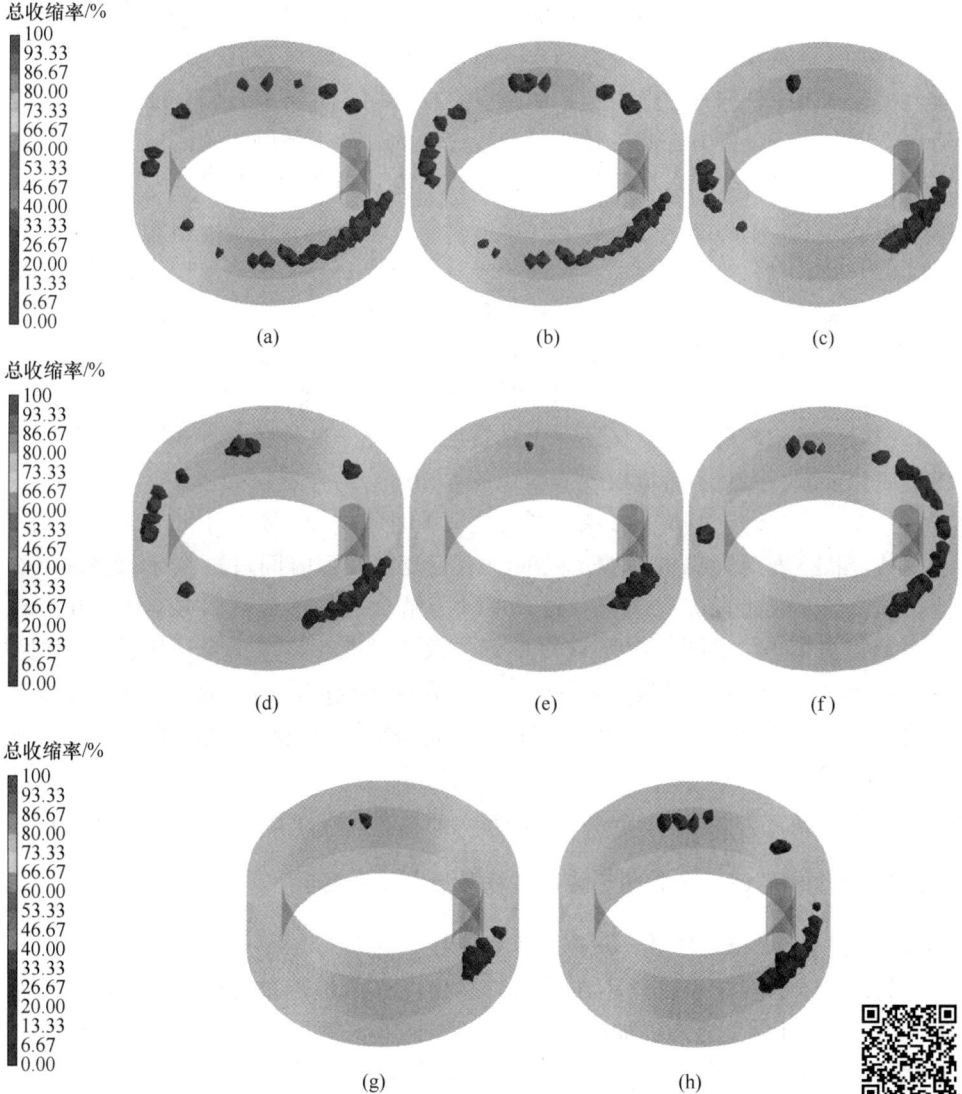

图6-7 不同浇注方案下双金属环坯内层缩松、缩孔特征

(a) 方案1；(b) 方案3；(c) 方案6；(d) 方案8；(e) 方案11；
(f) 方案13；(g) 方案16；(h) 方案18

扫一扫看
更清楚

表 6-6   不同浇注方案下双金属环坯内层缩松、缩孔体积

方案	1	3	6	8	11	13	16	18
体积/cm³	211.24	211.39	159.64	186.98	73.51	171.18	78.26	163.37

从图 6-7（b）（d）（f）（h）和表 6-6 可以看出，当内层浇注间隙时间一定时，缩松、缩孔体积随着铸型转速的提高而逐渐减小，这是因为随着离心旋转速度增加，金属液受到的离心力增大，可以更均匀地铺满型腔。此外，还显著增强金属熔体凝固时的补缩能力，从而减少缩松、缩孔等铸造缺陷。缩松、缩孔缺陷主要集中在浇口下方，此处是金属液流速最大、冲击最剧烈的区域，在凝固过程中会产生较多的缺陷。当两种金属以混流的方式结合时，缩松、缩孔缺陷比扩散冶金结合少。这是因为浇注内层释放的热量，更容易熔化外层内表面区域在凝固过程中形成的宏观补缩通道。气体和夹杂物在离心力作用下被排出，组织更加致密，因此缩松、缩孔更少。虽然两种金属以混流的方式结合时，界面结合非常牢固，但两种金属的线膨胀系数等热物性参数不同，在铸造或者后续的热处理过程中，温度的变化会导致两种金属不同程度的膨胀和收缩，从而导致铸件开裂。此外，双金属环坯复合的意义还在于结合层的性能。这种结合方式不利于结合层的形成和扩散，因此不希望出现大面积的界面熔合结合。

由以上分析讨论可知，如果内层浇注间隙时间过长，不利于双金属环坯的复合，结合状态表现为机械附着。同时，内层浇注间隙时间过短，导致金属液混流，结合界面处元素成分趋于一致，不利于结合层的形成，如方案 1、方案 6、方案 11、方案 16。因此，为了获得良好的双金属离心铸造结合环坯，应特别注意内层浇注间隙时间。从表 6-4 可以看出，在能实现冶金结合的方案 3、方案 8、方案 13、方案 18 中，双金属环坯缩松、缩孔缺陷体积最小的是方案 18，其次是方案 13，两者差距不大，仅有不到 8 cm³。综上所述，内层浇注间隙时间为386 s，铸型转速为 500 r/min 和 600 r/min 都是能获得良好结合界面的较优方案。

6.2.5   双金属环坯结合界面热传递过程及冶金结合高度

6.2.5.1   双金属环坯结合界面传热过程

为进一步了解双金属环坯在凝固阶段中的界面传热过程，选取浇注内层后0~105 s 的界面温度云图，如图 6-8 所示。从图 6-8 中可以看出，浇注内层时结合界面处传热模式表现为"⊐"形。双金属环坯内层的热量穿过结合界面后，以"⊐"的形状向外层扩散。随着凝固时间的增加，扩散深度呈先扩大，后缩小的变化趋势。同时，内层在其他边界处的散热速率高于结合界面处，导致内层的高温区逐渐向结合界面处靠近。

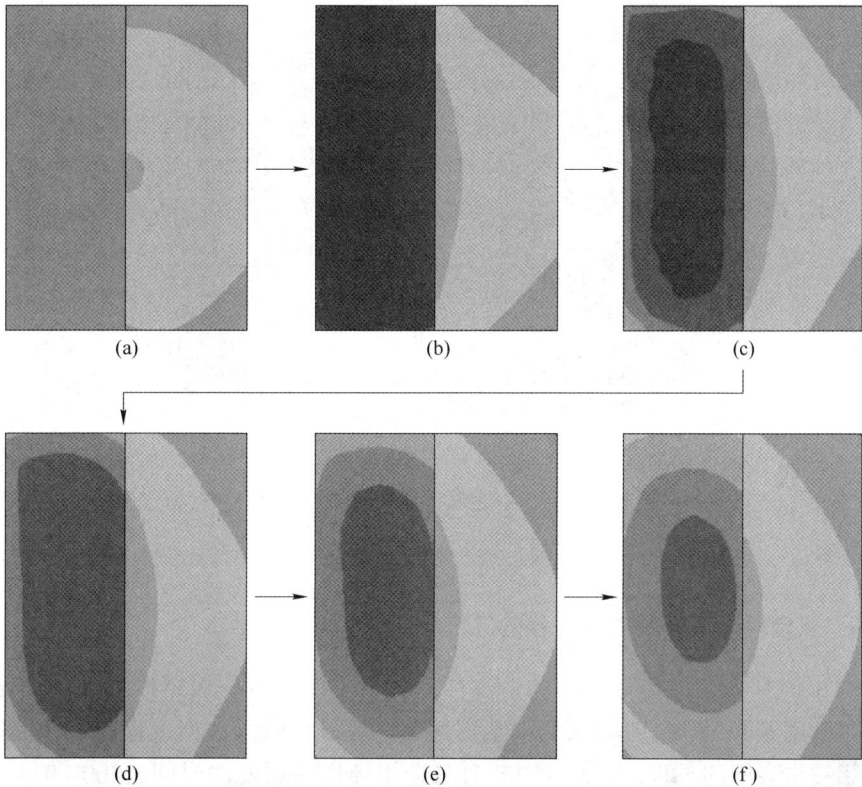

图 6-8 凝固过程中的结合界面传热

（a）$t=0$ s；（b）$t=7$ s；（c）$t=25$ s；（d）$t=55$ s；（e）$t=85$ s；（f）$t=105$ s

扫一扫看
更清楚

6.2.5.2 双金属环坯结合界面冶金结合高度

图 6-9 所示为在较优方案下双金属环坯轴向结合界面的温度场，使用 ProCAST 软件提供的尺寸测量工具，可以根据双金属环坯轴向结合界面温度云图判断冶金结合界面的长度。

内层充型完成后，测得方案 13 上边界处低于固相线温度的长度为 19.83 mm。根据双金属环坯轴对称性可知良好冶金结合区域长度为 190.34 mm。而方案 18 的良好冶金结合区域长度仅为 185.2 mm，略低于方案 13。从冶金结合长度来看，方案 13 要优于方案 18。此外，两者内层浇注间隙时间相同，方案 13 的铸型转速为 500 r/min，方案 18 的铸型转速为 600 r/min，虽然高转速一方面可以使组织更加致密，但另一方面也增加了凝固压力和能耗。金属液在高转速下更容易发生偏析，这对离心机的制造要求也更高。因此，在能保证铸件质量的前提下，应该选择较低的铸型转速。

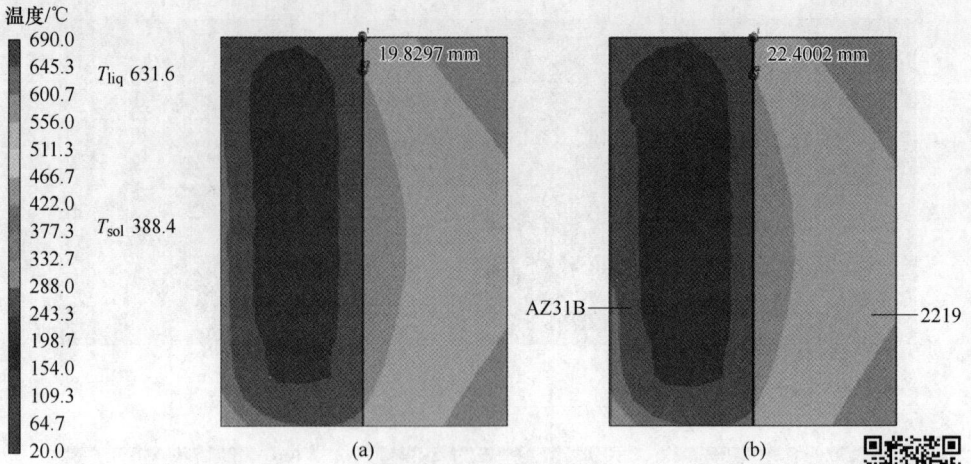

图 6-9　较优方案下双金属环坯轴向结合界面的温度场
(a) 方案 13；(b) 方案 18

扫一扫看
更清楚

6.2.6　双金属环坯外层凝固过程的温度场变化

图 6-10 所示为在最佳离心铸造浇注工艺方案下，双金属环坯外层的温度场变化。由图 6-10 可知，0~7 s 为双金属环坯浇注外层时的充型过程，7~393 s 为外层第一次凝固的过程，393~400 s 为双金属环坯内层浇注时间，400~944 s 为外层第二次凝固的过程。其中，在 427 s 时，外层由于吸收浇注内层释放的热量，其温度达到了顶峰（526.93 ℃）。整个过程与图 6-5（c）所示的温度变化曲线一致。金属液的充型过程和凝固过程稳定性较高，没有出现飞边的情况，说明该方案下的工艺参数设置较为合理。

从图 6-10（a）（b）（c）所示的外层充型过程可以看出，在重力、离心力和科里奥利力的作用下，金属液从浇注口进入型腔后，首先贴着铸型内壁进行圆周

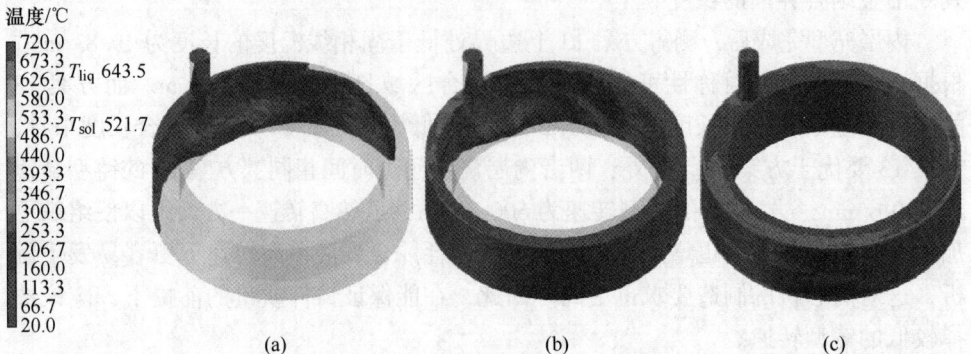

(a)　　　　　　　　(b)　　　　　　　　(c)

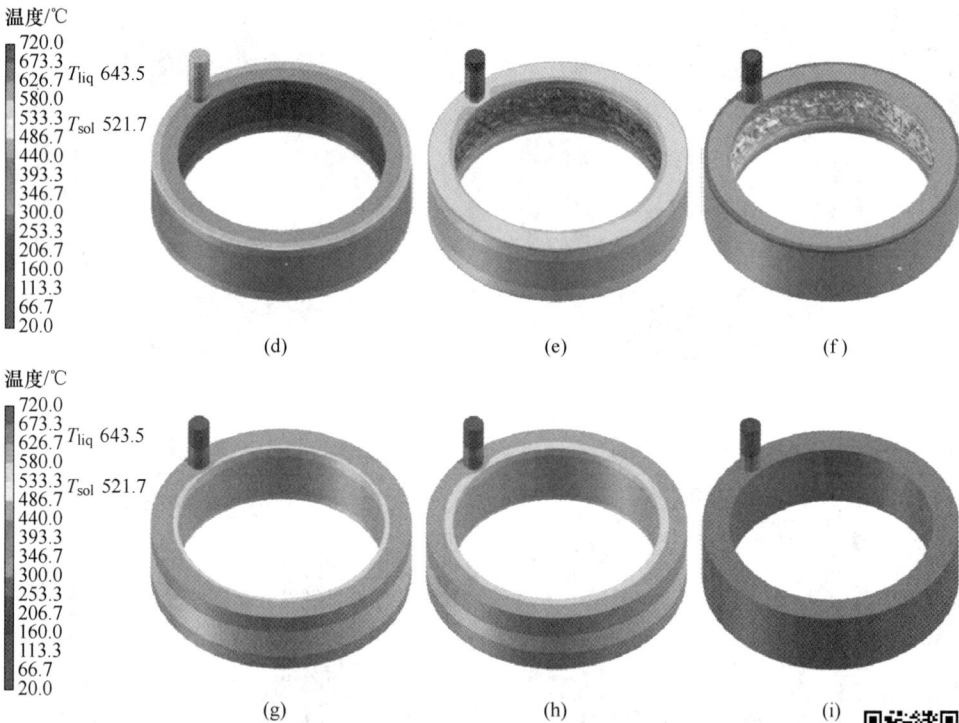

图 6-10 最佳工艺方案下双金属环坯外层的温度场变化
(a) $t=1$ s; (b) $t=4$ s; (c) $t=7$ s; (d) $t=50$ s; (e) $t=200$ s;
(f) $t=393$ s; (g) $t=400$ s; (h) $t=427$ s; (i) $t=944$ s

扫一扫看
更清楚

运动，并由铸型的下端面处逐渐向上端面处填充，由外表面逐渐向内表面填充，直至完全充满型腔。金属液在充型流动的过程中，首先在铸型外表面处开始降温。充型完成后，双金属环坯的冷却凝固过程实际上是从上下端面往中心部位、由外表面向内表面凝固。这是由于双金属环坯端面除了与铸型传热之外，还向两端传热，导致中部比上下边界温度高。此外，由于在离心力的作用下，金属液首先在铸型外表面冷却凝固。由于铸型外表面散热面积大于内表面，导致外表面温度低于内表面，因此，双金属环坯的中部位置的性能要高于边界位置。从图 6-10 (g) (h) (i) 所示的外层第二次凝固过程可以看出，外层内表面存在短时间的温度上升过程，这是由于吸收了浇注内层释放的热量引起的温度上升，其热量传递过程如图 6-10 所示。

6.2.7 双金属环坯结合界面微观组织演变模拟

6.2.7.1 双金属环坯径向结合界面微观组织

图 6-11 所示为在最佳离心浇注工艺方案下，双金属环坯径向不同高度（下

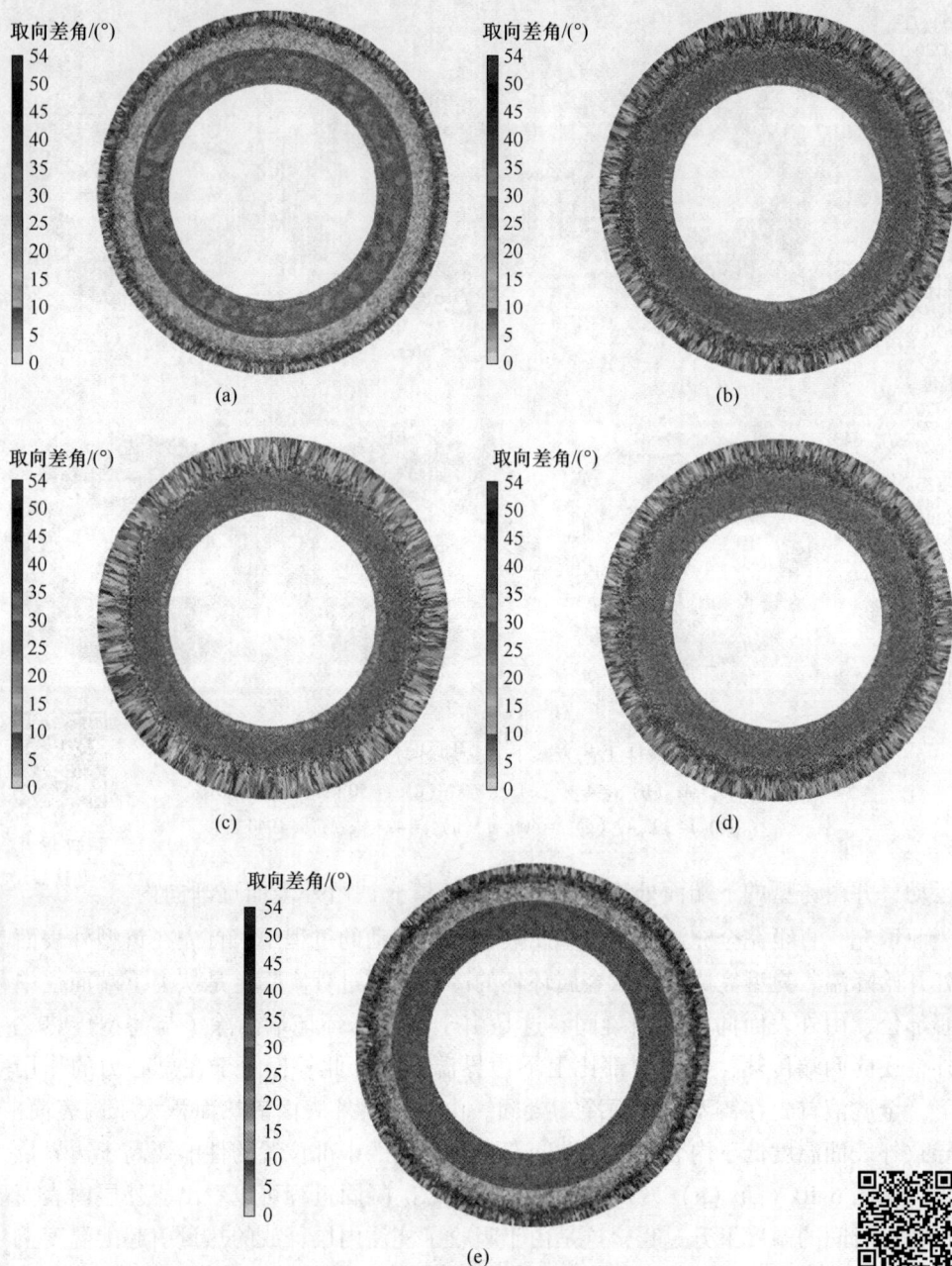

图 6-11   最佳工艺方案下双金属环坯径向不同高度的微观组织演变过程   扫一扫看
(a) 下端面；(b) 1/4 高度处；(c) 中部位置；(d) 3/4 高度处；(e) 上端面   更清楚

端面、1/4 高度处、中部位置、3/4 高度处、上端面）的微观组织演变过程。金属液进入型腔后，首先与外层下端面以及型壁接触，因此凝固的初始阶段将在该区域进行。金属液与型腔接触快速冷却，过冷度增加，在与金属液接触的型腔表面形成了大量晶核，如图 6-11（a）所示。

由于凝固过程中也在不停传热和散热，晶粒沿着热流的方向择优生长，形成径向方向由外层外表面向内表面生长的柱状晶。随着凝固的进行，当柱状晶前端的液体局部区域达到一定的过冷度时，会在柱状晶前端区域出现大量的形核质点，长大后形成等轴晶，并且铸型旋转加速金属液流动，共同阻碍了柱状晶的生长，从而发生柱状晶到等轴晶的转变。在等轴晶生长的过程中，会释放出大量的结晶潜热，晶粒尺寸也会变大。同时，随着冷却壁厚的增加，晶粒之间竞争生长，最优生长方向上的晶粒通过变粗长大的方式抑制并阻碍了其他生长方向的晶粒的长大，从而在凝固末期，晶粒取向偏差度变小，偏差角度为 5°~20°，最终表现为粗大的等轴晶。

在浇注内层时，外层可以当作温度较高的铸型。当内层金属液进入型腔时，外层激冷效果变弱，温度梯度变小，导致形核过冷度变小，从而使得细小等轴晶的生长区域变宽。当内层充型快结束时，金属液接触到内层内表面，遭遇激冷而快速形核并长成柱状晶，随后按照外层的晶粒生长方式进行凝固。结合界面铝侧的细小等轴晶吸收内层释放的热量后，晶粒逐渐变得粗大。2219Al/AZ31B 双金属环坯结合界面两侧晶粒长大过程，如图 6-12 所示。双金属环坯整体凝固完成后，内层镁合金晶粒大小远小于外层铝合金晶粒，整体偏差角度更均匀，大体分布在 25°~30°。结合界面处的微观组织由外层内表面的粗大等轴晶和内层外表面的细小等轴晶组成。

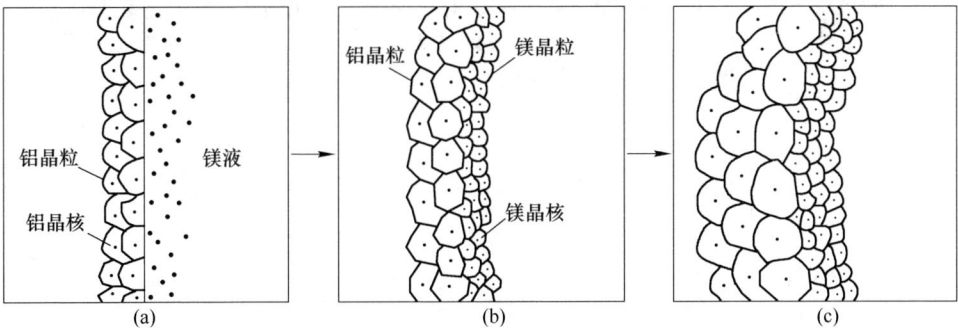

图 6-12 2219Al/AZ31B 双金属环坯结合界面处的晶粒生长示意图
(a) 浇注过程；(b) 凝固过程；(c) 凝固后

2219Al/AZ31B 双金属环坯上端面微观组织演变过程与下端面一致，微观组织如图 6-11（e）所示。双金属环坯轴向中间高度位置的晶粒组织与端面处略有不同，随着柱状晶生长区域距双金属环坯轴向下端面距离增加，呈现先增大后缩小的趋势。这是因为双金属环坯轴向中间高度位置的温度更高，温度下降速度缓慢，更加有利于柱状晶的生长。结合界面处的微观组织仍然是以外层内表面的粗大等轴晶和内层外表面的细小等轴晶组成为主，微观组织如图 6-11（b）（c）和（d）所示。

6.2.7.2　双金属环坯轴向结合界面微观组织

图 6-13 所示为最佳工艺方案下双金属环坯轴向内、外层不同位置（浇口处、垂直浇口处）的微观组织演变过程。从图 6-13 中可以看出，与径向晶粒生长方式类似，双金属环坯内、外层沿垂直于型壁方向先生长出柱状晶，随后发生柱状晶向等轴晶的转变。结合界面处的显微组织由内层外表面的细小等轴晶和外层内表面中间高度处的细小等轴晶、端面处的粗大柱状晶组成。此外，由于铝合金的结晶温度范围较窄，一般是逐层凝固，有利于柱状晶的形成。而镁合金在凝固时，固液共存区域较宽，容易形成等轴晶。因此，铝合金一侧柱状晶生长区域远大于镁合金。

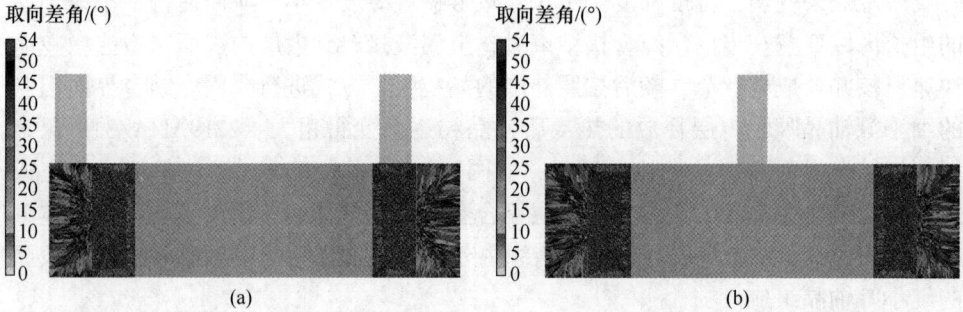

图 6-13　最佳工艺方案下双金属环坯轴向内、外层不同部位的微观组织演变过程
（a）浇口处；（b）垂直浇口处

7 双金属环坯离心铸造结合界面性能的实验

结合界面是双金属环坯最重要的结构特征，其性能优劣将直接影响构件的力学性能及使用寿命。前文通过数值模拟方法研究了立式离心铸造条件下不同工艺参数对双金属环坯结合界面性能的影响，为了验证数值模拟结果的准确性及可靠性，本章以铸型转速 700 r/min、内、外层浇注间隙时间 170 s 的双金属环坯为研究对象，对其结合界面形态、微观组织和力学性能进行测试，以期为双金属环坯离心铸造技术的深入研究提供实验依据。

7.1 结合界面组织观察与结合性能检测

实验用 40Cr/Q345B 离心铸造双金属环坯为最佳工艺条件下成形获得，如图 7-1（a）所示，图 7-1（b）所示为对应取样位置，通过选取双金属环坯高度方向中间部位同一水平面上 4 × 90° 的 4 区域 A、B、C 和 D 为研究对象来进行组织观察与性能检测。

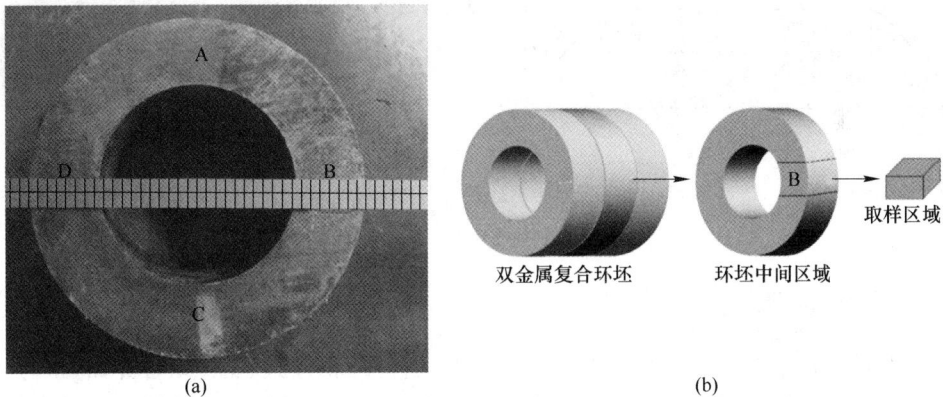

图 7-1 双金属环坯（a）及取样位置（b）

7.1.1 金相组织观察

为研究结合界面内部组织变化，将成功制备的双金属环坯通过线切割成 15 mm×15 mm×10 mm 的小长方体，依次使用 120 号、600 号、800 号、1000 号、1500 号及 2000 号砂纸在 Phoenix 4000 抛磨机上进行打磨抛光，待试样表面呈现镜面状态后，用酒精清洗并用 4% 硝酸酒精溶液进行腐蚀。随后在光学显微镜（LEICAMEF4M）下进行显微组织观察。

7.1.2　扫描电镜分析

为了解结合界面两侧各元素扩散情况及其分布规律，采用 JSM-6510 扫描电镜上安装的牛津 EDS 能谱仪对试样 CD/RD、RD/AD 面上界面两侧的 C、Cr、Mn 元素进行线扫描分析，以确定元素扩散情况及分布规律。其中，CD 表示环坯周向，RD 表示环坯径向，AD 表示环坯轴向，见 7.2 节图 7-7。

7.1.3　拉伸实验

结合界面拉伸性能常被用作衡量试样的结合优劣情况。采用 AGS-X-50KN 万能电子试验机对双金属环坯各向进行拉伸性能测试，试样具体尺寸如图 7-2 所示，拉伸速率控制为 2 mm/min，测试结果为 3 次单独测试的平均值。实验结束后试样，如图 7-3（a）所示，将断口用滤纸包好进行防氧化保存，便于后期断口观察分析。

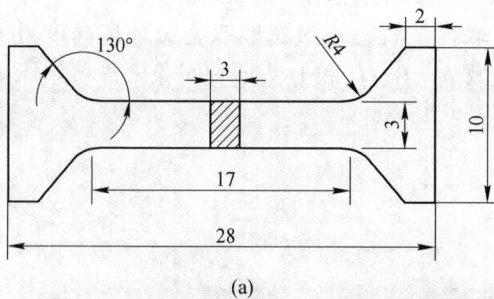

图 7-2　拉伸试样尺寸（单位：mm）
（a）几何尺寸标识；（b）实物

7.1.4　剪切实验

衡量试样结合好坏的另一个关键指标是结合界面剪切强度，结合界面剪切强度越高，结合界面品质越好。本书根据 GB 6396—2008 并结合实际情况设计出如图 7-4 所示的试样尺寸，利用 Instron-8801 万能电子试验机对其周向进行剪切（拉剪）实验。剪切过程中控制夹头移动速度为 0.2mm/min，各样品最少进行 3 次测试，取平均值作为最终结果，实验结束后试样，如图 7-3（b）所示，将剪切断口用钢条锯下，经超声波震荡清洗后进行断口观察。

$$\sigma = \frac{F}{S} \tag{7-1}$$

式中，σ 为结合强度，MPa；F 为拉伸力，N；S 为结合界面面积，mm^2。

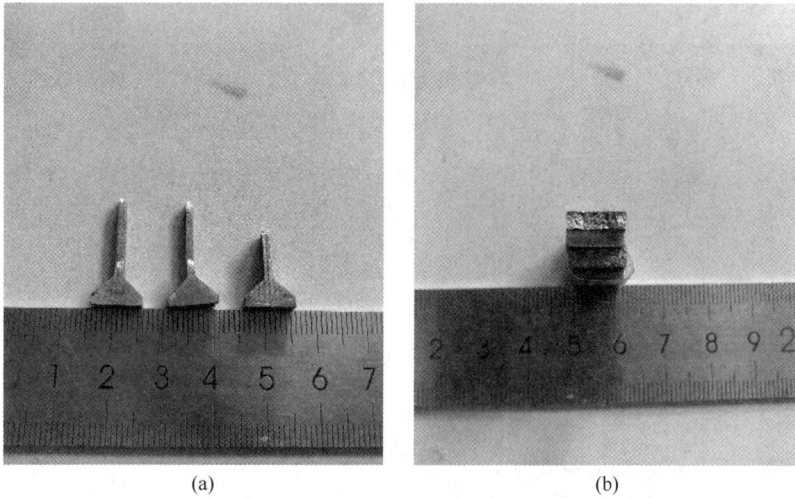

(a)　　　　　　　　　　　　　　(b)

图 7-3　试样宏观断裂

（a）剪切断裂试样；（b）拉伸断裂试样

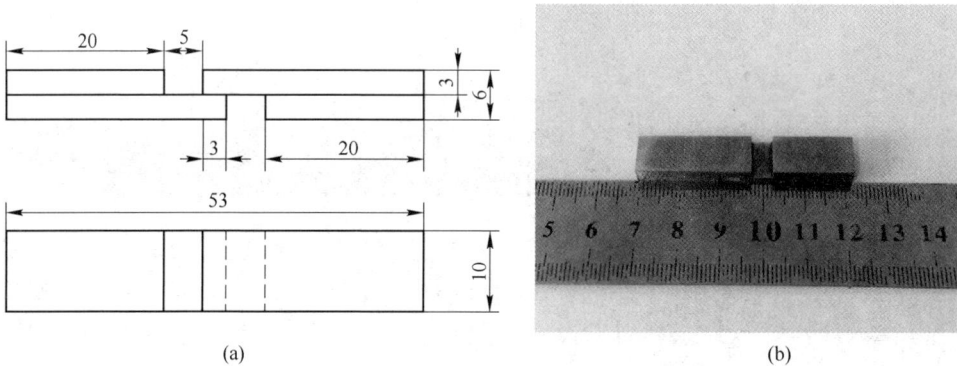

(a)　　　　　　　　　　　　　　(b)

图 7-4　剪切试样尺寸（单位：mm）

（a）尺寸；（b）宏观试样

7.1.5　硬度实验

　　硬度在一定程度上可反映结合界面性能。利用 LM-248AT 型显微硬度仪表征结合界面周向、轴向的硬度分布，压下力为 0.3 kg，保载时间为 10 s，以结合界面为原点，150 mm 为点间距，左右两侧各取 6 点，测量 3 组取其平均值，以确保测试的准确性。

7.2　结合界面组织演变

　　图 7-5 所示为铸型转速 700 r/min、间隙时间 170 s 条件下双金属环坯 CD/RD

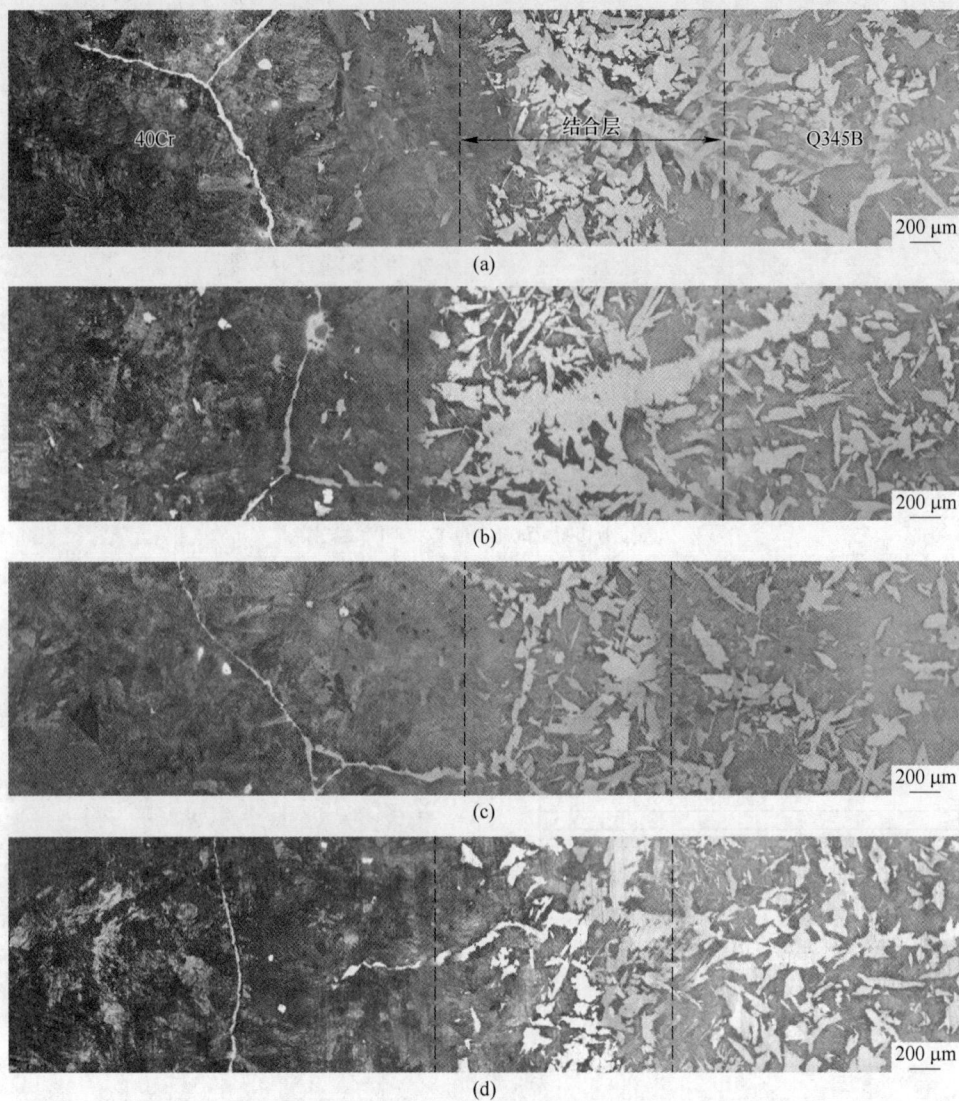

图 7-5　双金属环坯 CD/RD 面上各区域微观组织
(CD：周向，RD：径向)
(a) A 区域；(b) B 区域；(c) C 区域；(d) D 区域

面各区域的显微组织图。由图 7-5 可知左侧材料为 40Cr，右侧材料为 Q345B，结合界面两侧存在明显白色铁素体组织，其中 40Cr 侧含量较少，Q345B 侧含量较多，且呈长条颗粒状。结合界面无明显缩松、缩孔等缺陷，这是因为浇注内层金属液后金属熔体在多力交互作用下能与外层壳体内表面紧密贴合，发生熔融结合，使得原本存在的缩孔、缩松等缺陷消失。结合界面无明显分界线，存在较宽的锯齿/犬牙交错状过渡区，一方面是由于双金属环坯外层内表面处于糊状区中，其动力黏度、界面张力较大，不易被内层金属液冲混，并且随着结晶潜热的释放，外层内表面仅很薄一层金属发生熔化，足以阻止内层金属液进一步进入外层内部发生混流。另一方面是由于此时双金属环坯外层内表面虽然已凝固到固相线以下，但温度仍相对较高，其熔化所需热量较少，内层金属液浇入后，结合界面两侧原子发生明显互扩散，最终使得结合界面呈锯齿/犬牙交错状，显然这种结构有利于提高双金属环坯的结合强度。

观察发现各区域内过渡区厚度情况为 B 区域>A 区域>D 区域>C 区域，这是因为金属液的填充过程会伴随热量的丢失，由于内层金属液的填充路径为 B-A-D-C-B，因此流经各区域时的温度大小为 B 区域>A 区域>D 区域>C 区域，温度越高的区域越能使内层金属液长时间与双金属环坯外层内表面紧密接触，相互融合，最终形成较宽过渡区。同时温度越高的区域扩散原子的能量堡垒越强，越易脱离晶格向另一侧远距离扩散，所以过渡区大小为 B 区域>A 区域>D 区域>C 区域。而过渡区厚度与界面结合强度有直接的联系，过渡区越宽，界面结合强度越大，这是因为较宽的过渡区使各材料间的物理、化学性质存在平稳过渡，增大了两种材料的兼容性，提高了双金属环坯的界面结合强度。因此，各区域界面结合强度大小为 B 区域>A 区域>D 区域>C 区域。

此外，观察发现部分区域的过渡区内出现了明显的长条针状组织，这是由于内层浇注时携带的热量较高，与双金属环坯外层内表面接触后以较快的冷却速度冷却，先共析铁素体从奥氏体晶界沿一定晶面往晶内生长，故在粗大的原奥氏体晶粒内部形成互成一定角度或彼此平行的长条针状组织。对比发现，越靠近浇口处界面该组织体积越大，这是由于越靠近浇口处金属液高温作用时间更长。该长条针状组织一定程度上会削弱双金属环坯的结合性能，后期可通过适当热处理消除。

图 7-6 所示为铸型转速为 700 r/min、间隙时间为 170 s 条件下双金属环坯 RD/AD 面各区域的显微组织图。由于离心铸造时重力作用将导致金属液填充存在不平稳性，使得双金属环坯结合界面过渡区设有清晰分界线，而是如同鱼骨状、羽毛状等形态。各组织平稳交错，说明内、外层冶金结合效果良好。C 区域由于温度最低，所以结合界面过渡区最窄，约 500 μm。B 区域界面结合处为倾斜羽毛状，这是由于在离心力作用下，内层金属液有向外层内表面紧密贴合、渗透趋势，加之由于外层基体动力黏度、界面张力和金属液的重力影响，使其最终呈现为较宽的倾斜羽毛状。A、D 区域界面结合处为鱼骨状，这是因为内层金属液与外层基体间的相互作用，温度差异比 B 区域的不明显，造成部分金属液侧移，使其最终形成如图所示的鱼骨状组织。随着温度降低，结合界面形态趋于正

常。观察发现长条针状组织含量大大减少，这是由于轴向试样可同时向轴向/径向散热，热量降幅较快，在相同时间内难以造成过热现象。对比图 7-5 和图 7-6 发现，CD/RD 面上各点的显微组织要比 RD/AD 面上的显微组织过渡更均匀，这是由于 CD/RD 面上离心力作用影响更明显，而 RD/AD 面上由于重力作用，在充型未完全时金属液存在沉降趋势，最终使得试样不同高度组织略有差别。

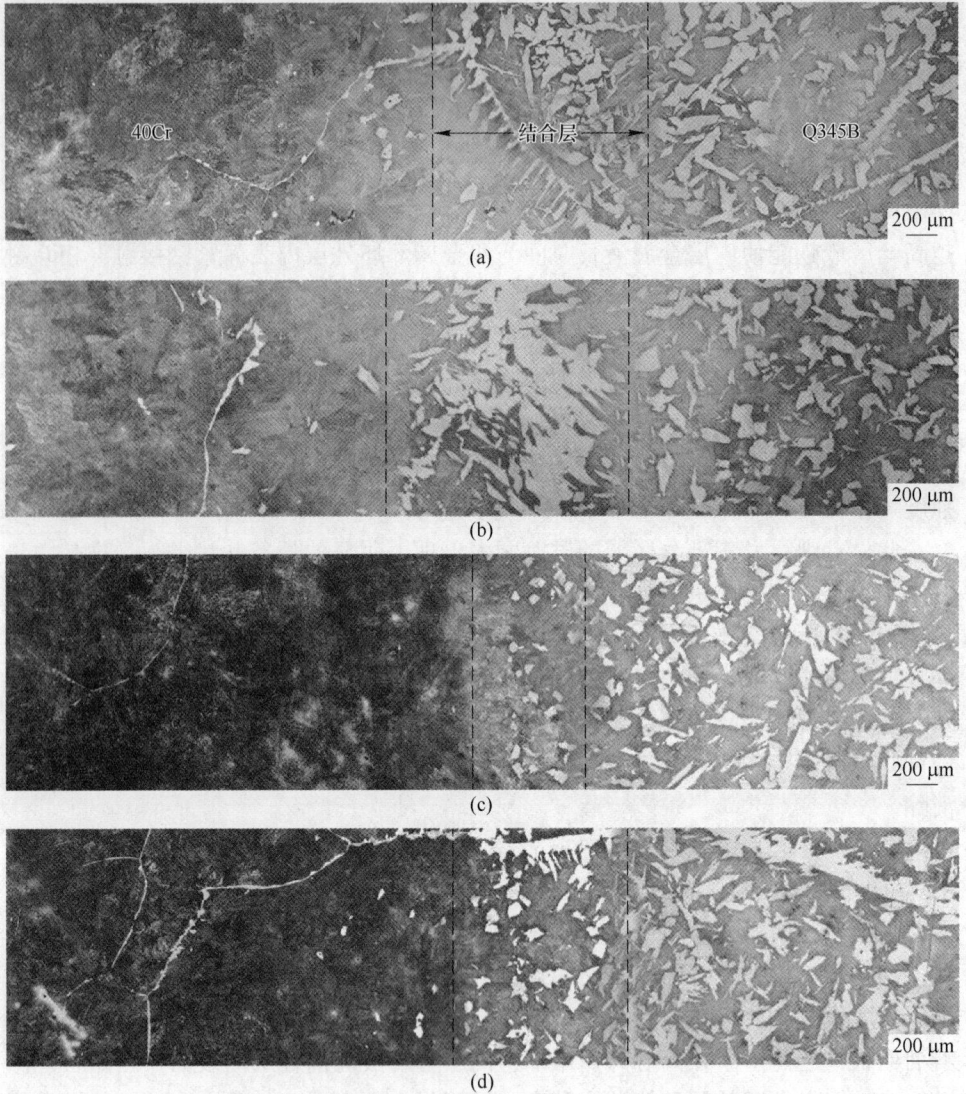

(a)

(b)

(c)

(d)

图 7-6　双金属环坯 RD/AD 面上各区域微观组织

（AD：轴向）

（a）A 区域；（b）B 区域；（c）C 区域；（d）D 区域

　　分析发现，前期内层金属液的浇入使得双金属环坯外层内表面因热传导作用吸收了大量热量，使其温度迅速上升到固相线温度以上，处于熔融态，随后内层金属液与它熔融和交互，为明显的熔融结合。后期充型完成后双金属环坯温度较高，双方原子交换概率大大增加，发生明显互扩散，最终形成良好的冶金结合面。整个过程熔融与扩散协同进行，两者无明显界限，这说明双金属环坯的结合是熔融结合和扩散结合两种机理综合作用的结果。试样不同部位过渡区的三维金相，如图7-7所示。

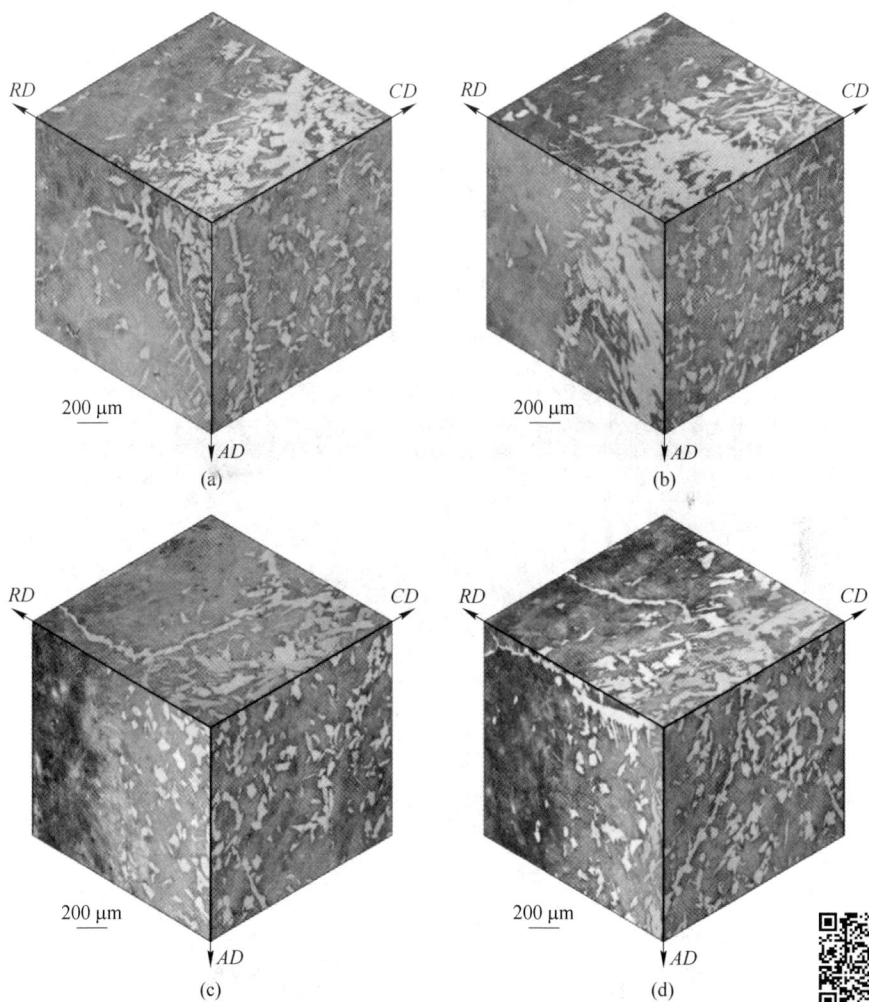

图 7-7　不同区域双金属环坯结合界面三维图像
（CD：周向；RD：径向；AD：轴向）
(a) A 区域；(b) B 区域；(c) C 区域；(d) D 区域

扫一扫看
更清楚

7.3　结合界面元素扩散特征

图 7-8 中显示了 C、Cr 和 Mn 元素含量在 CD/RD 面各区域结合界面两侧的变化关系。从图 7-8 中可知左侧为 40Cr、右侧为 Q345B，各元素整体呈连续分布，发生明显互扩散，说明该工艺条件下双金属环坯冶金结合效果良好。由 Fick 第一定律及 Kirkendall 效应可知，原子扩散驱动力主要由元素浓度差及温度提供。由于 40Cr 钢中的 Cr、C 元素含量要高于 Q345B 钢，因此向 Q345B 钢侧的扩散较明显，尤其是 Cr 元素，扩散距离约为 1400 μm。Mn 元素由于内层含量更高，因此从外到内依次增加。

由图 7-8（a）和图 7-8（b）可以看出同一区域内 Cr 元素扩散最均匀，C、Mn 元素扩散存在明显起伏，这说明 Cr 元素的扩散距离、扩散程度远大于 C、Mn

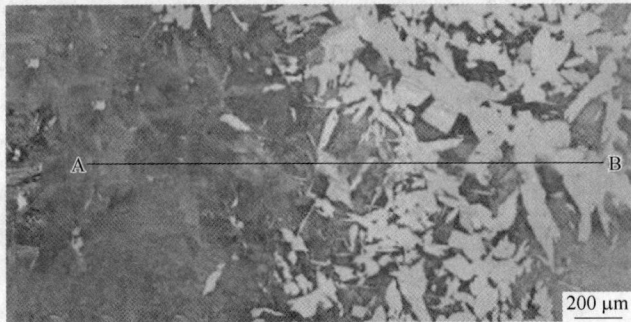

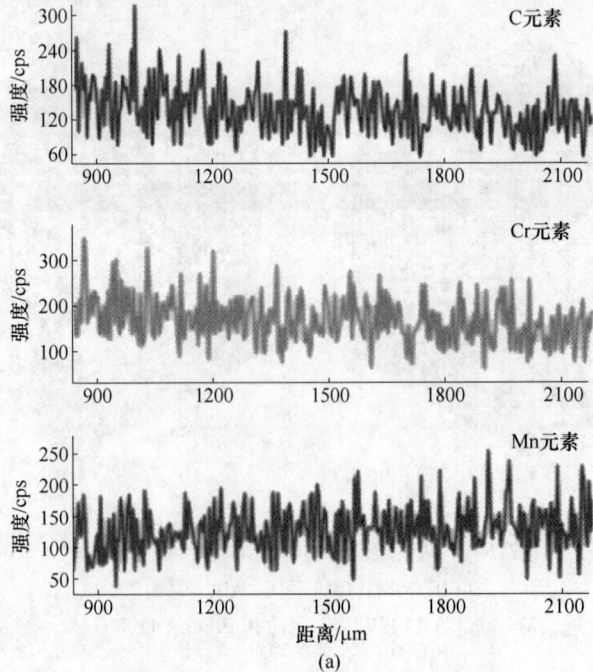

(a)

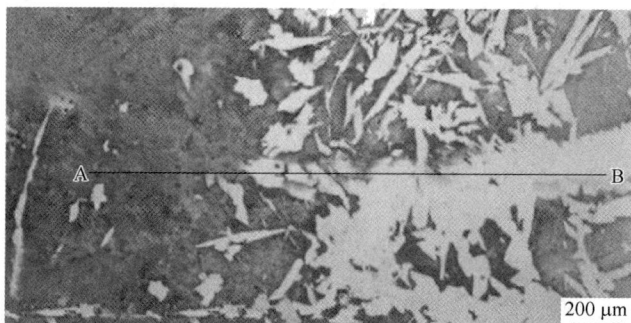

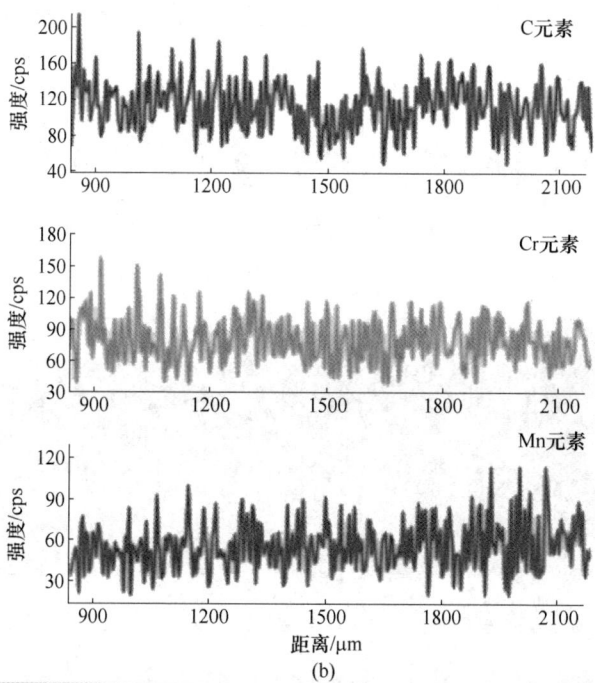

(b)

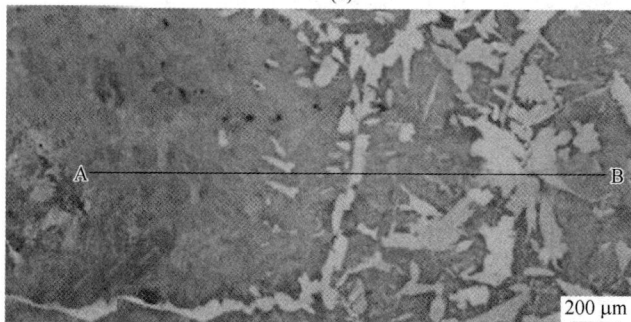

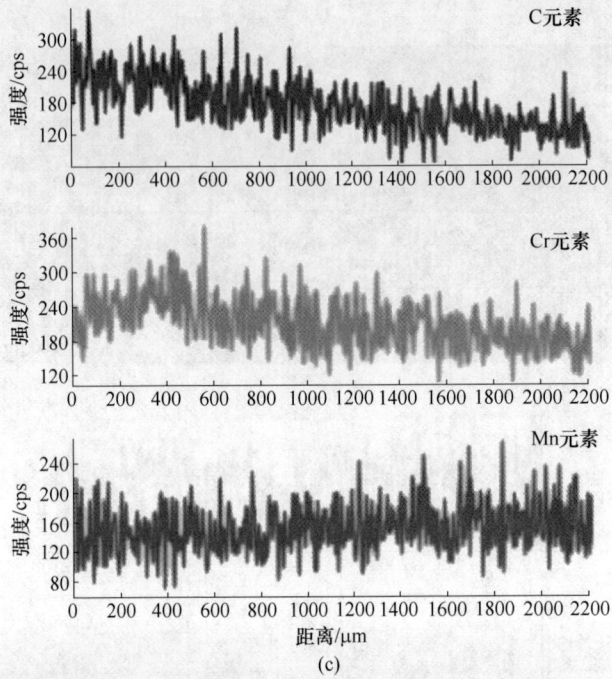

(c)

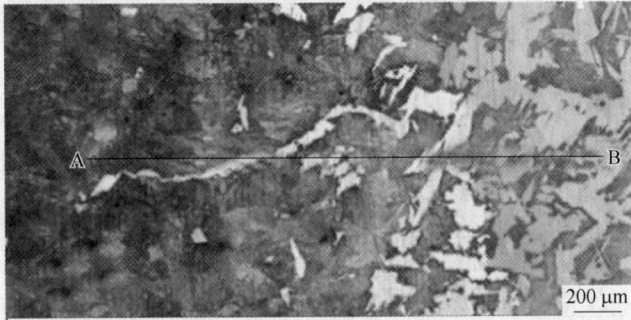

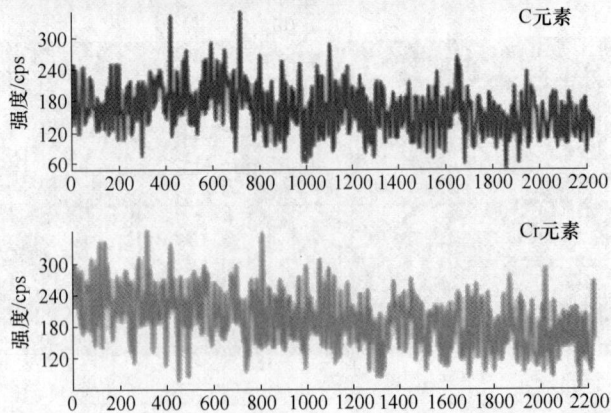

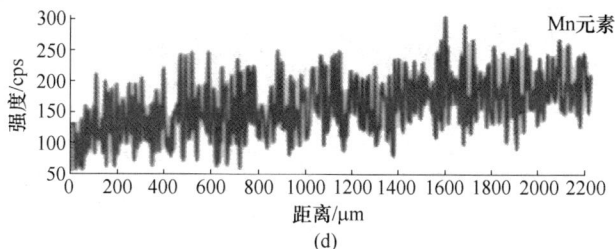

图 7-8 *CD/RD* 面上各区域结合界面的元素扩散

(a) A 区域；(b) B 区域；(c) C 区域；(d) D 区域

扫一扫看
更清楚

元素，主要原因是 Cr 元素在结合界面两侧的浓度差最大，高达 1.1%。对比同一元素发现，A、B 区域内扩散相对均匀，而 C、D 区域内起伏相对较大，这是因为由 Arrhenius 方程可知，对于给定的扩散系统，扩散系数 D 与温度呈正指数关系，即温度越高，扩散速度越快。由于充型过程中 A、B 区域温度较高，原子具备的起伏能量高，扩散驱动力较大，因此界面扩散更均匀。观察发现 Cr 元素在 B 区域的均匀性要高于 A 区域，这是由于 B 区域更接近浇口，金属液温度更高，原子扩散驱动力更大，更易脱离晶格向另一侧扩散，则相同距离下元素均匀性更好，同理可知 Cr 元素在 D 区域的均匀性较 C 区域好，这与 4.2 节结论一致。

图 7-9 所示为 C、Cr 和 Mn 元素含量在 RD/AD 面上各区域结合界面两侧的变化关系。由图 7-9 可知左侧为 40Cr、右侧为 Q345B，各元素整体呈连续分布，发生明显互扩散，冶金结合效果良好。观察发现，对于同一区域在相同距离下 Cr 元素扩散最均匀；对于同一元素，在相同距离下各区域均匀性为 B 区域>A 区域>D 区域>C 区域，这与前文结论一致。观察图 7-9 (c) 发现 C 区域中 Cr、Mn 元素的起伏较其他区域大，推测是因为金属液流经 C 区域时温度最低，导致元素扩散能力相对变弱，最终形成明显起伏线。同时发现过渡区内存在 Mn 元素的富集，推测是由于形成了含 Mn 的金属化合物所致。

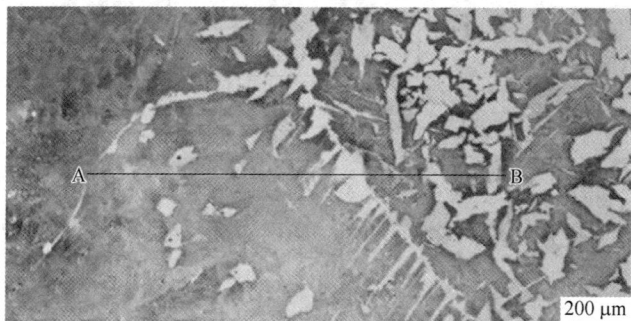

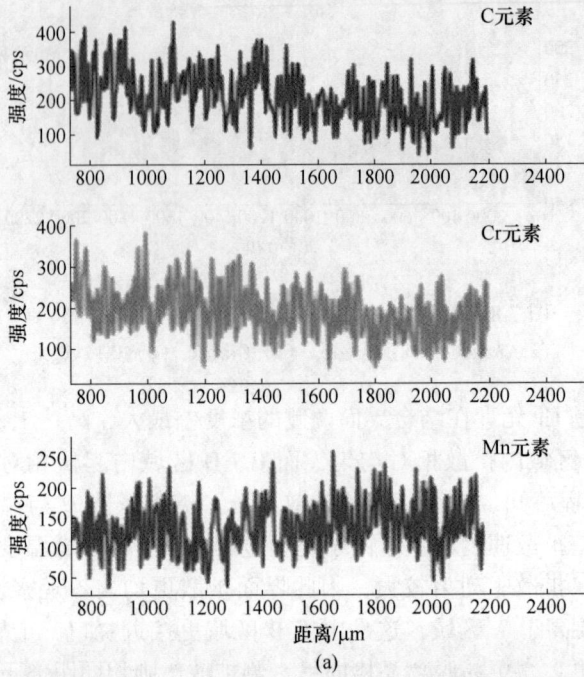

(a)

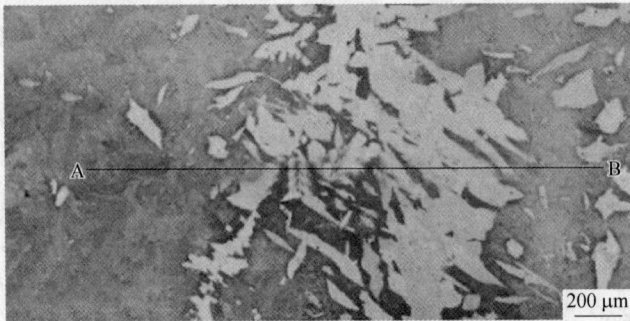

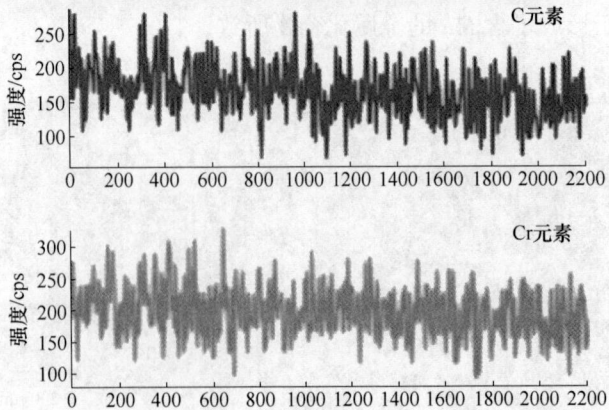

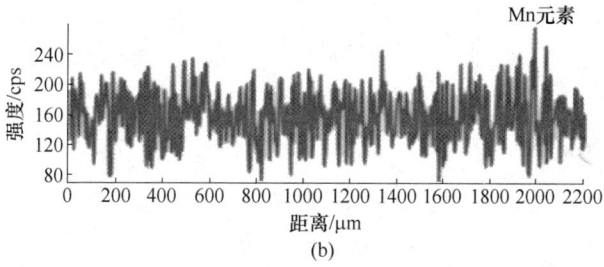

(b)

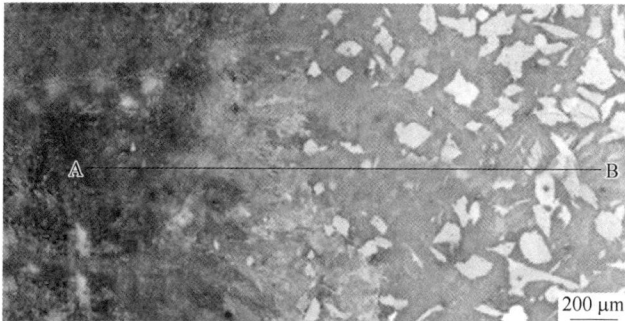

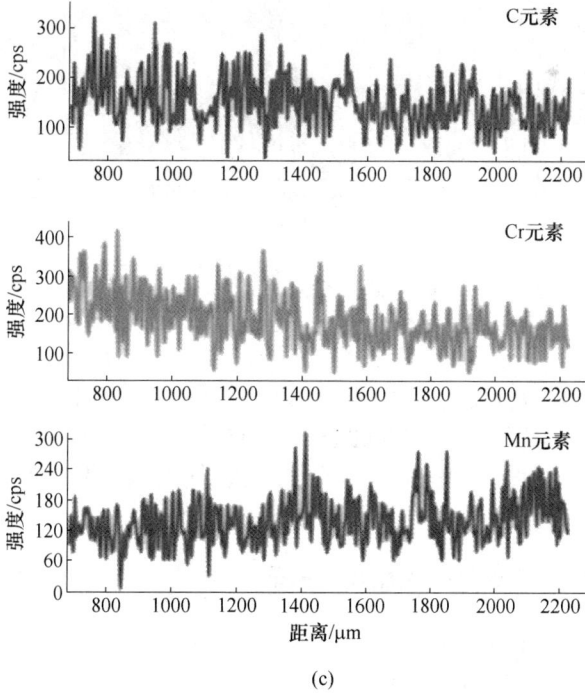

(c)

图 7-9　*RD/AD* 面上各区域结合界面的元素扩散

（a）A 区域；（b）B 区域；（c）C 区域；（d）D 区域

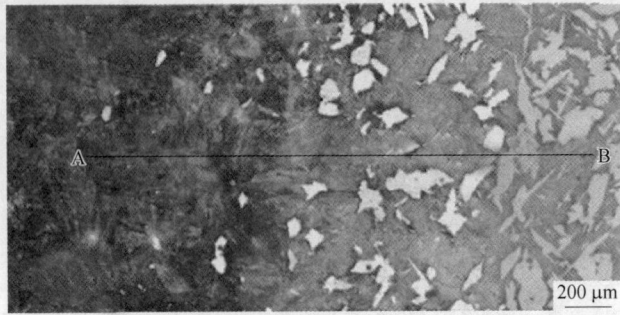

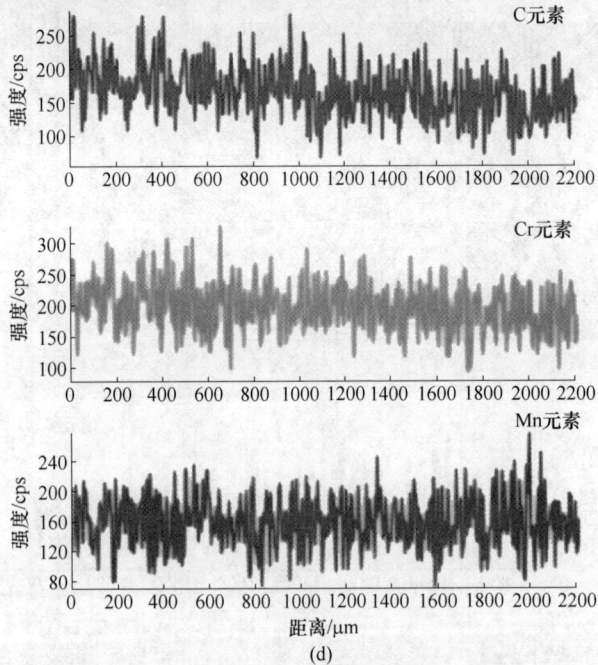

　　对比图 7-8 和图 7-9 发现，同一区域内 Cr 元素在各面上的扩散都相对均匀，这说明 Cr 元素扩散能力较优；相同距离下，同一区域内 Mn 元素在 *RD/AD* 面的起伏要大于 *CD/RD* 面，说明 Mn 元素在 *CD/RD* 面上的扩散距离更远；C 元素扩散整体相差不大是由于内、外层材料浓度差不大。

7.4　双金属环坯结合界面 EBSD 分析

7.4.1　*CD/RD* 面 EBSD 分析

　　为了进一步分析 40Cr/Q345B 双金属环坯在结合界面处的结合行为，采用

IPF 等 EBSD 数据对结合界面的平均晶粒尺寸、取向差角进行统计，图 7-10 所示为双金属环坯结合界面不同区域在 *CD/RD* 面上的 EBSD 结果。图 7-10（a1）、图 7-10（b1）、图 7-10（c1），图 7-10（a2）、图 7-10（b2）、图 7-10（c2）和图 7-10（a3）、图 7-10（b3）、图 7-10（c3）分别为 A、B、C 区域结合界面的 IPF 图、平均晶粒尺寸、取向差分布结果。

平均晶粒尺寸分布的均匀性是影响铸坯质量的重要因素。由图 7-10（a2）、图 7-10（b2）、图 7-10（c2）可以看出双金属环坯 CD/RD 面的平均晶粒尺寸约为 212.269 μm，其中区域 B 的平均晶粒尺寸相对较大，约为 245.935 μm。而区域 A 和区域 C 的平均晶粒尺寸相对较小，分别为 181.921 μm 和 208.95 μm。这是因为区域 B 温降速率最慢，因此温度相对较高，而区域 A 和区域 C 的温降速率更快，因此温度相比区域 B 更低。且区域 A 和区域 C 两者之间的温差较小，因此平均晶粒尺寸相差不大。这是因为温度较高的区域外层内表面更易于形成粗大等轴晶，大晶粒吞噬小晶粒长大的现象明显。

(a1)

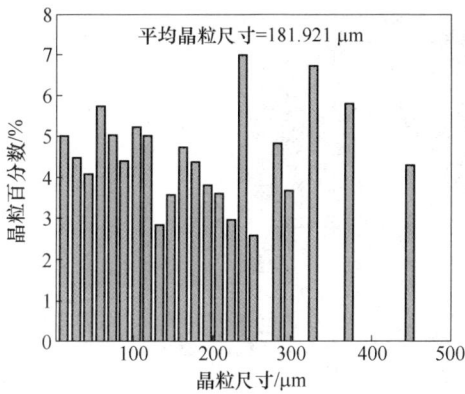

(a2)

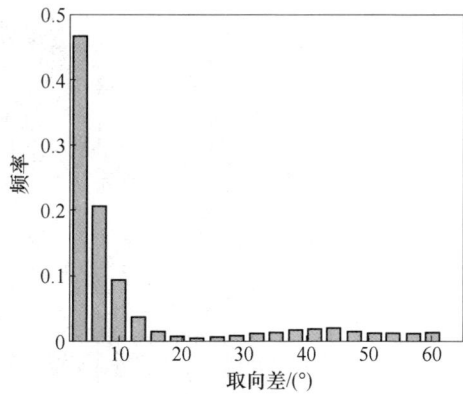

(a3)

(b1)

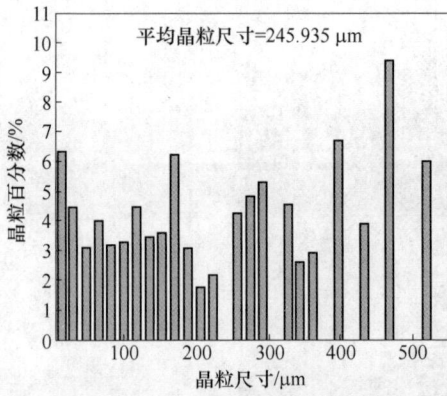

(b2)

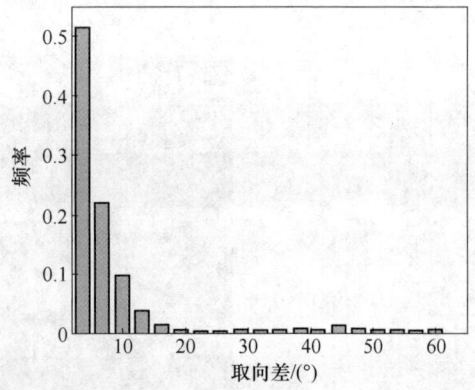

(b3)

(c1)

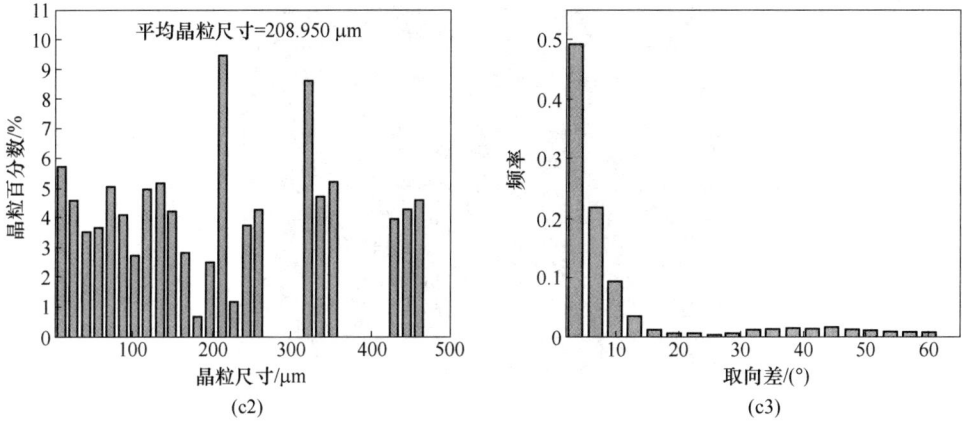

图 7-10　双金属环坯不同区域 CD/RD 面 EBSD 分析
（a1）（b1）（c1）IPF；（a2）（b2）（c2）平均晶粒尺寸；
（a3）（b3）（c3）取向差分布

　　由图 7-10（a3）、图 7-10（b3）、图 7-10（c3）可以看出，结合界面主要以小角度晶界为主，温度越高的区域小角度晶粒占比的数量越高，A、B、C 区域小角度晶界占比依次为 80.9%、87.6% 和 84.3%，这是因为随着温度的升高，高角度晶粒会向低角度晶粒转变。

7.4.2　AD/RD 面 EBSD 分析

　　图 7-11 所示为双金属环坯结合界面不同区域在 AD/RD 面上的 EBSD 结果。图 7-11（a1）、图 7-11（b1）、图 7-11（c1），图 7-11（a2）、图 7-11（b2）、图 7-11（c2）和图 7-11（a3）、图 7-11（b3）、图 7-11（c3）分别为 A、B、C 区域结合界面的 IPF 图、平均晶粒尺寸、取向差分布结果。

　　由图 7-11（a2）、图 7-11（b2）、图 7-11（c2）可以看出双金属环坯 AD/RD 面的平均晶粒尺寸要大于 CD/RD 面，约为 223.689 μm。同时可以看出 AD/RD 面各区域平均晶粒尺寸相差较大，这时双金属环坯在轴向上的温度梯度越大。B 区域温度最高，平均晶粒尺寸最大，这是因为温度越高，成核点越少，晶粒数量越少，单个晶粒的尺寸越大，因此平均晶粒尺寸越大。温度越高的区域小角度晶粒占比的数量越高，A、B、C 区小角度晶粒数量占比依次为 87.1%、88.5% 和 74%，如图 7-11（a3）、图 7-11（b3）、图 7-11（c3）所示，轴向上较大的温度梯度会增大各区域小角度晶粒数量占比的差异。

(a1)

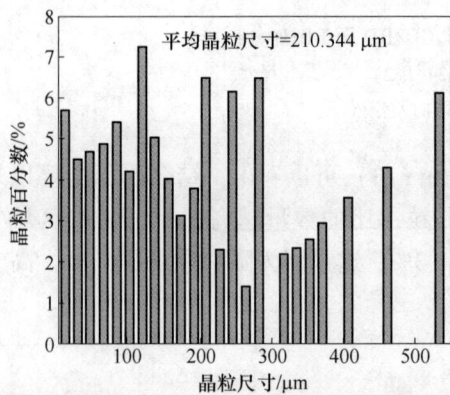

(a2)

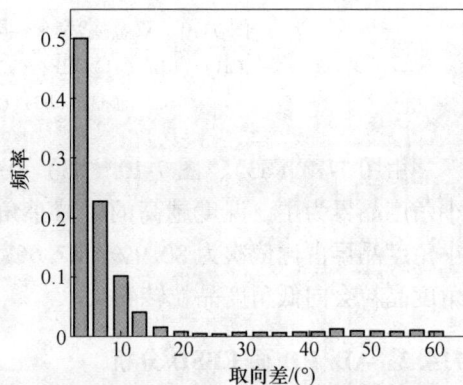

(a3)

(b1)

(b2)

(b3)

(c1)

(c2)

(c3)

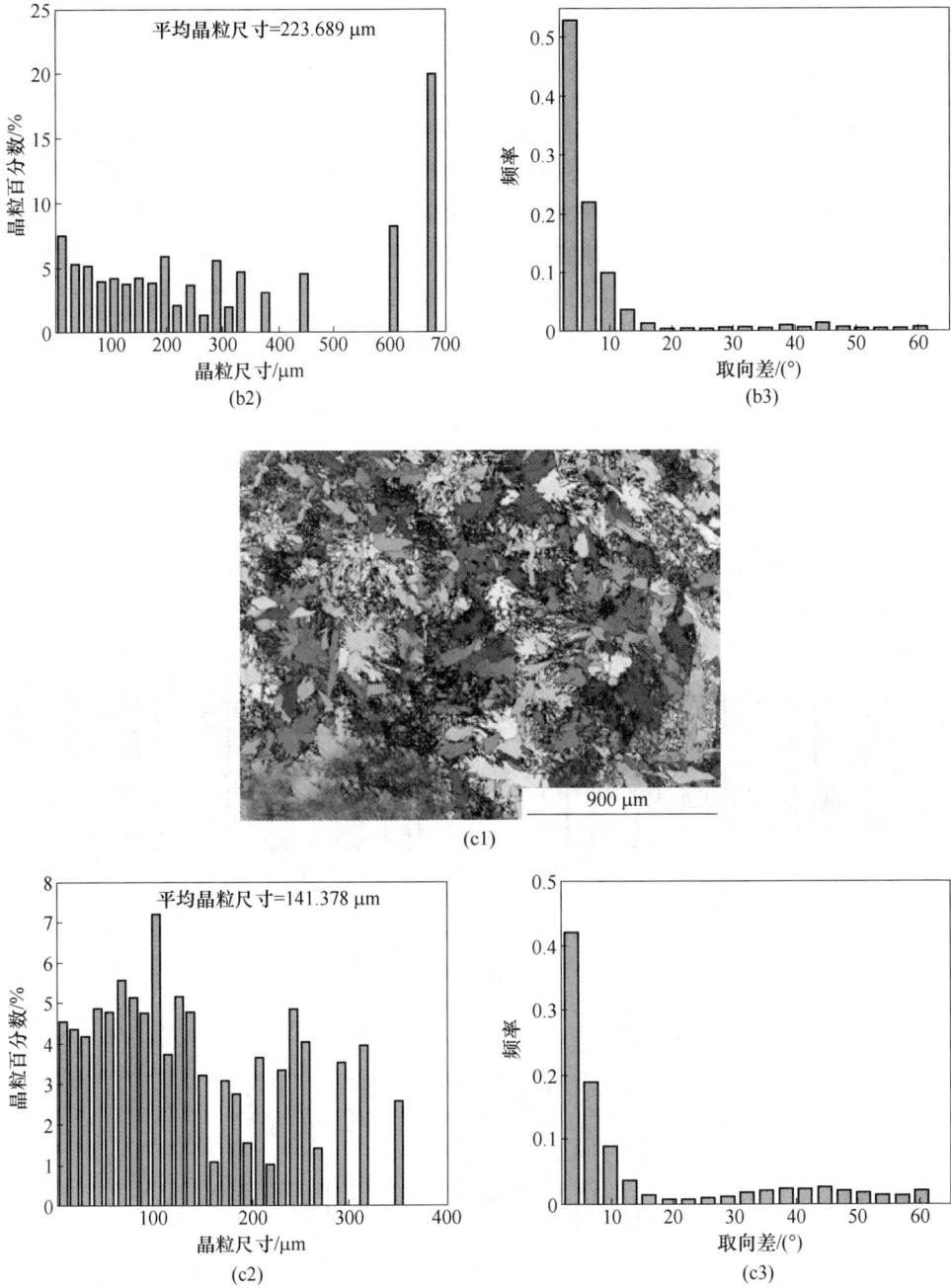

图 7-11　双金属环坯不同区域 *AD/RD* 面 EBSD 分析

（a1）（b1）（c1）IPF；（a2）（b2）（c2）平均晶粒尺寸；（a3）（b3）（c3）取向差分布

7.5　结合界面性能与断口形貌

7.5.1　拉伸性能

双金属环坯结合界面的拉伸性能，如图 7-12 所示。由图 7-12 可以看出，综合而言双金属环坯周向拉伸性能最好，其次是径、轴向。这是由于离心铸造过程中离心力在周向水平面上的影响最大，在相同工艺条件下，双金属环坯周向内、外层熔体更易相互接触融合，因此拉伸性能更佳；而轴向金属液的水平吸附能力相对减弱，且由于重力影响，金属液对各原子具有降沉作用，使得同一试样不同高度的拉伸性能可能存在少许误差，因此性能相对较差。同一方向内各区域整体性能排序为 B 区域>A 区域>D 区域>C 区域，这是因为温度越高的区域，扩散系数越大，元素扩散距离越远，同时作用体系时间也越长，因此过渡厚度越厚，试样结合质量越好，拉伸性能越高。综合而言，试样周向 B 区域拉伸性能最好，此时抗拉强度为 613.6 MPa，屈服强度为 382 MPa，伸长率为 14.8%。

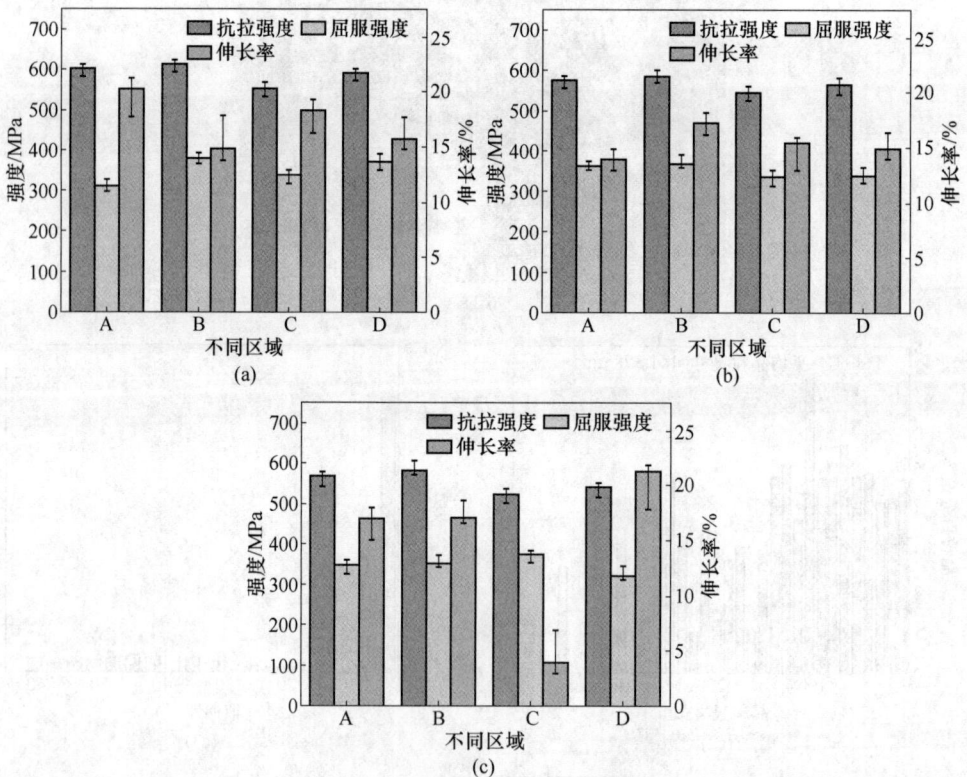

图 7-12　双金属环坯结合界面拉伸性能

(a) 周向；(b) 径向；(c) 轴向

  图 7-13 所示为双金属环坯各区域结合界面的周向拉伸断口形貌。由图 7-13 观察到结合界面断裂机制为韧-脆混合断裂。对于铸钢件来说，含 C 量越高，材料的塑韧性越低，脆性转折温度越高，越趋于脆性断裂。由于 40Cr 碳含量较 Q345B 高，所以可知 40Cr 为脆性断裂，表现出不同程度的撕裂棱和剪切唇，其中 C 区域最明显。Q345B 为韧性断裂，观察到结合界面内出现许多细小纤维状韧窝，如图 7-13（b）所示，这是由于在拉应力作用下试样基体存在应力集中，即裂纹源，易在过渡区内产生细微孔洞，微孔通过分离和开裂方式不断形核长大直至断裂，最终随材料的变形逐渐汇合形成细小均匀的韧窝，但韧窝整体较浅，说明双金属环坯具有一定的塑性。结合界面韧、脆性断裂相互混合，进一步说明双金属环坯冶金结合效果良好。并且随着温度的降低，各断裂方式混合程度、均匀程度降低，进一步说明各区域结合强度为 B 区域>A 区域>D 区域>C 区域。

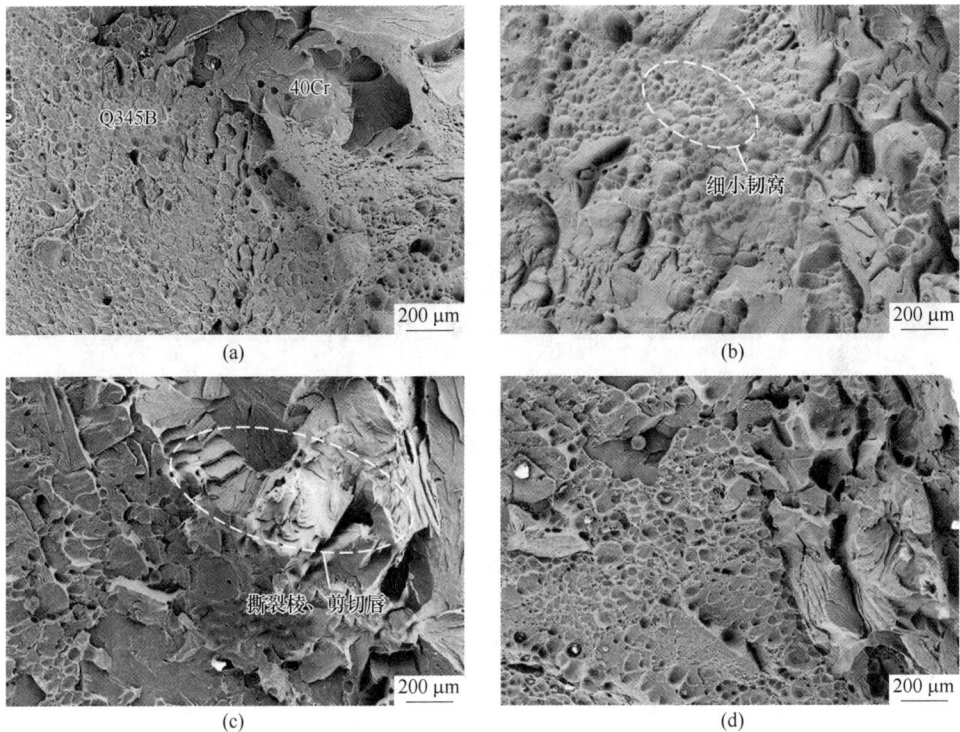

图 7-13 不同区域的结合界面周向拉伸断口形貌

（a）A 区域；（b）B 区域；（c）C 区域；（d）D 区域

  图 7-14 所示为双金属环坯各区域结合界面的径向拉伸断口形貌。由图 7-14 观察到结合界面断裂方式为韧-脆混合断裂，其中左侧为 Q345B，右侧为 40Cr。

结合界面无缺陷，冶金结合效果良好，存在 200~300 μm 的结合区，结合区大小为 C 区域>D 区域>A 区域>B 区域。对比发现 B 区域韧窝最细小均匀，说明此区域内环件塑性最好；C 区域韧窝最粗大，说明塑性相对其他区域较差。

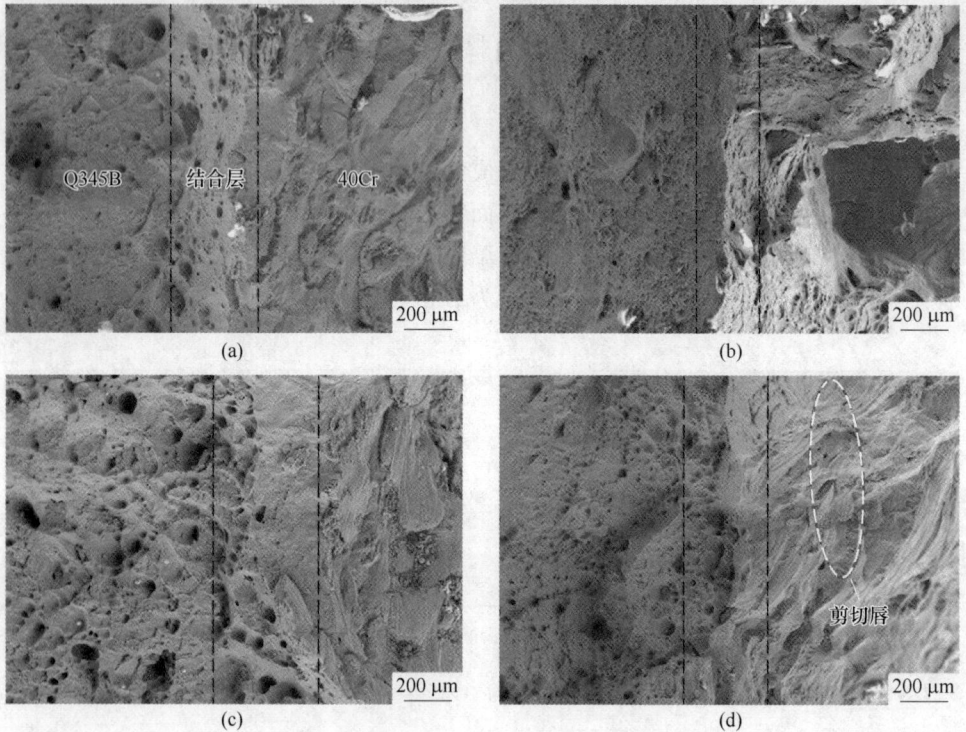

图 7-14　不同区域的结合界面径向拉伸断口形貌
(a) A 区域；(b) B 区域；(c) C 区域；(d) D 区域

　　图 7-15 所示为双金属环坯各区域结合界面的轴向拉伸断口形貌。由图 7-15 可知结合界面为韧-脆混合断裂，存在明显不规则分界线，说明结合界面虽整体达到冶金结合标准，但与周向、径向比相对较差。同时，对比发现随着温度的降低，各区域内韧窝逐渐粗化、变浅，说明塑性正逐渐降低。其中 C 区域温度最低，韧窝最浅，数量最少，说明此区域拉伸性能最低，结论与前文一致。

7.5.2　剪切性能

　　试样周向剪切实验测试结果，如图 7-16 所示。由前文可知双金属环坯内、外层间为良好的冶金结合，因此结合界面剪切强度整体较高，处于 243.25~288.17 MPa。对比发现，结合界面剪切强度随温度的升高而升高，且上升速率逐渐增加，具体表现为 B 区域>A 区域>D 区域>C 区域，这是因为结合界面剪切强

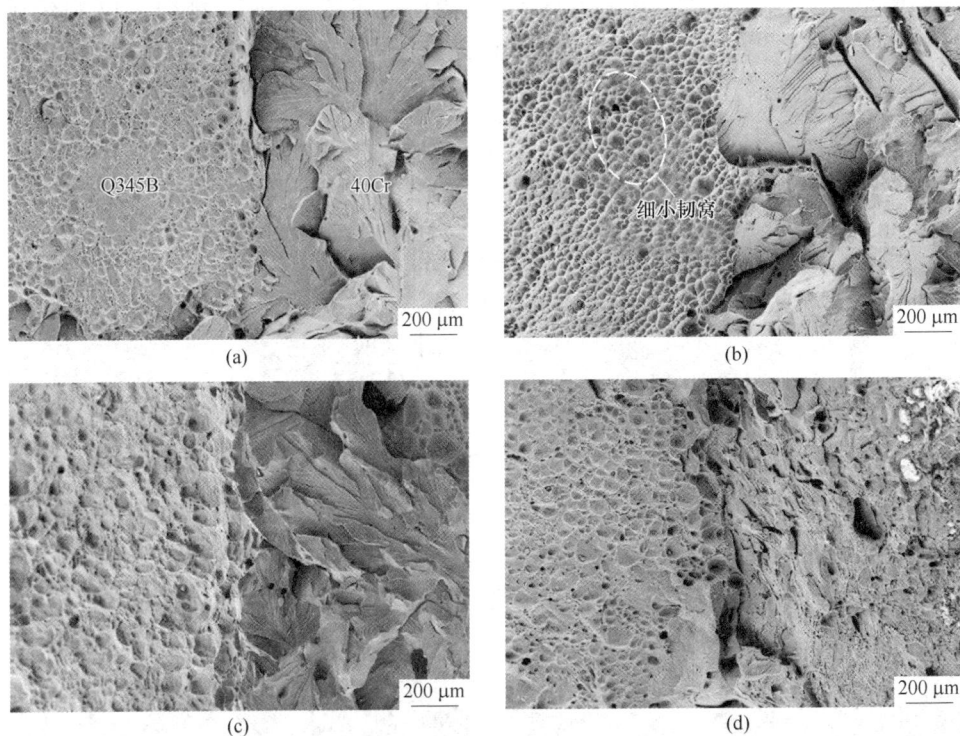

图 7-15 不同区域的结合界面轴向拉伸断口形貌

(a) A 区域；(b) B 区域；(c) C 区域；(d) D 区域

度主要是由过渡层厚度及结合界面组成相性质决定，温度越高的区域，元素互扩散能力越强，内、外层结合越紧密，界面结合强度越好。

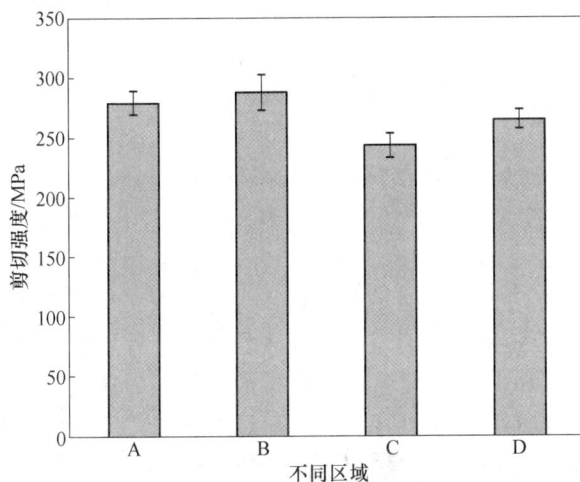

图 7-16 不同区域周向剪切强度

图 7-17 所示为不同区域下结合界面的周向剪切断口形貌。由图 7-17 观察到各区域形貌整体相差不大，为典型脆性断裂特征，平整度较差，几乎无韧窝，存在明显台阶，众多台阶汇合便形成如图 7-17（a）所示的河流状花样解理面，在断口表面局部观察到平整颗粒状形貌。

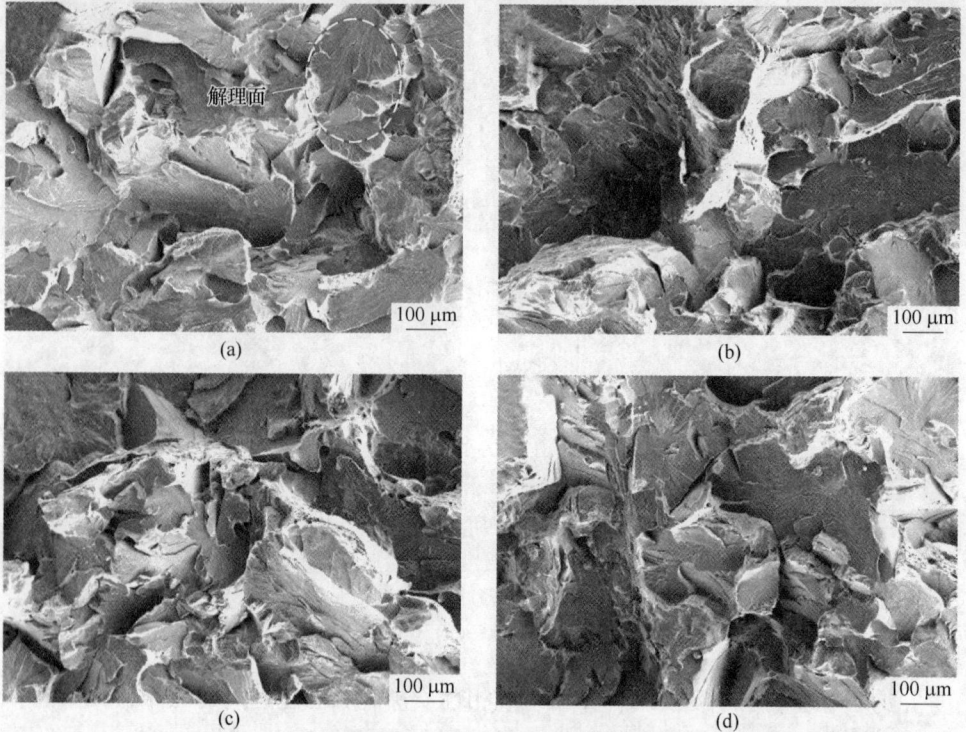

图 7-17　不同区域下结合界面周向剪切断口形貌
(a) A 区域；(b) B 区域；(c) C 区域；(d) D 区域

7.5.3　结合界面硬度

图 7-18 所示为双金属环坯结合界面的显微硬度分布。由图 7-18 可以看出，CD/RD 面上外侧硬度为 220~250HV，内侧硬度为 170~190HV；RD/AD 面上外侧硬度为 210~235HV，内侧硬度为 165~175HV。结合界面两侧硬度存在较大差距，但从外侧到内侧各面、各区域变化规律大体一致，呈逐渐减小状态，且整体平滑过渡，说明离心铸造时没有发生混流现象，内、外层冶金结合效果良好。结合界面外侧硬度较 40Cr 低是由于 C 元素扩散导致部分珠光体转变为硬度较低的铁素体，内侧硬度较 Q345B 高是由于 Cr 元素通过扩散进入到内侧使过冷奥氏体分解的孕育期增长，C 曲线右移，合金碳化物增多，从而使硬度增加。对比发现同一区域 CD/RD 面的硬度值比 RD/AD 面大，这是因为 RD/AD 面上 Cr 元素受重

力影响较大，使得试样上、下部位的淬透性及硬度大小存在差异。同一平面内冶金结合越好区域界面两侧硬度及差值越小，这是由于结合越好区域 Cr 元素扩散距离越远，则相同距离下对硬度影响越小。

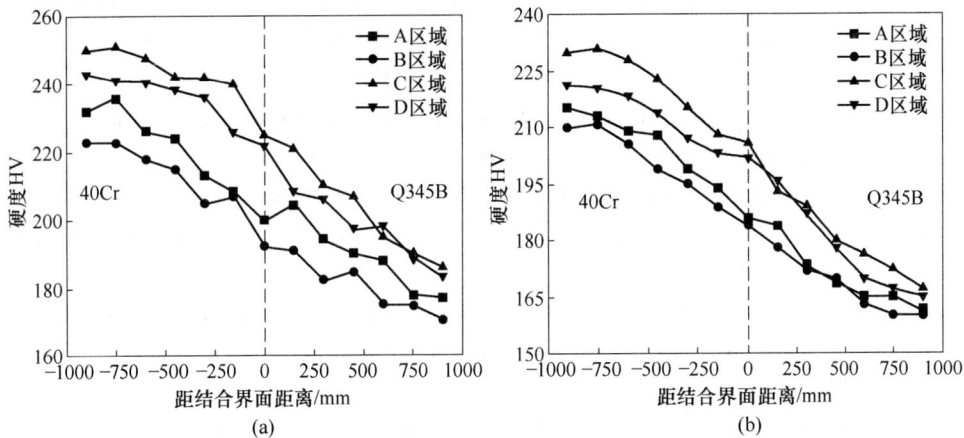

图 7-18 双金属环坯结合界面硬度

（a）CD/RD；（b）RD/AD

参 考 文 献

[1] Lu S L, Xiao F R, Guo Z H, et al. Numerical simulation of multilayered multiple metal cast rolls in compound casting process [J]. Applied Thermal Engineering, 2016, 93: 518-528.

[2] 许春伟, 李炎, 魏世忠, 等. 液-固双金属复合界面研究新进展 [J]. 热加工工艺, 2006, 42 (10): 70-73.

[3] Papis K J M, Hallstedt B, Lffler J F, et al. Interface formation in aluminium-aluminium compound casting [J]. Acta Materialia, 2008, 56 (13): 3036-3043.

[4] Liu G P, Wang Q D, Liu T, et al. Effect of T6 heat treatment on microstructure and mechanical property of 6101/A356 bimetal fabricated by squeeze casting [J]. Materials Science and Engineering A. 2017, 696: 208-215.

[5] Atieh A M, Khan T I. Effect of interlayer thickness on joint formation between Ti-6Al-4V and Mg-AZ31 alloys [J]. Journal of Materials Engineering and Performance, 2014, 23 (11): 4042-4054.

[6] Fehim F. Recent developments in explosive welding [J]. Materials and Design, 2011, 32 (3): 1081-1093.

[7] 顾建忠. 国外复合钢管的用途及生产方法 [J]. 上海钢研, 1999, 4: 42-50.

[8] Wang Z J, Zhai L, Ma M, et al. Microstructure, texture and mechanical properties of Al/Al laminated composites fabricated by hot rolling [J]. Materials Science and Engineering A, 2015, 644 (9): 194-203.

[9] 张星, 李秀景, 侯明山, 等. 薄板坯连铸连轧 65Mn 钢奥氏体晶粒长大规律 [J]. 金属热处理, 2018, 43 (11): 62-65.

[10] 万佳. 薄板坯连铸连轧生产 22MnB5 钢的工艺研究 [J]. 河北冶金, 2018 (10): 20-24.

[11] 张婷, 许浩, 李仲杰, 等. 层状金属复合材料的发展历程及现状 [J]. 工程科学学报, 2021, 43 (1): 67-75.

[12] 马志新, 胡捷, 李德富, 等. 层状金属复合板的研究和生产现状 [J]. 稀有金属, 2003, 27 (6): 799-803.

[13] 赵帅. 13Cr/Q235 不锈钢复合板异步轧制复合工艺数值模拟与实验研究 [D]. 秦皇岛: 燕山大学, 2018.

[14] 鲍岩. 双金属复合无缝钢管轧制成型过程的研究 [D]. 天津: 天津理工大学, 2014.

[15] Xie G L, Sheng H, Han J T, et al. Fabrication of high chromium cast iron/low carbon steel composite material by cast and hot rolling process [J]. Materials and Design, 2010, 31 (6): 3062-3066.

[16] 陈连生, 张鑫磊, 郑小平, 等. 轧制双金属复合板材的研究现状 [J]. 稀有金属材料与工程, 2018, 47 (10): 3243-3250.

[17] 黄海涛, 王辉. 钢铝双金属复合板的轧制及其界面分析 [J]. 热加工工艺, 2019, 48 (11): 57-61, 71.

[18] 赵卫民. 金属复合管生产技术综述 [J]. 焊管, 2003, 26 (3): 10-14.

[19] 陈海云，曹志锡. 双金属复合管塑性成形技术的应用及发展 [J]. 化工设备与管道，2006，43（5）：16-18.

[20] 裴蒙蒙，齐会萍，秦芳诚，等. 双金属复合环形构件制造技术研究进展 [J]. 铸造技术，2021，42（1）：53-60.

[21] 凌星中. 内复合双金属管制造技术 [J]. 焊管，2001，24（2）：43-46.

[22] Yuan L, Kyriakides S. Hydraulic expansion of lined pipe for offshore pipeline applications [J]. Applied Ocean Research, 2021, 108: 102523.

[23] Huang H G, Chen P, Ji C. Materials and Design [J]. 2017, 118（3）: 233.

[24] Liu Y Z, Wang W Y, Huang Y B, et al. Journal of Materials Engineering and Performance [J]. 2019, 28（12）: 7241.

[25] 季策，黄华贵，孙静娜，等. 中国机械工程 [J]. 2019, 30（15）: 1873.

[26] 史士钦. 冷轧及退火工艺对铸轧钛铝复合板界面与性能的影响研究 [D]. 硕士学位论文，河南科技大学，2017.

[27] 黄华贵，季策，董伊康，等. 中国有色金属学报 [J]. 2016, 26（3）: 623.

[28] 王文焱，史士钦，尚郑平，等. 特种铸造及有色合金 [J]. 2016, 36（10）: 1084.

[29] Li G, Yang W, Jiang W, et al. The role of vacuum degree in the bonding of Al/Mg bimetal prepared by a compound casting process [J]. Journal of Materials Processing Technology, 2019, 265: 112-121.

[30] Guan F, Jiang W, Li G, et al. Effect of vibration on interfacial microstructure and mechanical properties of Mg/Al bimetal prepared by a novel compound casting [J]. Journal of Magnesium and Alloys, 2022, 10（8）: 2296-2309.

[31] Chen W C, Petersen C W. Corrosion performanceof welded CRA-lined pipes for flow lines [J]. SPE Production Engineering, 1992, 7（4）: 357-378.

[32] Xu J Z, Gao X J, Jiang Z Y, et al. Microstructure and hot deformation behavior of high-carbon steel/low-carbon steel bimetal prepared by centrifugal composite casting [J]. The International Journal of Advanced Manufacturing Technology, 2016, 86（4）: 817-827.

[33] 王欢. 立式离心铸造充型过程物理模拟平台的开发与应用 [D]. 武汉：华中科技大学，2015.

[34] Li G J, Feng M J. Experimental research on electromagnetic continuous casting high-speed steel composite roll [J]. Journal of Central South University, 2014, 21（3）: 849-856.

[35] Xu J, Gao X, Jiang Z, et al. Microstructure and hot deformation behaviour of high-carbon steel/low-carbon steel bimetal prepared by centrifugal composite casting [J]. The International Journal of Advanced Manufacturing Technology, 2016, 86（1-4）: 817-827.

[36] Sarvari M, Khiavi S G, Divandari M, et al. Dissimilar joining of Al/Mg light metals by centrifugal compound casting crocess [J]. International Journal of Metalcasting, 2023, 17（2）: 998-1007.

[37] Sarvari M, Divandari M, Saghafian H, et al. Effect of melt-to-solid volume ratio and preheating temperature on Mg/Al bimetals interface by centrifugal casting [J]. China Foundry, 2023, 20

（3）：234-240.

[38] Gholami M, Khiavi S G, Dehhaghi A, et al. Microstructure and mechanical properties of the interface of aluminum-brass bimetals produced via vertical centrifugal casting（VCC）[J]. International Journal of Metalcasting, 2023. Doi. 10. 1007/s40962-023-01096-5.

[39] 吕学财, 王英. 离心铸造双金属复合辊筒技术 [J]. 铸造技术, 2005, 26（9）：795-797.

[40] 张国赏, 高义民, 邢建东, 等. 碳钢/高铬铸铁双金属复合材料制备工艺及其磨损性能 [J]. 铸造技术, 2005, 26（11）：21-23.

[41] 张国赏, 高义民, 邢建东, 等. 钢/铁双金属复合材料的离心铸造工艺及界面控制 [J]. 西安交通大学学报, 2006, 40（7）：815-818.

[42] 胡冰, 那顺桑, 陶进长, 等. 离心铸造双金属结合层的研究 [J]. 热处理, 2008, 23（6）：51-54.

[43] 顾剑峰, 杜学铭, 张勃, 等. 离心铸造双金属复合管内层组织及力学性能 [J]. 特种铸造及有色合金, 2018, 38（3）：291-294.

[44] Watanabe Y, Inaguma Y, Sato H. Cold model for process of a Ni-aluminide/steel clad pipe by a reactive centrifugal casting method [J]. Materials Letters, 2011, 65（3）：467-470.

[45] Orozco K M, Dessi J G, Afonso C R M, et al. Experimental study and thermodynamic computational simulation of phase transformations in centrifugal casting bimetallic pipe of API 5L X65Q steel and inconel 625 alloy [J]. Journal of Manufacturing Processes, 2018, 32：318-326.

[46] Shen X, Deng D J, Zhao H D. Effect of surface treatments on the microstructure and mechanical properties of the A356/SiCp and A356 compound interface of cylinder liner centrifugal castings [J]. International Journal of Metalcasting, 2023. Doi：10. 1007/s40962-023-01203-6.

[47] 鲁素玲. 卧式离心复合铸造轧辊铸造过程及工艺影响的数值模拟 [D]. 秦皇岛：燕山大学, 2016.

[48] 夏鹏举, 王忠, 郭从盛, 等. 离心铸造复合辊套用高铬铸铁的组织及性能研究 [J]. 特种铸造及有色合金, 2007（8）：580-582.

[49] 付瑞东. 离心铸造复合冷轧辊用高铬铸铁材料研究 [J]. 大型铸锻件, 2001（3）：1-3.

[50] 王建宾, 李磊, 孙冠功, 等. 双金属离心复合轧辊开发研究 [J]. 冶金设备, 2003（6）：59-60.

[51] 夏鹏举. 离心铸造高镍铬铸铁复合辊套的研制 [J]. 热加工工艺, 2002（5）：35-36.

[52] 王志成, 付会敏, 李剑平, 等. 离心铸造高速钢-球铁复合轧辊的制造工艺 [J]. 现代铸铁, 2009, 29（3）：44-48.

[53] 王兴衍. 高铬三层复合结构铸铁轧辊的试制研究 [J]. 机械研究与应用, 2009, 22（3）：86-88.

[54] 师江伟, 杨涤心, 倪锋, 等. 重力铸造液固双金属复合材料的界面结构与缺陷 [J]. 热加工工艺, 2005（6）：6-8.

[55] Zhu Y C, Wei Z J, Rong S F, et al. Analysis of heat transport and thickness of bimetal composition layer between low-alloy steel and high-chromium white cast iron [J]. Materials Research Innovations, 2015, 19: 561-565.

[56] Lu S L, Xiao F R, Guo Z H, et al. Numerical simulation of multilayered multiple metal cast rolls in compound casting process [J]. Applied Thermal Engineering, 2016 (93): 518-528.

[57] 刘宏. 铸铁复合辊套的离心铸造 [J]. 铸造, 1998 (12): 22-24.

[58] 刘绍昌, 回桢玉, 刘娜, 等. 离心铸造复合轧辊超声波探伤缺陷判定与质量改进措施 [J]. 现代铸铁, 2007 (3): 71-76.

[59] Howard S J, Tsui Y C, Clyne T W. The effect of residual stresses on the debonding of coatings-I: a model for delamination at a bimaterial interface [J]. Acta Metallurgica at Materialia, 1994, 42 (8): 2823-2836.

[60] 符寒光, 邢建东. 离心铸造高速钢轧辊铸造缺陷形成与控制技术研究 [J]. 铸造技术, 2004 (11): 859-861.

[61] 符寒光, 刘金海. 离心铸造复合高速钢辊环的研究 [J]. 特种铸造及有色合金, 1999 (5): 31-33

[62] 刘娜, 艾忠诚, 王素红, 等. 改进型高 Ni-Cr 铸铁/球铁复合轧辊的研制 [J]. 现代铸铁, 2008 (4): 69-73.

[63] 范永祥, 李丘林, 张晓丹, 等. 外加磁场对离心铸造高速钢轧辊组织和性能的影响 [J]. 金属热处理, 2008 (7): 20-23.

[64] 李红宇, 刘宝存. 热处理工艺对高铬铸铁轧辊组织及性能的影响 [J]. 中国铸造装备与技术, 2016, 5: 57-58.

[65] 李具仓, 赵爱民. 高硬度高铬离心复合铸铁轧辊热处理 [J]. 铸造技术, 2010, 31 (4): 502-506.

[66] 吴卫强, 符寒光. 离心铸造复合高速钢辊环的研制 [J]. 钢铁钒钛, 1999 (4): 41-44.

[67] 付晓虎, 白云龙, 张洪生. 高铬铸铁离心复合轧辊热处理后肩部开裂分析 [J]. 一重技术, 2018 (5): 40-43.

[68] 张海臣. 离心复合高铬铸铁轧辊热处理裂纹的防止 [J]. 热加工工艺, 2010, 39 (14): 190-191.

[69] 冀鑫刚, 白思诺, 杜旭景, 等. 离心复合辊压辊套差温淬火热处理研究 [J]. 中国铸造装备与技术, 2019, 54 (3): 38-40.

[70] Xu J, Gao X, Jiang Z, et al. Microstructure and hot deformation behavior of high-carbon steel/low-carbon steel bimetal prepared by centrifugal composite casting [J]. The International Journal of Advanced Manufacturing Technology, 2016, 86 (1-4): 817-827.

[71] 杨学民, 孙月海, 于宪溥, 等. 双金属耐磨套筒的离心铸造研究 [J]. 铸造技术, 1993 (6): 9-11.

[72] 方大成, 姚曼. 双金属离心铸造工艺参数的控制 [J]. 铸造, 1997 (6): 39-41.

[73] 王冬林, 吴金辉, 蔡彬, 等. 离心铸造双金属复合管缺陷及控制 [J]. 特种铸造及有色合金, 2018, 38 (3): 288-290.

[74] 高浩. 电磁搅拌对离心铸造汽缸套合金元素偏析与性能的影响 [J]. 铸造技术, 2013, 34 (3): 330-333.

[75] 符寒光, 邴尚林, 邢建东, 等. 离心铸造高速钢轧辊偏析控制技术研究 [J]. 铸造, 2005 (4): 386-390.

[76] 张伟, 许云华, 刘伟涛. 双头离心浇铸双金属复合管工艺研究 [J]. 热加工工艺, 2007 (21): 41-42.

[77] 鲍岩. 双金属复合无缝钢管轧制成型过程的研究 [D]. 天津: 天津理工大学, 2014.

[78] 高建忠. 双金属复合管离心浇铸缺陷原因探析 [J]. 焊管, 2017, 40 (7): 44-46.

[79] 邓传杰, 汪选国, 杜学铭. 离心铸造复合管外层充型与凝固数值模拟 [J]. 铸造技术, 2016, 37 (6): 1197-1201.

[80] 刘靖, 韩静涛, 吴伟. 离心铸造碳钢-高铬铸铁复合管有限元模拟研究 [J]. 北京科技大学学报, 2012, 34 (S1): 54-59.

[81] 吴伟, 李艳霞, 韩静涛, 等. 离心铸造碳钢-高铬铸铁复合管组织及性能研究 [J]. 铸造, 2015, 64 (4): 336-338.

[82] 胡冰, 那顺桑, 陶进长, 等. 离心铸造双金属结合层的研究 [J]. 热处理, 2008, 23 (6): 51-54.

[83] 吴轩. 离心铸造双层金属管数值模拟与工艺研究 [D]. 武汉: 武汉理工大学, 2015.

[84] 徐畅, 胡建华, 吴轩, 等. 双金属复合管离心铸造过程温度场的研究 [J]. 特种铸造及有色合金, 2016, 36 (5): 517-520.

[85] 郭明海, 蔡玉丽, 孙红波, 等. 离心铸造碳钢-高铬铸铁双金属复合管工艺初探 [J]. 钢管, 2008, (1): 38-41.

[86] 顾剑峰. 304 不锈钢-高铬铸铁耐磨复合管组织及性能研究 [D]. 武汉: 武汉理工大学, 2018.

[87] 姚三九. 双金属滚筒离心铸造 [J]. 特种铸造及有色合金, 2002 (2): 44-45.

[88] 王建玲, 李敬, 马良. 硅、钛、钒对离心铸造双金属耐磨管耐磨层组织和性能的影响 [J]. 热加工工艺, 2016, 45 (13): 101-104.

[89] 刘继雄, 董瑞, 赵爱民, 等. 高铬铸铁-碳钢双金属复合铸造界面形貌和性能 [J]. 铸造, 2012, 61 (8): 886-889.

[90] 萧骅昭, 付玉珍, 杨学民, 等. 双金属离心铸造耐磨套筒的金属学和物理特性研究 [J]. 铸造技术, 1994 (1): 39-43.

[91] 张国赏, 高义民, 邢建东, 等. 钢/铁双金属复合材料的离心铸造工艺及界面控制 [J]. 西安交通大学学报, 2006 (7): 815-818.

[92] 陈聪, 汪选国. 热处理对离心铸造高铬铸铁-不锈钢双金属管界面组织及性能的影响 [J]. 热加工工艺, 2019, 48 (4): 222-224.

[93] 朱泉, 潘大炜, 张文奇, 等. 铜、铝与钢冷轧固相复合的粘合机制 [J]. 轧钢, 1989, 6 (4): 19-23.

[94] 李民权. 钢/铝复合板变形规律和性能的研究 [D]. 长沙: 湖南大学, 2009.

[95] Burton M S. Metallurgical principles of metal bonding [J]. Welding Journal, 1954, 33

（11）：1051.

［96］ 王涛，齐艳阳，刘江林，等．金属层合板轧制复合工艺国内外研究进展［J］．哈尔滨工业大学学报，2020，52（6）：42-56.

［97］ Mohamed H A, Washburn J. Mechanism of solid state pressure welding［J］. Welding Journal, 1975, 54（9）：302.

［98］ 姜龙，郑小平，宋进英，等．轧制6061/7075铝合金复合板的工艺优化［J］．金属热处理，2019，44（2）：96-99.

［99］ 陈志青，唐巍，曹晓卿，等．AZ31B/6061爆炸焊复合板平面应变压缩及轧制变形行为［J］．轻合金加工技术，2018，46（12）：21-26.

［100］ 王珺，雷宇，刘新华，等．水平连铸复合成形铜铝层状复合材料的组织与性能［J］．工程科学学报，2020，42（2）：216-224.

［101］ 常东旭，王平，赵莹莹．铜/铝异步轧制复合带的界面反应与强化机制［J］．东北大学学报（自然科学版），2019，40（11）：1574-1578，1583.

［102］ 毛志平．铜铝铸轧复合板界面结构演变及结合性能研究［D］．郑州：郑州大学，2019.

［103］ Sheng L Y, Yang F, Xia T F, et al. Influence of heat treatment on interface of Cu/Al bimetal composite fabricated by cold rolling［J］. Composites：Part B, 2011, 42（9）：1468-1473.

［104］ 陈嘉伟，欧阳柳，文宇，等．表面织构与复合板联合轧制成形的数值模拟研究［J］．精密成形工程，2019，11（4）：134-139.

［105］ 杨世杰．固-液铸轧AZ31B/A356复合板微观组织及力学性能研究［D］．兰州：兰州理工大学，2019.

［106］ 谢文芳，谢敬佩，王爱琴，等．铜铝铸轧复合板复合过程数值模拟及机理研究［J］．特种铸造及有色合金，2019，39（12）：1294-1297.

［107］ 余超，吴宗河，郭子楦，等．热轧钛/钢复合板显微组织和性能［J］．钢铁，2018，53（4）：42-47.

［108］ 刘亚洲，王文焱，黄亚博，等．退火温度对铜-铝复合板界面组织及性能的影响［J］．特种铸造及有色合金，2018，38（11）：1230-1233.

［109］ Huang H G, Dong Y K, Yan M, et al. Evolution of bonding interface in solid-liquid cast-rolling bonding of Cu/Al clad strip［J］. Transactions of Nonferrous Metals Society of China, 2017, 27（5）：1019-1025.

［110］ 路王珂，谢敬佩，王爱琴，等．退火温度对铜铝铸轧复合板界面组织和力学性能的影响［J］．机械工程材料，2014，38（3）：14-17，22.

［111］ 程明阳，王爱琴，毛志平，等．铜铝复合板界面组织与性能［J］．河南科技大学学报（自然科学版），2017，38（1）：10-14，4.

［112］ 王世宏，罗小兵，苏航，等．热处理温度对铝钢复合板界面组织和性能的影响［J］．钢铁研究学报，2019，31（10）：937-945.

［113］ 余超．热轧制备钛/钢复合板显微组织和界面性能研究［D］．秦皇岛：燕山大学，2019.

［114］ 田世伟，江海涛，刘继雄，等．钛钢复合板双金属的流变行为及轧制制备［J］．材料导

报，2019，33（24）：4141-4146.

[115] 韩星会，华林，周光华，邓松，路博涵 . 一种双金属环件的精密轧制成形方法，中国发明专利，专利号：ZL 201310013103.7，2015.12.23.

[116] Qin F C, Li Y T, Qi H P, et al. Advances in compact manufacturing for shape and performance controllability of large-scale components-a review ［J］. Chinese Journal of Mechanical Engineering, 2017, 30（1）：7-21.

[117] 秦芳诚，李永堂，齐会萍 . 一种内层 Q345B 外层 40Cr 复合环件铸辗成形方法：中国，ZL201510610375.4 ［P］，2017.05.22.

[118] 秦芳诚，李永堂，齐会萍 . 一种离心铸造双金属异形环件热辗扩成形方法：中国，ZL201710264730.6 ［P］，2018.07.24.

[119] Inoue T, Ju D Y. Analysis of solidification and viscoplastic stresses in corporating amoving boundary-anapplication to simulation of the centrifugal casting process ［J］. Journal of Thermal Stresses, 1992, 15（1）：109-128.

[120] Drenchev L, Sobczak J, Malinov S, et al. Numerical simulation of macrostructure formation in centrifugal casting of particle reinforced metal matrix composites ［J］. Modelling and Simulation in Materials Science and Engineering, 2003, 11（4）：635-649.

[121] Keerthiprasad K S, Murali M S, Mukunda P G, et al. Numerical simulation and cold modeling experiments on centrifugal casting ［J］. Metallurgical and Materials Transactions B-Process Metallurgy and Materials Processing Science, 2011, 42（1）：144-155.

[122] Lu S L, Xiao F R, Zhang S J, et al. Simulation study on the centrifugal casting wet-type cylinder liner based on ProCAST ［J］. Applied Thermal Engineering, 2014, 73（1）：512-521.

[123] Dong Q, Yin Z W, Li H L, et al. Simulation study on filling and solidification of horizontal centrifugal casting babbitt lining of bimetallic bearing ［J］. International Journal of Metalcasting, 2021, 15（1）：119-129.

[124] 程军，荆涛，柳百成 . 离心铸造复合铸铁轧辊复合层凝固过程的数值模拟 ［J］. 太原机械学院学报，1991，12（1）：1-7.

[125] 贺幼良，杨院生，于力，等 . 电磁离心铸件宏观组织的数值模拟 ［J］. 金属学报，2000，36（8）：874-878.

[126] 吴士平，郭景杰，苏彦庆，等 . Ti-Al 基合金排气阀离心铸造充型过程数值模拟的试验验证 ［J］. 铸造，2001，50（9）：560-563.

[127] 郭海冰，董秀琦 . 强制水冷离心铸造有限元模拟中边界条件的分析 ［J］. 铸造技术，2002，23（3）：165-167.

[128] 徐耀增，杜振拴，宋绪丁 . 离心铸造凝固过程的流场和温度场数值模拟 ［J］. 热加工工艺，2012，41（21）：40-43.

[129] 徐畅，胡建华，吴轩，等 . 双金属复合管离心铸造过程温度场的研究 ［J］. 特种铸造及有色合金，2016，36（5）：517-520.

[130] 邓传杰，汪选国，杜学铭 . 离心铸造复合管外层充型与凝固数值模拟 ［J］. 铸造技术，

2016, 37 (6): 1197-1201.

[131] 刘靖, 韩静涛, 吴伟. 离心铸造碳钢-高铬铸铁复合管有限元模拟研究 [J]. 北京科技大学学报, 2012, 34 (S1): 54-59.

[132] 徐琴, 王星, 张沙沙, 等. 磨煤机双金属辊套外层金属卧式离心铸造的充型及凝固规律 [J]. 热加工工艺, 2017, 46 (13): 109-114.

[133] 李永堂, 巨丽, 齐会萍, 等. 基于铸坯的 42CrMo 轴承环件辗扩成形工艺与试验 [J]. 机械工程学报, 2014, 50 (5): 212.

[134] 秦芳诚, 齐会萍, 李永堂, 等. 环形零件短流程铸辗复合成形技术研究进展 [J]. 材料导报, 2020, 34 (19): 19152-19165.

[135] 秦芳诚, 齐会萍, 李永堂, 等. 铝合金环形零件形/性一体化制造技术 [J]. 材料导报, 2021, 35 (9): 9049-9058.

[136] Kurt B. The interface morphology of diffusion bonded dissimilar stainless steel and medium carbon steel couples [J]. Journal of Materials Processing Technology, 2007, 190 (1): 138-141.

[137] Parashot M, Srikanth N, Gupta M. Solidification processed Mg/Al bimetal macro composite: microstructure and mechanical properties [J]. Journal of Alloys and Compounds, 2008, 461 (2): 207-208.

[138] Simsir M, Kumruoglu L C, Ozer A. An investigation into stainless-steel structural-alloy-steel bimetal produced by shell mould casting [J]. Materials Design, 2009, 30 (2): 264-270.

[139] 郭明海, 刘俊友, 庞于思, 等. 双金属管复合技术的研究进展 (上) [J]. 钢管, 2013, 42 (1): 11-16.

[140] 谷霞, 秦建平, 张文慈. 双金属复合管滚压塑性成形工艺及试验研究 [J]. 中国重型装备, 2011, 3: 41-43.

[141] Wang Y J, Qin F C, Qi H P, et al. Interfacial bonding behavior and mechanical properties of a bimetallic ring blank subjected to centrifugal casting process [J]. Journal of Materials Engineering and Performance, 2022, 31 (4): 3249-3261.

[142] Vendra L J, Brown J A, Rabiei A. Effect of processing parameters on the microstructure and mechanical properties of Al-steel composite foam [J]. Journal of Materials Science, 2011, 46 (13): 4574-4581.

[143] Shailesh R A, Tattimani M S, Rao S S. Understanding melt flow behavior for Al-Si alloys processed through vertical centrifugal casting [J]. Materials and Manufacturing Processes, 2015, 30 (11): 1305-1311.

[144] Keerthiprasad K S, Murali M S, Mukunda P G, et al. Numerical simulation and cold modeling experiments on centrifugal casting [J]. Metallurgical and Materials Transactions B-Process Metallurgy and Materials Processing Science, 2011, 42 (1): 144-155.

[145] Lu S L, Xiao F R, Zhang S J, et al. Simulation study on the centrifugal casting wet-type cylinder liner based on ProCAST [J]. Applied Thermal Engineering, 2014, 73 (1): 512-521.

[146] 徐琴，王星，张沙沙，等. 磨煤机双金属辊套外层金属卧式离心铸造的充型及凝固规律 [J]. 热加工工艺，2017，46（13）：109-114.

[147] 张勃. 离心铸造双金属复合管数值模拟与工艺优化 [D]. 武汉：武汉理工大学，2018.

[148] 吴轩，胡建华，高歌. 离心铸造双金属管复合界面的研究 [J]. 热加工工艺，2015，44（23）：95-97.

[149] 顾剑峰. 304不锈钢-高铬铸铁耐磨复合管组织及性能研究 [D]. 武汉：武汉理工大学，2018.

[150] 方大成，姚曼. 双金属离心铸造工艺参数的控制 [J]. 铸造，1997，6：39-41.

[151] Wang X，Chen R，Wang Q，et al. Influence of rotation speed and filling time on centrifugal casting through numerical simulation [J]. International Journal of Metalcasting，2023，17（2）：1326-1339.

[152] Gholami M，Khiavi S G，Dehhaghi A，et al. Microstructure and mechanical properties of the interface of aluminum-brass bimetals produced via vertical centrifugal casting（VCC）[J]. International Journal of Metalcasting，2023. Doi：10. 1007/s40962-023-01096-5.

[153] Mi G F，Liu X Y，Wang K F，et al. Application of numerical simulation technique to casting process of valve block [J]. Journal of Iron and Steel Research International，2009，16（4）：12-17.

[154] Rappaz M，Gandin C A. Probabilistic modeling of microstructure formation in solidification processes [J]. Acta Metallurgica Et Materialia，1993，41（2）：345-360.

[155] Luo S，Zhu M Y，Louhenkilpi S. Numerical simulation of solidification structure of high carbon steel in continuous casting using cellular automaton method [J]. ISJJ International，2012，52（5）：823-830.

[156] 陈光友. Al-Si合金凝固组织的数值模拟 [D]. 武汉：武汉科技大学，2009.

[157] 王于金. 双金属复合环坯立式离心铸造模拟与实验研究 [D]. 桂林：桂林理工大学，2021.

[158] 张健，方杰，范波芹. VOF方法理论与应用综述 [J]. 水利水电科技进展，2005，25（2）：67-70.

[159] 张勃，杜学铭，顾剑峰. 基于Flow-3D的卧式离心铸造管数值模拟 [J]. 热加工工艺，2018，47（23）：81-85.

[160] Wu S P，Liu D R，Guo J J，et al. Numerical simulation of microstructure evolution of Ti-6Al-4V alloy in vertical centrifugal casting [J]. Materials Science and Engineering A，2006，426：240-249.

[161] 余永宁. 金属学原理 [M]. 北京：冶金工业出版社，2000：169-214.

[162] 吴振卿，关绍康，刘清梅，等. 镶铸复合铸造工艺中镶块体积的计算 [J]. 铸造设备与工艺，2002（3）：5-6.

[163] Liu T，Song B，Huang G，et al. Preparation，structure and properties of Mg/Al laminated metal composites fabricated by roll-bonding：a review [J]. Journal of Magnesium and Alloys，2022，10（8）：2062-2093.

[164] Venkateswaran P, Reynolds A P. Factors affecting the properties of friction stir welds between aluminum and magnesium alloys [J]. Materials Science and Engineering: A, 2012, 545: 26-37.

[165] Li G, Jiang W, Guan F, et al. Preparation, interfacial regulation and strengthening of Mg/Al bimetal fabricated by compound casting: a review [J]. Journal of Magnesium and Alloys, 2023, 11 (9): 3059-3098.

[166] He K, Zhao J, Li P, et al. Investigation on microstructures and properties of arc-sprayed-Al/AZ91D bimetallic material by solid – liquid compound casting [J]. Materials & Design, 2016, 112: 553-564.

[167] Tayal R K, Kumar S, Singh V, et al. Experimental investigation and evaluation of joint strength of A356/Mg bimetallic fabricated using compound casting process [J]. International Journal of Metalcasting, 2019, 13 (3): 686-699.

[168] Marzbanrad B, Razmpoosh M H, Toyserkani E, et al. Role of heat balance on the microstructure evolution of cold spray coated AZ31B with AA7075 [J]. Journal of Magnesium and Alloys, 2021, 9 (4): 1458-1469.

[169] Tattimani M, Agari S R. Effect of rotational speed in vertical centrifugal casting on the wear properties of obtained aluminum tubes [J]. Iranian Journal of Science and Technology, Transactions of Mechanical Engineering, 2019, 43 (3): 587-592.

[170] Shailesh Rao A, Tattimani M S, Rao S S. Effect of rotational speeds on the cast tube during vertical centrifugal casting process on appearance, microstructure, and hardness behavior for Al-2Si alloy [J]. Metallurgical and Materials Transactions B, 2015, 46 (2): 793-799.

[171] Mukunda P G, Shailesh Rao A, Rao S S. Influence of rotational speed during centrifugal casting on sliding wear behaviour of the Al-2Si alloy [J]. Frontiers of Materials Science in China, 2009, 3 (3): 339-344.

[172] Wang X, Chen R, Wang Q, et al. Influence of rotation speed and filling time on centrifugal casting through numerical simulation [J]. International Journal of Metalcasting, 2023, 17 (2): 1326-1339.

[173] Sen S, Reddy S, Muralidhara B K, et al. Study of flow behaviour in vertical centrifugal casting [J]. Materials Today: Proceedings, 2020, 24: 1392-1399.

[174] Mukunda P G, Shailesh R A, Rao S S. Influence of rotational speed of centrifugal casting process on appearance, microstructure, and sliding wear behaviour of Al-2Si cast alloy [J]. Metals and Materials International, 2010, 16 (1): 137-143.

[175] Yin Y, Peng X, Xiao G, et al. Experiment on fluid regime under different rotate velocity in physical simulation of titanium vertical centrifugal casting [J]. The International Journal of Advanced Manufacturing Technology, 2022, 120 (1-2): 583-597.

[176] Yang L, Chai L H, Liang Y F, et al. Numerical simulation and experimental verification of gravity and centrifugal investment casting low pressure turbine blades for high Nb – TiAl alloy [J]. Intermetallics, 2015, 66: 149-155.

［177］ Liu K, Ma Y C, Gao M, et al. Single step centrifugal casting TiAl automotive valves ［J］. Intermetallics, 2005, 13（9）: 925-928.

［178］ Gholami M, Divandari M. Interfacial phases and defects characteristics of Al/Cu-Zn bimetal produced via centrifugal casting process ［J］. Iranian Journal of Materials Science & Engineering, 2018, 15（4）: 52-61.

［179］ Wang X, Chen R, Wang Q, et al. Influence of casting temperature and mold preheating temperature on centrifugal casting by numerical simulation ［J］. Journal of Materials Engineering and Performance, 2023, 32（15）: 6786-6809.

［180］ Wang X, Chen R, Wang Q, et al. Influence of rotation speed and filling time on centrifugal casting through numerical simulation ［J］. International Journal of Metalcasting, 2023, 17（2）: 1326-1339.

［181］ Wang Y, Qin F, Qi H, et al. Interfacial bonding behavior and mechanical properties of a bimetallic ring blank subjected to centrifugal casting process ［J］. Journal of Materials Engineering and Performance, 2022, 31（4）: 3249-3261.

［182］ 李岗. 双金属复合管离心铸造凝固过程温度场数值模拟 ［D］. 西安: 西安建筑科技大学, 2007: 13-16.

［183］ Chang S R, Kim J M, Hong C P. Numerical simulation of microstructure evolution of Al alloys in centrifugal casting ［J］. ISIJ International, 2001, 41（7）: 738-747.

［184］ Zhang N, Lei C, Liu T, et al. Parameter optimization of Al-5Mg-3Zn-1Cu basin-shaped centrifugal casting: simulation and experimental verification ［J］. International Journal of Metalcasting, 2023, 17（2）: 900-909.

［185］ Lu S, Xiao F, Zhang S, et al. Simulation study on the centrifugal casting wet-type cylinder liner based on ProCAST ［J］. Applied Thermal Engineering, 2014, 73（1）: 512-521.

［186］ Johansson S, Frennfelt C, Killinger A, et al. Frictional evaluation of thermally sprayed coatings applied on the cylinder liner of a heavy duty diesel engine: pilot tribometer analysis and full scale engine test ［J］. Wear, 2011, 273（1）: 82-92.

［187］ Vacca S, Martorano M A, Heringer R, et al. Determination of the heat transfer coefficient at the metal-mold interface during centrifugal casting ［J］. Metallurgical and Materials Transactions A, 2015, 46（5）: 2238-2248.

［188］ Lu S, Xiao F, Guo Z, et al. Numerical simulation of multilayered multiple metal cast rolls in compound casting process ［J］. Applied Thermal Engineering, 2016, 93: 518-528.

［189］ Dong Q, Yin Z, Li H, et al. Simulation study on filling and solidification of horizontal centrifugal casting babbitt lining of bimetallic bearing ［J］. International Journal of Metalcasting, 2021, 15（1）: 119-129.

［190］ Gandin Ch A, Desbiolles J L, Rappaz M, et al. A three-dimensional cellular automation-finite element model for the prediction of solidification grain structures ［J］. Metallurgical and Materials Transactions A, 1999, 30（12）: 3153-3165.

［191］ Rappaz M, Gandin Ch A. Probabilistic modelling of microstructure formation in solidification processes [J]. Acta Metallurgica et Materialia, 1993, 41 (2): 345-360.

[192] Rappaz M. Modelling of microstructure formation in solidification processes [J]. International Materials Reviews, 1989, 34 (1): 93-124.

[193] Seredyński M, Banaszek J. Numerical study of crystal growth kinetics influence on prediction of different dendritic zones and macro-segregation in binary alloy solidification [J]. International Journal of Numerical Methods for Heat & Fluid Flow, 2020, 30 (5): 2363-2377.

[194] 李婷. AZ31B 镁合金铸轧热-流-组织有限元模拟及超声铸轧实验研究 [D]. 长沙：中南大学, 2010: 14-17.

[195] Zhang Z F, Kim J M, Hong C P. Numerical simulation of grain structure evolution in solidification of an Al-5.0wt% Cu alloy under electromagnetic stirring and its experimental verification [J]. ISIJ International, 2005, 45 (2): 183-191.

[196] Marukovich E I, Branovitsky A M, Na Y, et al. Study on the possibility of continuous-casting of bimetallic components in condition of direct connection of metals in a liquid state [J]. Materials & Design, 2006, 27 (10): 1016-1026.

[197] Orhan N, Aksoy M, Eroglu M. A new model for diffusion bonding and its application to duplex alloys [J]. Materials Science and Engineering: A, 1999, 271 (1): 458-468.

[198] Şimşir M, Kumruoğlu L C, Özer A. An investigation into stainless-steel/structural-alloy-steel bimetal produced by shell mould casting [J]. Materials & Design, 2009, 30 (2): 264-270.

[199] Rahvard M M, Tamizifar M, Boutorabi M A, et al. Effect of superheat and solidified layer on achieving good metallic bond between A390/A356 alloys fabricated by cast-decant-cast process [J]. Transactions of Nonferrous Metals Society of China, 2014, 24 (3): 665-672.

[200] 白云峰, 徐达鸣, 郭景杰, 等. 采用温度回升法对任意结晶区间的铸件凝固结晶潜热的数值计算 [J]. 金属学报, 2003, 39 (6): 623-629.

[201] Wang K, Zhang L. Quantitative phase-field simulation of the entire solidification process in one hypereutectic Al-Si alloy considering the effect of latent heat [J]. Progress in Natural Science: Materials International, 2021, 31 (3): 428-433.

[202] Xu W, Zhang Z, Huang K, et al. Effect of heat treatment and initial thickness ratio on spin bonding of 3A21/5A03 composite tube [J]. Journal of Materials Processing Technology, 2017, 247: 143-157.

[203] Greß T, Glück Nardi V, Schmid S, et al. Vertical continuous compound casting of copper aluminum bilayer rods [J]. Journal of Materials Processing Technology, 2021, 288: 116854.

[204] 吴轩. 离心铸造双层金属管数值模拟与工艺研究 [D]. 武汉：武汉理工大学, 2015: 24-27.

[205] Xin M, Wang Z, Lu B, et al. Effects of different process parameters on microstructure evolution and mechanical properties of 2060 Al-Li alloy during vacuum centrifugal casting [J]. Journal of Materials Research and Technology, 2022, 21: 54-68.

[206] Ma Z, Peng Q, Wei G, et al. Improvement of microstructure, mechanical property and

corrosion resistance of Mg-9Li-3Al-1Ca alloy through centrifugal casting [J]. Metals and Materials International, 2021, 27 (11): 4498-4509.

[207] Liu J, Chen Z, Zhou Z, et al. Microstructure evolution, mechanical properties and tailoring of coefficient of thermal expansion for Cu/Mo/Cu clad sheets fabricated by hot rolling [J]. Transactions of Nonferrous Metals Society of China, 2022, 32 (7): 2290-2308.

[208] Cisternas Fernández M, Založnik M, Combeau H, et al. Thermosolutal convection and macrosegregation during directional solidification of TiAl alloys in centrifugal casting [J]. International Journal of Heat and Mass Transfer, 2020, 154: 119698.

[209] McBride D, Humphreys N J, Croft T N, et al. Complex free surface flows in centrifugal casting: computational modelling and validation experiments [J]. Computers & Fluids, 2013, 82: 63-72.

[210] Xing H, Ankit K, Dong X, et al. Growth direction selection of tilted dendritic arrays in directional solidification over a wide range of pulling velocity: a phase-field study [J]. International Journal of Heat and Mass Transfer, 2018, 117: 1107-1114.

[211] Badillo A, Beckermann C. Phase-field simulation of the columnar-to-equiaxed transition in alloy solidification [J]. Acta Materialia, 2006, 54 (8): 2015-2026.

[212] Tourret D, Karma A. Growth competition of columnar dendritic grains: a phase-field study [J]. Acta Materialia, 2015, 82: 64-83.

[213] Rong S F, Zhao X M, Zhou H T, et al. Study on coated-liquid-liquid trimetal composite casting hammer [J]. Materials Research Innovations, 2014, 18 (2): 316-320.

[214] Jiang W M, Fan Z T, Li C. Improved steel/aluminum bonding in bimetallic castings by a compound casting process [J]. Journal of Materials Processing Technology, 2015, 226: 25-31.

[215] 刘耀辉, 刘海峰, 于思荣. 液固结合双金属复合材料界面研究 [J]. 机械工程学报, 2000, 36 (7): 81-85.

[216] 崔忠圻, 谭耀春. 金属学与热处理 [M]. 北京: 机械工业出版社, 2007.

[217] Tanaka Y, Kajihara M, Watanabe Y. Growth behavior of compound layers during reactive diffusion between solid Cu and liquid Al [J]. Materials Science and Engineering A, 2007, 445: 355-363.